사용하기 쉬운
전기공식 활용집

편집부 지음

기전연구사

머 리 말

 본서는 공업고등학교와 공업전문학교 등에서 학습하는 사람, 자학자습으로 공부하는 사람, 현재 전기 관계의 일에 종사하고 있는 사람들에 있어서 보다 효과적으로 학습할 수 있을 것을 목적으로 편수하였다. 동시에 제3종 전기주임 기술자의 검정시험을 수험할 경우의 참고서로서도 도움이 되도록 하였다.

 본서에서 취급한 공식 등은, 공업고등학교의 「전기 기초」, 「전기 기술」을 기준으로 하여 정선하고, 전체를 「전기 기초편」, 「전기 기술편」의 2편으로 나누어 이용하기 쉽게 하였다.

 「전기 기초편」에서는 전기의 기초 이론 분야를 취급하고, 「전기 기술편」에서는, 전기 기기·발송배전·전기 응용·자동제어의 분야를 취급, 공식의 이해와 그 계산 방법의 습득에 중점을 두었다.

● 본서의 특색과 이용법

◎ 1페이지 1공식을 원칙으로 하였다.

　공업고등학교에서 배우는 공식을, 제1편 「전기 기초」 110항목, 제2편 「전기 기술」 85항목으로 나누어 실었다.

　각 항목 모두 「공식」→「해설」→「활용예」로서 구성하고, 그 페이지 안에서 내용이 전개되어, 학습효과가 높아지도록 짜놓았다.

◎ 공식은 괘선안에 넣어 보기 쉽게 하였다.

　각 공식 모두 괘선으로 둘러싸서, 한눈에 다른 것과 구별할 수 있도록 하였다. 「해설」은 가능한 한 그림을 사용하여 설명해 이해하기 쉽도록 구성하였다.

◎ 활용예는 기초적으로 응용범위가 넓은 것을 채택하였다.

　활용예에서는 기초적으로 응용범위가 넓은 것으로 정선하고, 쉬운 것부터 어려운 것으로 생각을 발전시키면서 학습할 수 있도록 하고, 식의 구성을 알 수 있도록 하였다.

목 차

제1편 전기 기초편

1. 직류 회로 ·· (2~26)
  1. 옴의 법칙 ·· 2
  2. 2개의 직렬저항의 합성저항 ································ 3
  3. n개의 직렬저항의 합성저항 ································ 4
  4. 2개의 직렬저항의 분압 ······································ 5
  5. 倍率器 ·· 6
  6. 2개의 병렬저항의 합성저항 ································ 7
  7. n개의 병렬저항의 합성저항 ································ 8
  8. 2개의 병렬저항의 分流 ······································ 9
  9. 分流器 ·· 10
  10. 직병렬회로의 합성저항 ···································· 11
  11. 직병렬회로의 分壓·分流 ·································· 12
  12. n개의 직렬접속 전지의 전압·전류 ···················· 13
  13. 브리지의 전위차 ·· 14
  14. 브리지의 평형 조건 ·· 15
  15. 키르히호프의 법칙 ·· 16
  16. 2전원회로의 전압·전류(1) ································ 17
  17. 2전원회로의 전압·전류(2) ································ 18
  18. 줄의 법칙 ·· 19
  19. 전력 ·· 20
  20. 소비전력과 전력량 ·· 21
  21. 허용전력과 허용전류 ······································ 22
  22. 저항률 ··· 23
  23. 導電率 ··· 24
  24. 저항의 온도계수 ·· 25
  25. 패러디의 법칙 ·· 26

2. 자기회로 ·· (27~50)

- 26. 磁氣에 관한 쿨롱의 법칙 ······························· 27
- 27. 磁界의 세기 ·· 28
- 28. 직선전류에 의한 磁界 ·· 29
- 29. 원형 코일에 의한 磁界 ······································ 30
- 30. 자기회로에 관한 옴의 법칙 ······························· 31
- 31. 자기저항 ··· 32
- 32. 磁束密度와 磁界의 세기 ···································· 33
- 33. 에어 갭이 있는 자기회로 ··································· 34
- 34. 磁界 중의 도체에 작용하는 힘 ·························· 35
- 35. 평행도체에 작용하는 힘 ···································· 36
- 36. 직사각형 코일에 작용하는 토크 ························· 37
- 37. 磁界 중의 도체의 운동에 있어서의 일 ·············· 38
- 38. 전자 유도에 관한 패러더의 법칙 ······················· 39
- 39. 운동하는 직선도체의 기전력의 크기 ·················· 40
- 40. 自己誘導 ··· 41
- 41. 고리형 코일의 自己 인덕턴스 ···························· 42
- 42. 有限길이 코일의 自己 인덕턴스 ························ 43
- 43. 상호 유도 ··· 44
- 44. 고리형 코일의 상호 인덕턴스 ···························· 45
- 45. 누설 자속이 있는 경우의 상호 인덕턴스 ··········· 46
- 46. 합성 인덕턴스 ·· 47
- 47. 자기 인덕턴스에 축적되는 에너지 ······················ 48
- 48. 단위 체적에 축적되는 에너지 ···························· 49
- 49. 磁氣吸引力 ··· 50

3. 静電氣 ·· (51~69)

- 50. 정전기에 관한 쿨롱의 법칙 ······························· 51
- 51. 電界 중에 놓여진 電荷가 받는 힘 ····················· 52
- 52. 電位와 電界의 세기 ··· 53
- 53. 点電荷에 의한 電界의 세기 ······························· 54

54. 무한 길이 원통 모양 帶電體에 의한 電界 ·················· 55
55. 무한 평행판 모양 대전체에 의한 電界의 크기 ············ 56
56. 点電荷에 의한 전위 ····························· 57
57. 무한 평행판 모양 대전체간의 전위차 ················ 58
58. 전속밀도 ······································ 59
59. 단위 체적당 전계에 축적되는 에너지 ················· 60
60. 평행판 콘덴서의 정전용량 ························ 61
61. 2종 이상의 誘電體를 사용한 정전용량 ················ 62
62. 정전 용량 ······································ 63
63. 콘덴서에 축적되는 에너지 ························ 64
64. 정전 흡인력 ···································· 65
65. 2개의 콘덴서를 병렬로 접속한 경우의 합성정전용량 ······ 66
66. n개의 콘덴서를 병렬로 접속한 경우의 합성정전용량 ······ 67
67. 2개의 콘덴서를 직렬로 접속한 경우의 합성정전용량 ······ 68
68. n개의 콘덴서를 직렬로 접속한 경우의 합성정전용량 ······ 69

4. 교류 회로 ·································· (70~111)

69. 사인파 교류전압 ································ 70
70. 주파수와 각주파수 ······························ 71
71. 주기와 주파수 ·································· 72
72. 위상과 위상차 ·································· 73
73. 사인파 교류의 실효치 ···························· 74
74. 사인파 교류의 평균치 ···························· 75
75. 사인파 교류의 합성 ······························ 76
76. 저항회로 ······································ 77
77. 인덕턴스 회로 ·································· 78
78. 콘덴서 회로 ···································· 79
79. RL 직렬회로 ···································· 80
80. RC 직렬회로 ···································· 81
81. RLC 직렬회로 ·································· 82
82. 직렬공진주파수 ································· 83

83. 교류회로의 전력 ····· 84
84. 3전압계법 ····· 85
85. 3전류계법 ····· 86
86. 교류회로의 무효전력 ····· 87
87. R, L, C 단독회로의 애드미턴스 ····· 88
88. RLC 병렬회로의 애드미턴스 ····· 89
89. 병렬공진회로의 주파수 ····· 90
90. 키르히호프의 법칙 ····· 91
91. 중첩의 원리 ····· 92
92. 테브난의 정리 ····· 93
93. Δ-Y의 정리 ····· 94
94. Y-$\triangle$의 변환 ····· 95
95. 브리지 회로 ····· 96
96. 4단자상수 ····· 97
97. 영상 임피던스 ····· 98
98. 3상 교류전압 ····· 99
99. Y결선의 전압 ····· 100
100. Y-Y결선회로 ····· 101
101. △결선의 전류 ····· 102
102. △-△ 결선회로 ····· 103
103. 3상회로의 전력 ····· 104
104. 변형파 교류 ····· 105
105. 변형파 교류의 실효치 ····· 106
106. 변형률 ····· 107
107. 변형파 교류회로의 임피던스와 전류 ····· 108
108. 변형파 교류전력과 역률 ····· 109
109. RL 직렬회로의 과도현상 ····· 110
110. RC 직렬회로의 과도현상 ····· 111

제2편 전기기술편

1. 직류 기기 ·· (114~128)
1. 직류발전기의 발생전압의 크기 ··································· 114
2. 他勵발전기의 단자전압과 부하전류 ······························· 115
3. 분권발전기의 단자전압 ··· 116
4. 직권발전기의 단자전압 ··· 117
5. 복권발전기의 단자전압(내분권) ···································· 118
6. 복권발전기의 단자전압(외분권) ···································· 119
7. 효율 ··· 120
8. 전압 변동률 ··· 121
9. 직류전동기의 토크 ··· 122
10. 발생전압과 전기자전류 ··· 123
11. 회전속도 ··· 124
12. 출력 ··· 125
13. 분권전동기의 특성 ··· 126
14. 직권전동기의 특성 ··· 127
15. 직류전동기의 효율 ··· 128

2. 교류기기 ·· (129~145)
16. 권수비 ·· 129
17. 변압기의 勵磁 회로의 전류와 애드미턴스 ······················ 130
18. 전압·전류·임피던스의 환산(1) 2차를 1차로 환산 ········ 131
19. 전압·전류·임피던스의 환산(2) 1차를 2차로 환산 ········ 132
20. 변압기의 전압 변동률 ·· 133
21. 효율 ··· 134
22. V-V 결선의 출력비 ··· 135
23. 단권변압기의 자기용량과 부하용량 ······························ 136
24. 동기속도 ··· 137
25. 미끄럼 ·· 138

26. 미끄럼 주파수 ·· 139
27. 2차 입력·출력 ·· 140
28. 동기 와트 ··· 141
29. 비례 추이 ··· 142
30. 효율 ·· 143
31. 동기발전기의 유도전압과 주파수 ································· 144
32. 동기발전기의 특성 ·· 145

3. 발송 배전 ·· (146~161)
33. 베르누이의 정리 ·· 146
34. 이론 수력 ··· 147
35. 증기 터빈의 효율 ··· 148
36. 汽力발전소의 열효율 ··· 149
37. 송전 효율 ··· 150
38. 선로상수 ··· 151
39. 전압 강하율 ·· 152
40. 전선의 처짐 ·· 153
41. 수요률 ··· 154
42. 부등률 ··· 155
43. 부하율 ··· 156
44. 배전선로의 전압강하율과 전압변동률 ···························· 157
45. 다수 부하의 전전압 강화 ··· 158
46. 콘덴서의 kVA용량 ·· 159
47. 역률 개선에 필요한 콘덴서 용량 ································· 160
48. 옥내배선의 간선의 허용전류 ······································ 161

4. 전기 응용 ·· (162~173)
49. 광도 ·· 162
50. 조도 ·· 163
51. 거리의 역제곱의 법칙 ·· 164
52. 법선·수평면 및 연직면 조도 ······································ 165

53. 반사율·투과율·흡수율······································166
　　54. 광속발산도··167
　　55. 휘도··168
　　56. 광도의 측정··169
　　57. 광속의 측정··170
　　58. 조명 설계··171
　　59. 전열의 발생··172
　　60. 열회로의 옴의 법칙······································173

5. 전자공학······································(174~198)
　　61. 전자의 질량··174
　　62. 광전자 방출 한계 파장··································175
　　63. 전자파의 파장··176
　　64. 열전자 전류··177
　　65. 전계에서의 전자 운동··································178
　　66. 전자의 속도··179
　　67. 磁界 중의 전자의 운동 주기························180
　　68. 전계에 의한 편향거리··································181
　　69. 트랜지스터 상수··182
　　70. 트랜지스터의 등가회로································183
　　71. FET의 상호 콘덕턴스··································184
　　72. 전류 증폭도··185
　　73. 전압 증폭도··186
　　74. 증폭회로의 이득··187
　　75. 부귀환증폭의 이득······································188
　　76. 전력증폭의 효율··189
　　77. *CR* 발진회로의 발진주파수························190
　　78. *LC* 발진회로의 발진주파수························191
　　79. 음파의 전반속도··192
　　80. 음의 세기··193
　　81. 음의 세기 레벨··194

82. 음압 레벨 ·· 195
83. 마이크로폰의 전압 감도 ··· 196
84. 스피커의 감도 ·· 197
85. 진폭 변조의 변조도 ·· 198

부　　록 ··· (199~201)

부록 1. 대수 공식 ·· 199
부록 2. 전기·자기의 단위, 단위의 배수 ································· 200
부록 3. 삼각함수의 공식 ·· 201

제1편
전기 기초

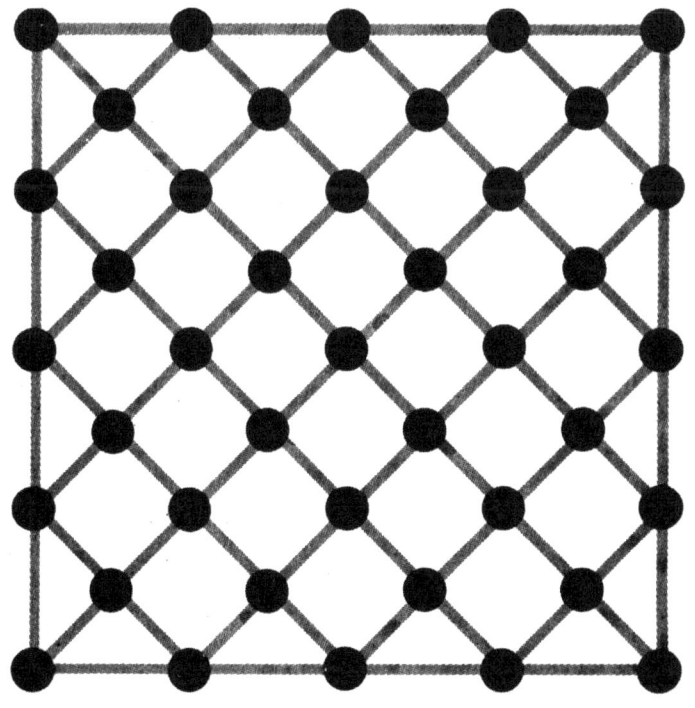

1. 직류 회로

1. 옴의 법칙

$$I = \frac{V}{R} \quad [A] \qquad \begin{array}{l} V : \text{전압 } [V] \\ I : \text{전류 } [A] \\ R : \text{저항 } [\Omega] \end{array}$$

그림과 같이 $R[\Omega]$의 저항에 $V[V]$의 전압이 가해져 있을 경우, 회로에 흐르는 전류 $I[A]$는 위의 식으로 표시된다.

즉, 전류 I는 전압 V에 비례하고, 저항 R에 반비례한다. 이것을 옴의 법칙이라고 한다.

그리고 저항 $R[\Omega]$의 역수 $1/R$을 $G[S]$(지멘스)로 표시하고, G를 콘덕턴스라고 한다. G를 사용해서 전류를 표시하면, 다음과 같이 된다

$$I = GV$$

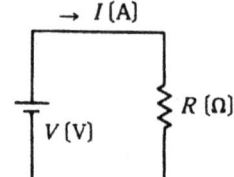

활용예

① 저항이 $100[\Omega]$, 전압이 $200[V]$이면, 회로에 흐르는 전류 $I[A]$는 다음과 같이 해서 구한다.

$$I = \frac{V}{R} = \frac{200}{100} = 2 \ [A]$$

② $R = 10 \ [\Omega]$의 저항에 $5[A]$의 전류가 흐르고 있을 경우, 전원전압 V $[V]$는 다음과 같이 해서 구한다.

위의 식을 변형해서 $V = RI$로 한다.

$$V = 10 \times 5 = 50 \ [V]$$

③ 어떤 저항에 $5[V]$의 전압을 가한 결과, $2[A]$의 전류가 흘렀다고 한다. 이 경우의 저항은 다음과 같이 해서 구한다.

윗식을 변형해서 $R = \frac{V}{I}$로 한다.

$$R = \frac{5}{2} = 2.5 \ [\Omega]$$

2. 2개의 직렬저항의 합성저항

$$R = R_1 + R_2 \quad [\Omega]$$

그림(a)와 같이, $R_1[\Omega]$, $R_2[\Omega]$의 저항이 직렬로 접속되어 있는 회로의 합성저항 $R[\Omega]$은 윗식으로 표시되며, 그림 (b)의 회로로 표시할 수 있다.

또한, 그림(a)의 각 저항에 가해지는 전압 $V_1[V]$, $V_2[V]$와 전원전압 $V[V]$의 사이에는 다음의 식이 성립된다.

$$V = V_1 + V_2 = R_1 I + R_2 I = (R_1 + R_2) I = R I$$

따라서, 회로에 흐르는 전류 $I[A]$는 다음 식으로 표시된다.

$$I = \frac{V}{R_1 + R_2} = \frac{V}{R}$$

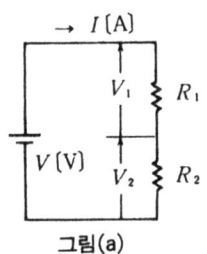

그림(a)

그림(b)

|활용예|

① 그림(a)에 있어서, $R_1=30[\Omega]$, $R_2=20[\Omega]$, $V=100[V]$일 때, 회로의 합성저항 및 전류는 다음과 같이 해서 구한다.

$$R = R_1 + R_2 = 30 + 20 = 50 \ [\Omega]$$

$$I = \frac{V}{R} = \frac{100}{50} = 2 \ [A]$$

② $R_1=6[\Omega]$, $R_2=14[\Omega]$, $V=40[V]$일 때, I, V_1, V_2는 다음과 같이 해서 구할 수 있다.

$$I = \frac{V}{R_1 + R_2} = \frac{40}{6+14} = \frac{40}{20} = 2 \ [A]$$

$$V_1 = R_1 I = 6 \times 2 = 12 \ [V]$$

$$V_2 = R_2 I = 14 \times 2 = 28 \ [V]$$

또는 $V_2 = V - V_1 = 40 - 12 = 28 \ [V]$

3. n개의 직렬저항의 합성저항

$$R = R_1 + R_2 + R_3 + \cdots + R_n = \sum_{k=1}^{n} R_k \quad [\Omega]$$

그림(a)와 같이, $R_1[\Omega]$, $R_2[\Omega]$, ……, $R_n[\Omega]$과 같이 n개의 저항이 직렬로 접속되어 있는 회로의 합성저항 $R[\Omega]$는 위의 식으로 표시되며, 그림(b)의 회로로 표시할 수 있다.

또한, 각 저항에 가해지는 전압 $V_1[V]$, $V_2[V]$, ……$V_n[V]$과 전원전압 $V[V]$와의 사이에는 다음의 식이 성립한다.

$$V = V_1 + V_2 + V_3 + \cdots + V_n = R_1 I + R_2 I + R_3 I + \cdots + R_n I$$
$$= (R_1 + R_2 + R_3 + \cdots + R_n) I = RI$$

따라서, 회로에 흐르는 전류 $I[A]$는 다음 식으로 표시된다.

$$I = \frac{V}{R_1 + R_2 + R_3 + \cdots + R_n} = \frac{V}{R}$$

활용예

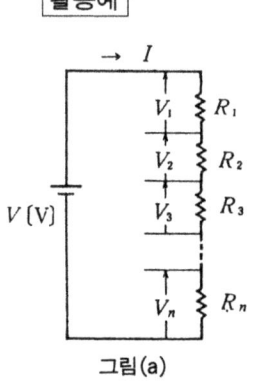

그림(a)

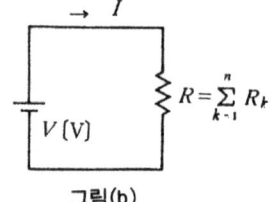

그림(b)

① 그림(a)에 있어서, $R_1 = 20[\Omega]$, $R_2 = 40[\Omega]$, $R_3 = 60[\Omega]$, $R_4 = 80[\Omega]$, $V = 100[V]$일 때, 회로의 합성저항 및 전류는 다음과 같이 해서 구한다.

$R = R_1 + R_2 + R_3 + R_4 = 20 + 40 + 60 + 80$
$\quad = 200 \ [\Omega]$

$I = \dfrac{V}{R} = \dfrac{100}{200} = 0.5 \ [A]$

② $5[\Omega]$의 저항을 10개 직렬로 접속하고, 100 $[V]$의 전압을 가한 회로가 있다. 이 회로의 합성저항 및 1개의 저항에 가해지는 전압은 몇 볼트인가.

$R = 5 \times 10 = 50 \ [\Omega]$

1개의 저항에 가해지는 전압 $V_1[V]$은,

$V_1 = \dfrac{V}{10} = \dfrac{100}{10} = 10 \ [V]$

4. 2개의 직렬저항의 분압(分壓)

$$\frac{V_1}{V_2} = \frac{R_1}{R_2}$$

그림(a)와 같은 2개의 직렬저항회로에 있어서, 전원전압 $V[V]$는, R_1의 전압 $V_1[V]$과 R_2의 전압 $V_2[V]$의 합이므로, $V=V_1+V_2$가 된다. 그래서 다음의 식이 성립한다.

$$V = V_1 + V_2 = R_1 I + R_2 I = (R_1 + R_2) I = RI$$

다음에, V_1, V_2는 다음과 같이 표시된다.

$$V_1 = R_1 I = \frac{R_1}{R_1 + R_2} \times V = \frac{R_1}{R} V \qquad \therefore \quad \frac{V_1}{V} = \frac{R_1}{R}$$

$$V_2 = R_2 I = \frac{R_2}{R_1 + R_2} \times V = \frac{R_2}{R} V \qquad \therefore \quad \frac{V_2}{V} = \frac{R_2}{R}$$

활용예

① 그림 (a)에 있어서, $V=50[V]$, $R_1=20[\Omega]$, $R_2=20[\Omega]$일 때, V_2는 얼마인가.

$$V_2 = \frac{R_2}{R_1+R_2} V = \frac{20}{20+20} \times 50 = 25 \text{ [V]}$$

② $V_1=60[V]$, $R_1=20[\Omega]$, $R_2=40[\Omega]$일 때, V_2 및 V는 얼마인가.

$$V_2 = R_2 I = \frac{R_2}{R_1} V_1 = \frac{40}{20} \times 60 = 120 \text{ [V]}$$

$$V = V_1 + V_2 = 60 + 120 = 180 \text{ [V]}$$

③ 그림(b)에 있어서, $V=10[V]$, $R_1=R_2=R_3=R_4=5[\Omega]$일 때, 각 단자의 전압 V_1, V_2, V_3, V_4는 각각 얼마인가.

$$V_1 = 10 \text{ [V]} \qquad V_2 = \frac{15}{20} \times 10 = 7.5 \text{ [V]}$$

$$V_3 = \frac{10}{20} \times 10 = 5 \text{ [V]} \qquad V_4 = \frac{5}{20} \times 10 = 2.5 \text{ [V]}$$

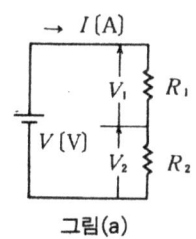

그림(a)

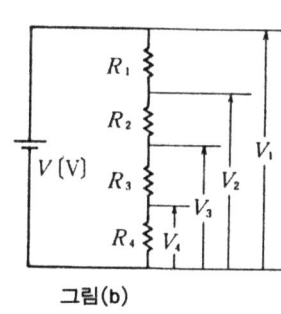

그림(b)

5. 배율기(倍率器)

$$m = \frac{V}{V_v} = 1 + \frac{r}{r_v}$$

m : 배율기의 배율
V : 전원 전압(측정하려고 하는 전압)
V_v : 전압계의 표시값 [V]
r : 배율기의 저항 [Ω]
r_v : 전압계의 내부저항 [Ω]

전압계의 최대 눈금 이상의 큰 전압을 측정할 경우, 그림과 같이 전압계와 직렬로 저항(배율기라고 한다)을 접속하고 측정한다. 그림으로부터 다음의 관계식이 성립한다.

$$V_v = r_v I = r_v \cdot \frac{V}{r_v + r}$$

$$V = \frac{r_v + r}{r_v} V_v = \left(1 + \frac{r}{r_v}\right) V_v = m V_v \quad \therefore \quad m = 1 + \frac{r}{r_v}$$

활용예

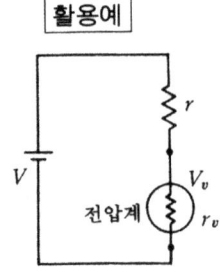

① 그림의 회로에서, 전압계의 내부저항이 30[kΩ]일 때, 1[mA]의 전류가 흘렀다고 한다. 전압계의 지시는 얼마인가.

$$V_v = r_v I = 30 \times 10^3 \times 1 \times 10^{-3} = 30 \text{ (V)}$$

② 그림에서, 압력계의 최대 눈금은 100[V]이고 내부저항은 10[kΩ]이다. 이 전압계로 300[V]의 전압을 측정할 때, 배율기의 저항은 얼마인가.

$$1 + \frac{r}{10 \times 10^3} = \frac{300}{100} \qquad 1 + \frac{r}{10 \times 10^3} = 3 \quad \therefore \quad r = 20 \times 10^3 = 20 \text{ (kΩ)}$$

③ V_1의 전압계는 최대 눈금 300[V], 내부저항 200[kΩ], V_2의 전압계는 최대 눈금 150[V], 내부저항 120[kΩ]이다. 이 2개의 전압계를 직렬로 접속하여 사용했을 경우, 몇 볼트까지 측정할 수 있을까.

$$I_1 = \frac{300}{200} = 1.5 \text{ (mA)}, \quad I_2 = \frac{150}{120} = 1.25 \text{ (mA)} \quad \text{(압력계를 손상시키지 않기 위해 작은 전류를 기준으로 한다)}$$

$$V = (r_{v1} + r_{v2}) I_2 = (200 + 120) \times 10^3 \times 1.25 \times 10^{-3} = 400 \text{ (V)}$$

6. 2개의 병렬저항의 합성저항

$$R = \frac{1}{\frac{1}{R_1} + \frac{1}{R_2}} = \frac{R_1 R_2}{R_1 + R_2} \quad (\Omega)$$

그림(a)와 같이 $R_1[\Omega]$, $R_2[\Omega]$의 저항이 병렬로 접속되어 있는 회로의 합성저항 $R[\Omega]$는 위의 식으로 표시되며, 그림(b)의 회로로 나타낼 수 있다.

또한, 그림(a)에 있어서 각 저항에는 같은 전압 $V[V]$가 가해져 있으므로, 각 부분의 전류는 각각 다음과 같이 된다.

$$I_1 = \frac{V}{R_1}, \quad I_2 = \frac{V}{R_2}$$

회로의 전전류 $I[A]$는, I_1, I_2의 합이므로, 다음과 같이 된다.

$$I = I_1 + I_2 = \frac{V}{R_1} + \frac{V}{R_2} = \left(\frac{1}{R_1} + \frac{1}{R_2}\right) V$$

따라서, 합성저항 $R[\Omega]$는 다음과 같이 된다.

$$R = \frac{V}{I} = \frac{1}{\frac{1}{R_1} + \frac{1}{R_2}} = \frac{1}{\frac{R_2}{R_1 R_2} + \frac{R_1}{R_1 R_2}} = \frac{1}{\frac{R_1 + R_2}{R_1 R_2}} = \frac{R_1 R_2}{R_1 + R_2}$$

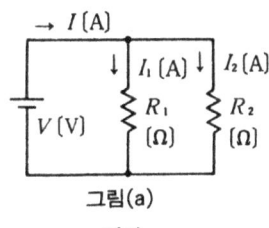

그림(a)

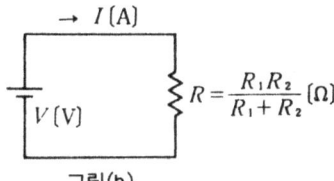

그림(b)

활용예

① $R_1 = 20[\Omega]$, $R_2 = 30[\Omega]$일 때, 합성저항은 얼마인가.

$$R = \frac{R_1 R_2}{R_1 + R_2} = \frac{20 \times 30}{20 + 30} = \frac{600}{50} = 12 \ (\Omega)$$

② $V = 10[V]$, $R_1 = 5[k\Omega]$, $R_2 = 20[k\Omega]$일 때, I_1, I_2 및 I는 각각 얼마인가.

$$I_1 = \frac{V}{R_1} = \frac{10}{5 \times 10^3} = 2 \times 10^{-3} = 2 \ (mA)$$

$$I_2 = \frac{V}{R_2} = \frac{10}{20 \times 10^3} = 0.5 \times 10^{-3} = 0.5 \ (mA)$$

$$I = I_1 + I_2 = 2 + 0.5 = 2.5 \ (mA)$$

7. n개의 병렬저항의 합성저항

$$R = \cfrac{1}{\cfrac{1}{R_1}+\cfrac{1}{R_2}+\cfrac{1}{R_3}+\cdots+\cfrac{1}{R_n}} = \cfrac{1}{\sum_{k=1}^{n}\cfrac{1}{R_k}} \quad [\Omega]$$

그림(a)와 같이 n개의 저항이 병렬로 접속되어 있는 회로의 합성저항 R $[\Omega]$는 위의 식으로 표시되며, 그림(b)의 회로로 나타낼 수 있다.

그림(a)에 있어서, 각 지로(枝路)의 전류는 각각 다음과 같이 된다.

$$I_1 = \frac{V}{R_1},\ I_2 = \frac{V}{R_2},\ I_3 = \frac{V}{R_3},\ \cdots\cdots,\ I_n = \frac{V}{R_n}$$

회로의 합성전류 I [A]는 다음과 같이 된다.

$$I = I_1 + I_2 + I_3 + \cdots + I_n = \frac{V}{R_1} + \frac{V}{R_2} + \frac{V}{R_3} + \cdots + \frac{V}{R_n}$$

$$= \left(\frac{1}{R_1} + \frac{1}{R_2} + \frac{1}{R_3} + \cdots + \frac{1}{R_n}\right) V$$

따라서, 합성저항 $R\,[\Omega]$는, 다음과 같이 된다.

$$R = \frac{V}{I} = \cfrac{1}{\cfrac{1}{R_1}+\cfrac{1}{R_2}+\cfrac{1}{R_3}+\cdots+\cfrac{1}{R_n}}$$

활용예

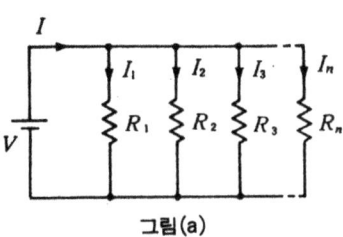

그림(a)

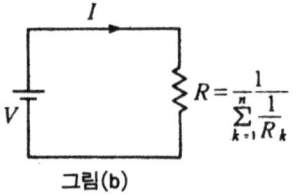

그림(b)

① 그림(a)에서, $R_1 = 20[\Omega]$, $R_2 = 40[\Omega]$, $R_3 = 50[\Omega]$, $R_4 = 100[\Omega]$, $V = 100[V]$일 때, 합성저항 및 전류 I를 구하여라.

$$R = \cfrac{1}{\cfrac{1}{20}+\cfrac{1}{40}+\cfrac{1}{50}+\cfrac{1}{100}} = \frac{200}{21} = 9.52\ [\Omega]$$

$$I = \frac{V}{R} = \frac{100}{9.52} = 10.5\ [A]$$

② $R_1,\ R_2,\ R_3$의 3개의 저항이 병렬로 접속되어 있다. $R_1 = 30[\Omega]$, $R_3 = 20[\Omega]$, $I_2 = 5[A]$, $I_3 = 3[A]$이다. 전압 $V[V]$, 및 I를 구하여라.

$$V = R_3 I_3 = 20 \times 3 = 60\ [V]$$

$$I = I_1 + I_2 + I_3 = 2 + 5 + 3 = 10\ [A]$$

8. 2개의 병렬저항의 분류(分流)

$$\frac{I_1}{I_2} = \frac{R_2}{R_1}$$

그림의 회로에 있어서, 각 저항의 전류비는 위의 식으로 표시된다. 그림에 있어서 각 지로(枝路)의 전류 $I[A]$, $I_1[A]$, $I_2[A]$는 다음과 같이 된다.

$$I = \frac{(R_1+R_2)}{R_1 \times R_2}V, \quad I_1 = \frac{V}{R_1}, \quad I_2 = \frac{V}{R_2}$$

전전류 $I[A]$와 각 지로(枝路)의 전류의 비는 다음과 같이 된다.

$$I : I_1 = \frac{R_1+R_2}{R_1 R_2} : \frac{1}{R_1} \quad \therefore \quad I_1 = \frac{\frac{1}{R_1}I}{\frac{R_1+R_2}{R_1 R_2}} = \frac{R_2}{R_1+R_2}I$$

같은 방법으로 하여 $\quad I_2 = \dfrac{R_1}{R_1+R_2}I$

활용예

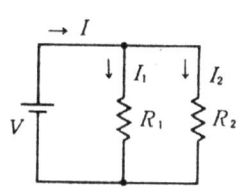

① 그림에 있어서 $R_1 = 20[\Omega]$, $R_2 = 40[\Omega]$이고, $I_1 = 5[A]$이다. I_2는 얼마인가.

$$\frac{I_1}{I_2} = \frac{R_2}{R_1} \quad \therefore \quad I_2 = \frac{R_1}{R_2}I_1 = \frac{20}{40} \times 5 = 2.5 \text{ [A]}$$

② 그림에 있어서 $R_1 = 40[\Omega]$, $R_2 = 60[\Omega]$, $I = 20[A]$이다. 각 枝路의 전류 I_1, I_2는 얼마인가.

$$I_1 = \frac{R_2}{R_1+R_2}I = \frac{60}{40+60} \times 20 = 12 \text{ [A]} \qquad I_2 = \frac{R_1}{R_1+R_2}I = \frac{40}{40+60} \times 20 = 8 \text{ [A]}$$

③ 그림에서 $V=20[V]$, $I=5[A]$이고, R_1, R_2에 흐르는 전류를 2:1로 하려고 한다. R_1, R_2는 각각 몇 옴이면 좋을까.

$$R = \frac{V}{I} = \frac{20}{5} = 4, \quad 4 = \frac{R_1 R_2}{R_1+R_2} \text{ ⓐ} \quad \frac{I_1}{I_2} = \frac{2}{1} \quad \therefore \quad R_2 = 2R_1 \text{ ⓑ}$$

ⓐ와 ⓑ에서 $\quad 4 = \dfrac{R_1 \times 2R_1}{R_1 + 2R_1} \qquad 4 = \dfrac{2R_1^2}{3R_1}$

$2R_1 = 12 \qquad R_1 = 6 \text{ [}\Omega\text{]} \qquad R_2 = 2R_1 = 2 \times 6 = 12 \text{ [}\Omega\text{]}$

9. 분류기(分流器)

$$m = \frac{I}{I_a} = 1 + \frac{r_a}{r}$$

m : 분류기의 배율
I : 회로 전류[A]
I_a : 전류계를 흐르는 전류[A]
r : 분류기의 저항[Ω]
r_a : 전류계의 내부저항[Ω]

전류계의 최대 눈금 이상의 큰 전류를 측정할 경우, 그림과 같이 전류계와 병렬로 저항(분류기라고 한다)을 접속해서 측정한다. 그림에 있어서 다음의 식이 성립한다.

$$\frac{I_a}{I} = \frac{\frac{r_a \times r}{r_a + r}}{r_a} \quad \therefore \quad I_a = \frac{r}{r_a + r} I$$

$$I = \frac{r + r_a}{r} I_a = \left(1 + \frac{r_a}{r}\right) I_a = m I_a \quad \therefore \quad m = \frac{I}{I_a} = 1 + \frac{r_a}{r}$$

활용예

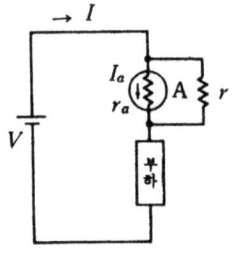

① 최대눈금 30[mA]의 전류계가 있다. 이 내부저항치와 같은 값의 분류기를 사용했을 경우, 몇 암페아까지의 회로전류가 측정될까.

$$I = \left(1 + \frac{r_a}{r}\right) I_a = \left(1 + \frac{r_a}{r_a}\right) \times 30 = 2 \times 30 = 60 [\text{mA}]$$

② 그림에 있어서, 회로전류가 20[A], 전류계의 내부저항 3[Ω], 분류기의 저항 2[Ω]일 때, 전류계의 지시는 얼마인가.

$$I_a = \frac{r}{r_a + r} I = \frac{2}{3 + 2} \times 20 = 8 \ [\text{A}]$$

③ 그림에 있어서 회로전류가 30[A], 전류계의 지시가 12[A]이고, 분류기의 저항치는 0.025[Ω]이다. 분류기에 흐르는 전류 I_s 및 전류계의 내부 저항 r_a을 구하여라.

$$I_s = I - I_a = 30 - 12 = 18 \ [\text{A}]$$

$$r_a I_a = r I_s \quad \therefore \quad r_a = \frac{I_s}{I_a} r = \frac{18}{12} \times 0.025 = 0.0375 \ [\Omega]$$

10. 직병렬회로의 합성저항

$$R = R_1 + \frac{R_2 \times R_3}{R_2 + R_3} \quad [\Omega]$$

그림(a)의 직병렬 회로의 합성저항을 구하기 위해서는, 우선 병렬 접속부의 합성저항 $R'[\Omega]$를 다음과 같이 해서 구한다.

$$R' = \frac{1}{\frac{1}{R_2} + \frac{1}{R_3}} = \frac{1}{\frac{R_2 + R_3}{R_2 R_3}} = \frac{R_2 \times R_3}{R_2 + R_3}$$

따라서, 그림(a)는 그림(b)와 같이 그릴 수 있다. R_1과 R'의 직렬합성저항 $R[\Omega]$를 구하면, 다음과 같이 된다.

$$R = R_1 + R' = R_1 + \frac{R_2 \times R_3}{R_2 + R_3}$$

그림(b)는 그림(c)와 같이 그릴 수 있다.

|활용예|

① 그림(a)에 있어서, $R_1 = 26[\Omega]$, $R_2 = 40[\Omega]$, $R_3 = 60[\Omega]$, $V = 100[V]$일 때, 합성저항 R 및 회로전류 I는 얼마인가.

$$R = R_1 + \frac{R_2 \times R_3}{R_2 + R_3} = 26 + \frac{40 \times 60}{40 + 60} = 50 \ [\Omega]$$

$$I = \frac{V}{R} = \frac{100}{50} = 2 \ [A]$$

② 그림(a)에 있어서 $R_1 = 18[\Omega]$, $R_2 = 20[\Omega]$, $V = 60[V]$일 때, 회로전류 I는 2[A]이다. 이 회로의 합성저항 및 R_3는 얼마인가.

$$R = \frac{V}{I} = \frac{60}{2} = 30 \ [\Omega]$$

$$30 = 18 + \frac{20 R_3}{20 + R_3} \quad \frac{20 R_3}{20 + R_3} = 12$$

$$20 R_3 = 12 R_3 + 240 \quad \therefore \ R_3 = 30 \ [\Omega]$$

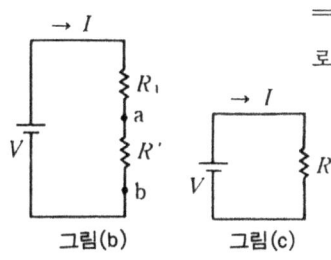

그림(a)

그림(b)   그림(c)

11. 직병렬 회로의 분압(分壓)·분류(分流)

$$\frac{V_1}{V_2} = \frac{R_1}{\dfrac{R_2 \times R_3}{R_2 + R_3}}, \qquad \frac{I_2}{I_3} = \frac{R_3}{R_2}$$

그림에 있어서의 각 저항의 단자 전압 V_1 및 V_2에 다음과 같이 된다.

$$\left. \begin{aligned} V_1 &= R_1 I = \frac{V}{R_1 + \dfrac{R_2 \times R_3}{R_2 + R_3}} R_1 \\ V_2 &= \frac{V}{R_1 + \dfrac{R_2 \times R_3}{R_2 + R_3}} \cdot \frac{R_2 \times R_3}{R_2 + R_3} \end{aligned} \right\} \quad \therefore \ \frac{V_1}{V_2} = \frac{R_1}{\dfrac{R_2 \times R_3}{R_2 + R_3}}$$

또, 전류 I_2 및 I_3에는 다음의 관계가 성립한다.

$$\left. \begin{aligned} I_2 &= \frac{R_3}{R_2 + R_3} \times I \\ I_3 &= \frac{R_2}{R_2 + R_3} \times I \end{aligned} \right\} \quad \therefore \ \frac{I_2}{I_3} = \frac{R_3}{R_2}$$

[활용예]

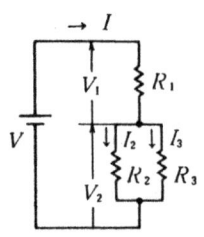

① 그림에서 $V=100[V]$, $R=10[\Omega]$, $R_3=20[\Omega]$, $R_3=20[\Omega]$일 때, V_1 및 V_2는 얼마인가.

$$\frac{V_1}{V_2} = \frac{10}{\dfrac{20 \times 20}{20 + 20}} = \frac{10}{10} = 1, \quad V_1 = V_2 = \frac{100}{2} = 50 \ [V]$$

② 그림의 회로에 있어서, 20[V]의 전압을 가하고, 5[A]의 전류를 통하게 하여, R_2와 R_3에 흐르는 전류를 1과 2의 비로 하려 한다. R_2와 R_3의 값은 각각 얼마인가. 단, R_1은 2[Ω]로 한다.

회로의 합성저항 $R = \dfrac{V}{I} = \dfrac{20}{5} = 4$ [Ω] ⓐ

$\dfrac{I_2}{I_3} = \dfrac{1}{2} = \dfrac{R_3}{R_2}$ $\therefore R_2 = 2R_3$ ⓑ

$4 = 2 + \dfrac{R_2 \times R_3}{R_2 + R_3}$ $\therefore 2 = \dfrac{R_2 \times R_3}{R_2 + R_3}$ ⓒ

ⓒ에 ⓑ를 대입하면

$2 = \dfrac{2R_3 \times R_3}{2R_3 + R_3} = \dfrac{2R_3^2}{3R_3} = \dfrac{2}{3} R_3$

$\therefore R_3 = 3$ [Ω]

ⓑ에서 $R_2 = 2 \times 3 = 6$ [Ω

12. n개의 직렬접속 전지의 전압·전류

$$I = \frac{nE}{nr+R} \quad \text{(A)}$$
$$V = nE - nrI \quad \text{(V)}$$

E : 전지 1개의 기전력(起電力)[V]
r : 전지 1개의 내부저항[Ω]
R : 부하저항 [Ω]

그림과 같이 기전력 E[V], 내부저항 r[Ω]의 전지를 n개 직렬로 접속하고, 외부에 R[Ω]의 저항을 접속했을 때, 회로에 흐르는 전류 I[A]는 위의 식으로 표시된다.

또, 단자전압 V[V]는 합성기전력 nE[V]에서 내부저항에 의한 전압 강하의 합계를 빼면 구해진다.

활용예

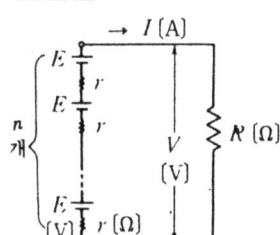

① 기전력 1.64[V], 내부저항 0.5[Ω]의 전지에 20[Ω]의 저항을 접속했을 때, 회로에 흐르는 전류 및 단자전압은 얼마인가.

$$I = \frac{E}{r+R} = \frac{1.64}{0.5+20} = \frac{1.64}{20.5} = 0.08 \text{ (A)}$$

$$V = 1.64 - (0.5 \times 0.08) = 1.6 \text{ (V)}$$

(또는, $V = 0.08 \times 20 = 1.6$ [V])

② 기전력 2[V], 내부저항 0.15[Ω]의 전지 12개를 직렬로 접속하고, 18.2[Ω]의 외부저항을 접속했을때의 회로전류 및 단자전압을 구하여라

$$I = \frac{2 \times 12}{(0.15 \times 12) + 18.2} = \frac{24}{20} = 1.2 \text{ (A)}, \quad V = 1.2 \times 18.2 = 21.84 \text{ (V)}$$

③ 기전력 2[V]의 전지에 부하를 접속하니 0.25[A]의 전류가 흐르고, 단자전압은 1.9[V]였다. 이 전지의 내부저항은 몇 옴인가.

$$V = E - rI \quad \therefore \quad r = \frac{E-V}{I} = \frac{2-1.9}{0.25} = 0.4 \text{ (Ω)}$$

④ 기전력 2[V], 내부저항 0.15[Ω]의 전지를 몇개 직렬로 접속하고, 단자에 11[Ω]의 외부저항을 연결하니 1.6[A]의 전류가 흘렀다. 전지의 수는 얼마인가.

$$1.6 = \frac{2n}{0.15n + 11} \quad 2n = 0.24n + 17.6 \quad 1.76n = 17.6 \quad \therefore \quad n = 10\text{개}$$

13. 브리지의 전위차

$$V_{cd}= V_{cb} - V_{db} = \left(\frac{R_2}{R_1+R_2} - \frac{R_4}{R_3+R_4}\right)V \quad [\text{V}]$$

그림의 브리지에 있어서, 단자 c, d간의 전위차 V_{cd}[V]는 위의 식으로 표시된다. 또, 위의 식에서 다음의 것을 알 수 있다.

a) $\dfrac{R_2}{R_1+R_2} > \dfrac{R_4}{R_3+R_4}$ 이면 $V_{cd}>0$, 따라서 단자 c의 전위는 d보다 높다.

b) $\dfrac{R_2}{R_1+R_2} < \dfrac{R_4}{R_3+R_4}$ 이면 $V_{cd}<0$, 따라서 단자 c의 전위는 d보다 낮다.

c) $\dfrac{R_2}{R_1+R_2} = \dfrac{R_4}{R_3+R_4}$ 이면 $V_{cd}=0$, 단자 c와 d는 같은 전위(전위차 없음)

활용예

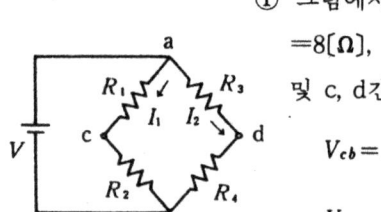

① 그림에서 $V=3$[V], $R_1=4$[Ω], $R_2=16$[Ω], $R_3=8$[Ω], $R_4=12$[Ω]일 때, 단자 c, b간, d, b간 및 c, d간의 전위차를 구하여라.

$$V_{cb} = I_1 R_2 = \frac{3}{4+16} \times 16 = \frac{48}{20} = 2.4 \ [\text{V}]$$

$$V_{db} = I_2 R_4 = \frac{3}{8+12} \times 12 = \frac{36}{20} = 1.8 \ [\text{V}]$$

$$V_{cd} = V_{cb} - V_{db} = 2.4 - 1.8 = 0.6 \ [\text{V}]$$

② 그림에서, $R_1=100$[Ω], $R_2=25$[Ω], $R_3=50$[Ω], $R_4=50$[Ω], $V=1.5$[V]일 때, 단자 c와 단자 d의 전위는 어느 쪽이 얼마만큼 높은가.

$$V_{cd} = \left(\frac{25}{100+25} - \frac{50}{50+50}\right) \times 1.5 = 0.3 - 0.75 = -0.45 \ [\text{V}]$$

단자 d 쪽이 0.45[V] 전위가 높다.

③ 그림에서 $R_1=100$[Ω], $R_2=50$[Ω], $R_3=50$[Ω], $R_4=25$[Ω], $V=1.5$[V]일 때, 단자 c와 단자 d의 전위차는 얼마인가.

$$V_{cd} = \left(\frac{50}{100+50} - \frac{25}{50+25}\right) \times 1.5 = 0.5 - 0.5 = 0$$

같은 전위이다.

14. 브리지의 평형 조건

$$R_1 R_4 = R_2 R_3$$

그림(a)에서 단자 c와 d 사이의 전위차 $V_{cd}[V]$는 다음과 같이 된다.

$$V_{cd} = \left(\frac{R_2}{R_1+R_2} - \frac{R_4}{R_3+R_4}\right) V$$

단자 c, d의 전위가 같게 되었을(브리지가 평형했다고 함) 때, 다음의 식이 성립한다.

$$\frac{R_2}{R_1+R_2} = \frac{R_4}{R_3+R_4} \quad \therefore \quad R_1 R_4 = R_2 R_3$$

이것을 브리지의 평형 조건이라고 한다. 이때, cd사이에는 전류는 흐르지 않는다.

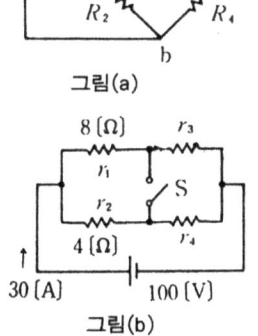

그림(a)

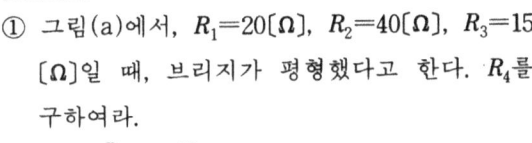

그림(b)

|활용예|

① 그림(a)에서, $R_1=20[\Omega]$, $R_2=40[\Omega]$, $R_3=15[\Omega]$일 때, 브리지가 평형했다고 한다. R_4를 구하여라.

$$R_4 = \frac{R_2}{R_1} R_3 = \frac{40}{20} \times 15 = 30 \ [\Omega]$$

② 그림(a)에서 $R_1=12[k\Omega]$, $R_2=21[k\Omega]$, $R_4=35[k\Omega]$일 때, 검류계 ⓖ에 전류는 흐르지 않았다. 이때의 R_3을 구하여라.

$$R_3 = \frac{R_1}{R_2} R_4 = \frac{12}{21} \times 35 = 20 \ [k\Omega]$$

③ 그림(b)에서, 스위치 S를 개폐해도 全電流는 항상 30[A]라고 한다. r_3, r_4을 구하여라.

이 브리지는 평형하고 있으므로, 다음 식이 성립한다.

$$8 r_4 = 4 r_3 \quad \cdots\text{①}$$

$$\frac{(8+r_3)(4+r_4)}{(8+r_3)+(4+r_4)} = \frac{100}{30} \cdots \text{②}$$

①식을 ②식에 대입하여 정리하면,

$$r_4^2 + 3 r_4 - 4 = 0$$

$$(r_4 - 1)(r_4 + 4) = 0$$

$r_4 = 1$, $r_4 = -4$ (불합리하므로 버린다)

$r_4=1$을 ①에 대입하면, $r_3=2[\Omega]$

15. 키르히호프의 법칙 제1법칙 제2법칙

제1법칙 $\quad \sum_{k=1}^{n} I_k = 0 \quad$ (1)

제2법칙 $\quad \sum_{k=1}^{n} V_k = \sum_{k=1}^{n} R_k I_k \quad$ (2)

그림에서, 회로망의 임의의 접속점에 흘러들어가는 전류의 합은 그 접속점에서 흘러나오는 전류의 합과 같다는 것으로, 이것을 키르히호프의 제1법칙이라고 하며, 식(1)로 나타낸다.

또, 식(2)는, 회로망 안의 전원전압의 합은, 그 회로망 안의 전압 강하의 합과 같다는 것을 나타내며, 이것을 키르히호프의 제2법칙이라고 한다.

이 법칙은 회로망의 전류를 구할 때에 2개 이상의 전원이 있을 경우에 사용하면 편리하다.

[활용예]

① 각 접속점에 제1법칙을 적용하면 다음과 같이 된다.

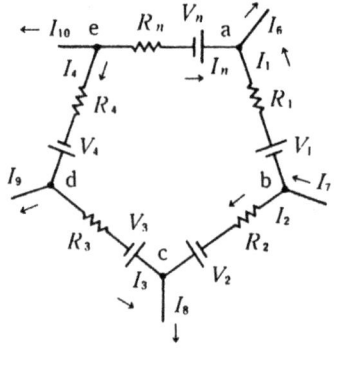

1) 접속점(a) $\quad I_1 + I_n = I_6$
  (흘러들어가는 전류)=(흘러나오는 전류)
2) 접속점(b) $\quad I_7 = I_1 + I_2$
3) 접속점(c) $\quad I_2 + I_3 = I_8$
4) 접속점(d) $\quad I_4 = I_3 + I_9$
5) 접속점(e) $\quad 0 = I_4 + I_{10} + I_n$

② a→b→c→d→e→a의 순으로 회로를 더듬어, 키르히호프의 제2법칙을 적용하면 다음과 같이 된다.

$$-V_1 + V_2 - V_3 - V_4 + V_n = -R_1 I_1 + R_2 I_2 - R_3 I_3 - R_4 I_4 + R_n I_n$$

③ 폐회로를 a→e→d→c→b→a의 순으로 더듬으면, 다음과 같이 된다.

$$-V_n + V_4 + V_3 - V_2 + V_1 = -R_n I_n + R_4 I_4 + R_3 I_3 - R_2 I_2 + R_1 I_1$$

②와 ③은 부호가 다를 뿐이다. 따라서 어느 방향으로 순로를 취해도 전류의 크기는 같게 된다. 단, (-)부호가 붙은 경우는, 실제의 전류는 그림 중의 화살표의 반대인 것에 주의하여라.

16. 2전원회로의 전압·전류(1)

$$I_1 + I_2 - I_3 = 0 \quad (1) \quad (\text{b점})$$
$$R_1 I_1 - R_2 I_2 = E_1 - E_2 \quad (2) \quad (a \to b \to d \to a \text{의 방향})$$
$$R_2 I_2 + R_3 I_3 = E_2 \quad (3) \quad (b \to c \to d \to b \text{의 방향})$$

그림의 회로에서, 접속점 b에 있어서 제1법칙을 적용하면 식(1)이 성립한다. 폐회로 [Ⅰ]를 a→b→d→a의 순으로 더듬어 가서 제2법칙을 적용하면 식(2)가, 마찬가지로 폐회로[Ⅱ]를 b→c→d→b의 순으로 더듬어 가면 식(3)이 성립한다.

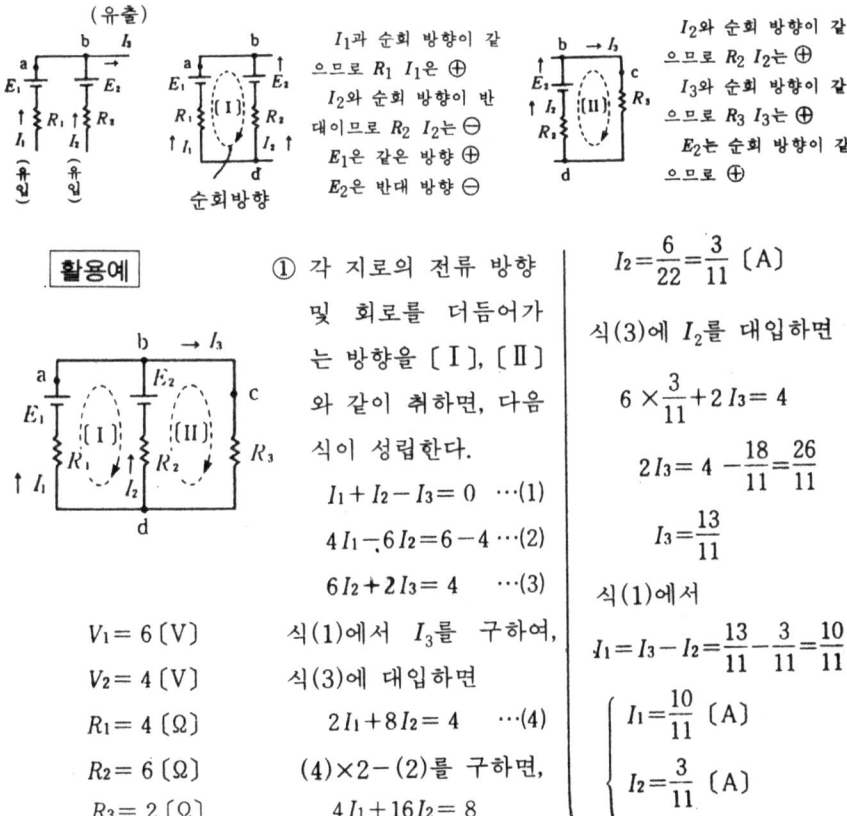

활용예

① 각 지로의 전류 방향 및 회로를 더듬어가는 방향을 [Ⅰ], [Ⅱ]와 같이 취하면, 다음 식이 성립한다.

$$I_1 + I_2 - I_3 = 0 \quad \cdots(1)$$
$$4I_1 - 6I_2 = 6 - 4 \quad \cdots(2)$$
$$6I_2 + 2I_3 = 4 \quad \cdots(3)$$

식(1)에서 I_3를 구하여, 식(3)에 대입하면

$$2I_1 + 8I_2 = 4 \quad \cdots(4)$$

(4)×2-(2)를 구하면,

$$\begin{array}{r} 4I_1 + 16I_2 = 8 \\ -) \ 4I_1 - 6I_2 = 2 \\ \hline 22I_2 = 6 \end{array}$$

$V_1 = 6 \text{ (V)}$
$V_2 = 4 \text{ (V)}$
$R_1 = 4 \text{ (Ω)}$
$R_2 = 6 \text{ (Ω)}$
$R_3 = 2 \text{ (Ω)}$

$$I_2 = \frac{6}{22} = \frac{3}{11} \text{ (A)}$$

식(3)에 I_2를 대입하면

$$6 \times \frac{3}{11} + 2I_3 = 4$$
$$2I_3 = 4 - \frac{18}{11} = \frac{26}{11}$$
$$I_3 = \frac{13}{11}$$

식(1)에서

$$I_1 = I_3 - I_2 = \frac{13}{11} - \frac{3}{11} = \frac{10}{11}$$

$$\begin{cases} I_1 = \frac{10}{11} \text{ (A)} \\ I_2 = \frac{3}{11} \text{ (A)} \\ I_3 = \frac{13}{11} \text{ (A)} \end{cases}$$

17. 2전원회로의 전압·전류(2)

$$I_1 + I_2 - I_3 = 0 \quad (1)$$
$$R_1 I_1 + R_3 I_3 = E_1 \quad (2)$$
$$R_2 I_2 + R_3 I_3 = -E_2 \quad (3)$$

그림의 회로의 접속점 b에서, 제1법칙을 적용하면 식(1)이 성립하고, 폐회로 a→b→d→a에 제2법칙을 적용하면 식(2)가, 또 폐회로 b→d→c→b의 회로에서는 식(3)이 성립한다.

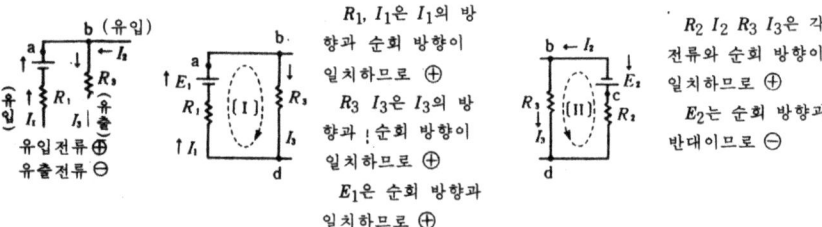

| 활용예 |

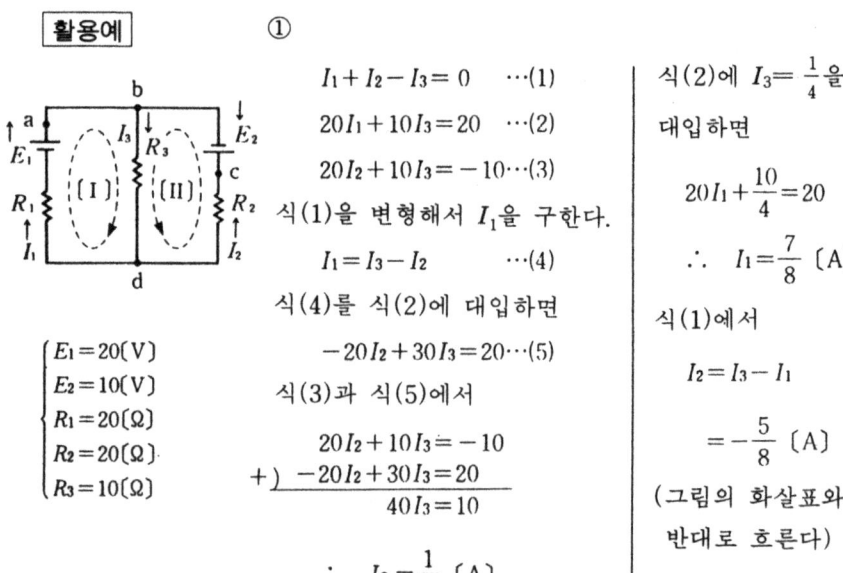

$E_1 = 20(V)$
$E_2 = 10(V)$
$R_1 = 20(\Omega)$
$R_2 = 20(\Omega)$
$R_3 = 10(\Omega)$

①
$I_1 + I_2 - I_3 = 0 \quad \cdots (1)$
$20I_1 + 10I_3 = 20 \quad \cdots (2)$
$20I_2 + 10I_3 = -10 \quad \cdots (3)$

식(1)을 변형해서 I_1을 구한다.
$I_1 = I_3 - I_2 \quad \cdots (4)$

식(4)를 식(2)에 대입하면
$-20I_2 + 30I_3 = 20 \cdots (5)$

식(3)과 식(5)에서
$20I_2 + 10I_3 = -10$
$+) \underline{-20I_2 + 30I_3 = 20}$
$\quad\quad\quad 40I_3 = 10$

$\therefore I_3 = \dfrac{1}{4} \ (A)$

식(2)에 $I_3 = \dfrac{1}{4}$을 대입하면
$20I_1 + \dfrac{10}{4} = 20$
$\therefore I_1 = \dfrac{7}{8} \ (A)$

식(1)에서
$I_2 = I_3 - I_1$
$\quad = -\dfrac{5}{8} \ (A)$

(그림의 화살표와 반대로 흐른다)

18. 줄의 법칙

$$H = I^2 Rt \quad [J]$$

H : 발생 에너지[J]
I : 전류 (A), R : 저항[Ω]
t : 시간[s]

저항 $R[Ω]$에 $I[A]$의 전류가 t초간 흐를 때, 저항에 발생하는 열에너지는 위의 식으로 표시된다. 이것을 줄의 법칙이라고 한다.

열량의 단위에는 줄 외에 칼로리[cal]가 사용된다.

$$1 \, [J] ≒ 0.24 \, [cal], \quad H = 0.24 I^2 Rt \, [cal]$$

활용예

① 20[Ω]의 전열기에 5[A]의 전류를 30분간 흘렸을 때 발생하는 열량은 몇 [J]인가. 또 그것은 몇 칼로리인가.

$$H = 5^2 × 20 × 30 × 60 = 9 × 10^5 \, [J]$$
$$H' = 0.24 × 9 × 10^5 = 216 \, [kcal]$$

② 10[Ω]의 저항에 어떤 크기의 전류를 20분간 흘렸을 때 48,000[J]의 열을 발생했다. 이때의 전류는 얼마인가.

$$I = \sqrt{\frac{H}{Rt}} = \sqrt{\frac{48000}{10 × 20 × 60}} = 2 \, [A]$$

③ 100[V]의 전원으로 사용할 때, 1분간에 $14.4 × 10^3$[cal]의 열량을 발생하는 전기 다리미가 있다. 이 다리미의 사용 중의 저항을 구하여라.

$$R = \frac{0.24 V^2 t}{H} = \frac{0.24 × 100^2 × 60}{14.4 × 10^3} = 10 \, [Ω]$$

④ 5[l]의 물을 20[℃]에서 50[℃]까지 올리는데 필요한 열량은 얼마인가.

$$H = 5000(50 - 20) = 150 \, [kcal]$$

⑤ 20[l]의 물을 15[℃]에서 90[℃]까지 상승시키는데 1.2[Kw]의 전열량을 사용하면 몇 분 걸리는가. 단, 전열기의 효율은 80[%]로 한다.

$$20000(90 - 15) = 0.24 × 1200 × t × 0.8$$

$$t = \frac{1500000}{230.4} = 6510.4 \, [s] \quad ∴ \; 108분 \; 30초$$

19. 전 력

$$P = VI = I^2 R = \frac{V^2}{R} \ [W]$$

P : 전력[W]
V : 공급 전압[V]
I : 전류[A]
R : 저항[Ω]

그림(a)와 같이 $R[Ω]$의 저항에 $V[V]$의 전압을 가하여, $I[A]$의 전류가 흘렀다고 하면, 전력 $P[W]$는 위의 식으로 나타내진다.

$$P = VI \ \cdots(1), \quad V = IR \ \cdots(2), \quad I = V/R \ \cdots(3)$$

식(1)에 식(2)를 대입하면, $P = IR \cdot I = I^2 R$ [W]
또, 식(1)에 식(3)을 대입하면, $P = VI = V \cdot V/R = V^2/R$ [W]

또한, $1 [mW] = 10^{-3} [W]$, $1 [kW] = 10^3 [W]$, $1 [MW] = 10^6 [W]$ 이다.

활용예

① 그림(a)의 회로에서 100[V]의 전압을 가하니 4[A]의 전류가 흘렀다. 이 때의 전력을 구하여라.
$$P = VI = 100 \times 4 = 400 \ [W]$$

② 5[Ω]의 저항에 2[A]의 전류가 흐르고 있을 때의 전력은 얼마인가.
$$P = I^2 R = 2^2 \times 5 = 20 \ [W]$$

③ 100[V], 400[W]의 전열기가 있다. 90[V]로 사용하였을 때의 전력은 얼마인가.
$$R = V^2/P = \frac{(100)^2}{400} = 25 \ [Ω]$$
$$P' = (V')^2/R = \frac{(90)^2}{25} = 324 \ [W]$$

④ 그림(b)의 회로에 소비되는 전전력을 구하여라.
$$R = 5 + \frac{30 \times 20}{30 + 20} + 3 = 5 + 12 + 3 = 20 \ [kΩ], \quad I = \frac{100}{20 \times 10^3} = 5 \ [mA]$$
$$P = I^2 R = (5 \times 10^{-3})^2 \times 20 \times 10^3 = 0.5 \ [W]$$

20. 소비전력과 전력량

$$W = Pt = I^2 Rt = VIt \quad \text{[Wh]} \qquad W : 전력량 \text{[Wh], [kWh]}$$

전기적 에너지를 전력량이라고 하며, 위의 식으로 나타낸다.
전력량의 단위에는 [J] 외에, [Wh], [kWh]가 사용된다.

|활용예|

① 1[kW]의 전열기를 2시간 사용했을 때, 그 사이에 소비하는 전력량은 몇 줄인가. 또, 몇 kWh인가.

$W = 2 \times 1000 \times 3600 = 7.2 \times 10^6$ [J]　　$W' = 2 \times 1 = 2$ [kWh]

② 20[Ω]의 저항에 5[A]의 전류를 30분간 흘렸을 때의 전력량[Wh]은 얼마인가.

$W = 5^2 \times 20 \times 1/2 = 250$ [Wh]

③ 100[V], 300[W]의 전기다리미를 4시간 사용했을 때의 전력량[kWh]은 얼마인가. 또, 1개월간에 소비하는 전력량은 얼마인가.

$W = 0.3 \times 4 = 1.2$ [kWh]

$W' = 1.2 \times 30 = 36$ [kWh]

④ 어떤 가정에서의 하루의 전기 사용 상황은 다음과 같다.
60[W] 백열전등 4개를 2시간, 100[W] 백열전등 2개를 4시간, 텔레비전 100[W] 3시간, 전기밥솥(500W) 1시간, 기타 200W 2시간.
a) 소비 전력은 얼마인가.
b) 1일의 소비전력량은 얼마인가. 또, 30일간의 소비전력량은 얼마인가.

소비전력 $= (60 \times 4) + (100 \times 2) + 100 + 500 + 200 = 1240$ [W]

$W = (0.24 \times 2) + (0.2 \times 4) + (0.1 \times 3) + (0.5 \times 1) + (0.2 \times 2)$
　　$= 2.48$ [kWh]

$W' = 2.48 \times 30 = 74.4$ [kWh]

⑤ 어떤 전열기에 100[V]의 전압이 가해지고 있다. 그 저항은 10[Ω]이다. 전열기에 흐르는 전류 및 소비전력을 구하여라.

$I = V/R = 100/10 = 10$ [A],　$P = VI = 100 \times 10 = 1000$ [W]

21. 허용전력과 허용전류

$$I = \sqrt{\dfrac{P}{R}} \; [A] \qquad \begin{array}{l} P : 허용전력[W] \\ I : 허용전류[A] \\ R : 저항[\Omega] \end{array}$$

저항체는, 다음에 표시하는 전력 $P[W]$를 소비한다.

$$P = VI = I^2 R$$

이 전력에 의해 저항체의 온도가 높아지고, 한도를 넘으면 저항체가 소손한다. 저항체에 흐를 수 있는 전류의 한도를 허용전류라고 한다.

허용전류 $P[W]$, 저항 $R[\Omega]$인 저항체의 허용전류 $I[\Omega]$는 윗식으로 표시된다.

|활용예|

① 600$[\Omega]$의 저항이 있고, 그 허용전력은 1$[W]$라고 한다. 허용전류를 구하여라.

$$I = \sqrt{\dfrac{P}{R}} = \sqrt{\dfrac{1}{600}} = 0.04 \; [A]$$

② 5$[k\Omega]$의 저항이 있고, 그 허용전류는 1$[mA]$라고 한다. 허용전력은 얼마인가.

$$P = I^2 R = (10^{-3})^2 \times 5 \times 10^3 = 5 \times 10^{-3}[W] = 5 \; [mW]$$

③ 허용전력 100$[mW]$, 저항 1$[k\Omega]$의 저항기와 허용전력 80$[mW]$, 저항 500$[\Omega]$의 저항기를 직렬로 접속한 회로가 있다.
  a) 합성저항은 얼마인가.
  b) 이 회로에 흐를 수 있는 허용전류는 얼마인가.

  a) $R = R_1 + R_2 = 1000 + 500 = 1500 \; [\Omega]$

  b) $I_1 = \sqrt{\dfrac{P_1}{R_1}} = \sqrt{\dfrac{100 \times 10^{-3}}{1000}} = 0.01[A] = 10 \; [mA]$

  $I_2 = \sqrt{\dfrac{P_2}{R_2}} = \sqrt{\dfrac{80 \times 10^{-3}}{500}} = 0.0126[A] = 12.6 \; [mA]$

저항기를 소손하지 않기 위해서는 전류의 작은 쪽을 기준으로 한다. 따라서 허용전류는 10$[mA]$로 한다.

22. 저 항 률

$$R = \rho \frac{l}{A} \quad [\Omega]$$

R : 도체의 저항[Ω]
l : 도체의 길이[m]
A : 도체의 단면적[m²]
ρ : 도체의 저항률[$\Omega \cdot$m]

저항률은 위의 식에서 다음과 같이 표시된다. $\rho = \dfrac{RA}{l}$

저항률의 단위에는 도체의 길이와 단면적의 단위에 의해 다음과 같이 된다.

a) $\rho = R[\Omega] \times \dfrac{A[m^2]}{l[m]} = R \cdot \dfrac{A}{l} [\Omega \cdot m]$

b) $\rho = R[\Omega] \times \dfrac{A[cm^2]}{l[cm]} = R \cdot \dfrac{A}{l} [\Omega \cdot cm] = R \cdot \dfrac{A}{l} \times 10^{-2} [\Omega \cdot m]$

c) $\rho = R[\Omega] \times \dfrac{A[mm^2]}{l[m]} = R \cdot \dfrac{A}{l} [\Omega \cdot mm^2/m] = R \cdot \dfrac{A}{l} \times 10^{-6} [\Omega \cdot m]$

활용예

금 속	저항률 $\rho(\Omega \cdot m)$
은	1.62×10^{-8}
구리	1.72×10^{-8}
알루미늄	2.75×10^{-8}
철	9.8×10^{-8}
니크롬	109×10^{-8}
백금	10.6×10^{-8}

금속의 저항률(20[℃])

① 단면적 2.0[mm²], 길이 30[m]인 동선의 저항은 얼마인가.

$R = \rho \cdot \dfrac{l}{A} = 1.72 \times 10^{-8} \times \dfrac{30}{2 \times 10^{-6}} = 0.258 \; [\Omega]$

② 지름 2.6[mm]인 전선 1000[m]의 저항이 3.235[Ω]이었다. 이 전선의 저항률을 구하여라.

$\rho = 3.235 \times \dfrac{\dfrac{\pi}{4} \times (2.6 \times 10^{-3})^2}{1000}$

$= 1.72 \times 10^{-8} \; [\Omega \cdot m]$

③ 저항률 $2.75 \times 10^{-8}[\Omega \cdot m]$의 알루미늄 전선이 있다. 지름 4[mm]로 저항이 2.5[Ω]이라고 한다. 이 전선의 길이를 구하여라.

$l = \dfrac{R}{\rho} A = \dfrac{2.5 \times \dfrac{\pi}{4} (4 \times 10^{-3})^2}{2.75 \times 10^{-8}} = 1142 \; [m]$

23. 도전율(導電率)

$$\sigma = \frac{1}{\rho} \quad [\text{S/m}] \qquad \sigma : 도전율[\text{S/m}]$$
$$\rho : 저항률[\Omega \cdot \text{m}]$$

도전율은 전류가 통하기 쉬운 것을 표시하는 상수로, 저항률의 역수이며, 위의 식으로 표시된다. 그래서 단면적 $A[\text{m}^2]$, 길이 $l[\text{m}]$인 전선의 저항이 $R[\Omega]$이면, 그 도전율은 다음 식으로 나타난다.

$$\sigma = \frac{1}{\rho} = \frac{1}{\frac{RA}{l}} = \frac{l}{RA} \quad [\text{S/m}]$$

또, 만국표준의 국제 표준 연동(軟銅)의 도전율 $\sigma_s = \frac{1}{1.7241 \times 10^{-8}} = 5.8 \times 10^7 [\text{S/m}]$의 몇 퍼센트인가를 나타내는 일이 있다. 이것을 퍼센트 도전율이라고 한다.

도전율 $\sigma[\text{S/m}]$인 전선의 퍼센트 도전율은 다음과 같이 표시된다.

$$\text{퍼센트 도전율} = \frac{\sigma}{\sigma_s} \times 100 \quad [\%]$$

활용예

① 지름 2[mm], 길이 1[km]인 전선의 저항이 6.3[Ω]이다. 이 전선의 도전율은 얼마인가.

$$\sigma = \frac{l}{RA} = \frac{1000}{6.3 \times \frac{\pi}{4}(2 \times 10^{-3})^2} = 5.05 \times 10^7 \quad [\text{S/m}]$$

② 경동선의 저항률은 $1.77 \times 10^{-8}[\Omega \cdot \text{m}]$이다. 퍼센트 도전율을 구하여라.

$$\text{퍼센트 도전율} = \frac{\sigma}{\sigma_s} \times 100 = \frac{\frac{1}{1.77 \times 10^{-8}}}{\frac{1}{1.724 \times 10^{-8}}} \times 100 = 97.4 \quad [\%]$$

③ 단면적 $2.216 \times 10^{-4}[\text{m}^2]$, 길이 1[m]인 황동의 저항은 $36.05 \times 10^{-5}[\Omega]$이다. 도전율 및 퍼센트 전도율을 구하여라.

$$\sigma = \frac{l}{RA} = \frac{1}{36.05 \times 10^{-5} \times 2.216 \times 10^{-4}} = 1.25 \times 10^7 \quad [\text{S/m}]$$

$$\text{퍼센트 도전율} = \frac{\sigma}{\sigma_s} \times 100 = \frac{1.25 \times 10^7}{5.8 \times 10^7} \times 100 = 21.55 \quad [\%]$$

24. 저항의 온도계수

$$R_{t2} = R_{t1}\{1 + \alpha_{t1}(t_2 - t_1)\} \quad [\Omega]$$

R_{t2} : $t_2[℃]$일 때의 저항
R_{t1} : $t_1[℃]$일 때의 저항
α_{t1} : $t_1[℃]$일 때의 온도계수

물질의 온도가 1[℃] 상승했을 때의 저항이 변화하는 비율을 저항의 온도계수라고 하고, 기준온도를 잡는 법에 따라 그 값은 다르다.

0[℃]의 저항 온도계수를 α_0라 하면, 임의의 온도 $t[℃]$일 때의 저항온도계수 α_t는 다음식으로 표시된다.

$$\alpha_t = \frac{\alpha_0}{1 + \alpha_0 t} \quad \left(\begin{array}{l}\text{연동선의 } t[℃]\text{에서의 저항온도계수는} \\ \text{오른쪽의 식으로 표시된다.}\end{array} \quad \alpha_t = \frac{1}{234.5 + t}\right)$$

활용예

① 국제표준 연동선의 0[℃]에서의 저항온도계수 α_0은 1/234.5이다. 20[℃]에서의 저항의 온도계수 α_{20}을 구하여라.

$$\alpha_{20} = \frac{\alpha_0}{1 + \alpha_0 \times 20} = \frac{\frac{1}{234.5}}{1 + \frac{20}{234.5}} = \frac{\frac{1}{234.5}}{\frac{234.5 + 20}{234.5}} = \frac{1}{254.5}$$

② 연동선의 20[℃]에서의 저항이 10[Ω]이면, 50[℃]일 때의 저항은 몇 옴이 되는가. 단, $\alpha_{20} = 1/254.5$이다.

$$R_{50} = 10\left\{1 + \frac{1}{254.5}(50 - 20)\right\} = 10(1 + 0.118) = 11.18 \; [\Omega]$$

③ 동선으로 되어 있는 1개의 코일의 온도상승을 저항법에 의해 측정했다. 지금, 20[℃]의 저항 0.64[Ω], 온도 상승 후의 저항은 0.72[Ω]이었다. 상승 후의 코일의 온도는 얼마인가. 단, $\alpha_{20} = 1/254.5$로 한다.

$$0.72 = 0.64\left\{1 + \frac{1}{254.5}(t_2 - 20)\right\}$$

$$0.72 = 0.64 + \frac{0.64 t_2}{254.5} - \frac{12.8}{254.5} \qquad \frac{0.64}{254.5} t_2 = 0.72 - 0.64 + \frac{12.8}{254.5}$$

$$t_2 = \frac{(0.08 \times 254.5) + 12.8}{0.64} = 51.8 \; [℃]$$

25. 패러데이의 법칙

$$w = KQ = KIt \quad (g)$$

w : 물질의 석출량[g]
K : 전기화학당량[g/C]
Q : 전기량 [C]
I : 전류[A], t : 시간[s]

물질의 석출량은 전기량에 비례한다. 또, 전기화학당량이란 1[C]의 전기량에 의해 석출되는 물질의 양이다. 이것을 **패러데이**의 법칙이라고 한다.
표는, 각종 원소의 전기화학당량 및 1[A·h]의 전기량에 의해 석출되는 양을 표시한 것이다.

활용예

원 소	전기화학당량 [mg/C]	석출량 [g/A·h]
은	1.1180	4.0247
구리	0.32931	1.1855
아연	0.3388	1.220
염소	0.36745	1.3228

① 5[A]의 전류가 2분간 흘렀다. 이 경우의 전기량은 얼마인가.
   $Q = I \cdot t = 5 \times 2 \times 60 = 600$ [C]

② 1[A·h]은 몇 쿨롱의 전기량인가.
   $Q = 1 \times 60 \times 60 = 3600$ [C]

③ 전기화학당량이 0.3042 [mg/C]인 물질이 있다고 하면, 1[A·h]의 전기량에 의해 어느 정도의 석출량이 얻어지는가.
   $w = KQ = 0.3042 \times 10^{-3} \times 3600 = 1.095$ [g]

④ 황산구리 용액에 20[A]의 전류를 2시간 흘렸을 때, 몇[g]의 구리가 석출되는가.
   $w = KIt = 0.32931 \times 10^{-3} \times 20 \times 2 \times 60 \times 60 = 47.42$ [g]

⑤ 은도금을 하려고 일정 전류를 30분간 흘렸을 때, 50.31[g]의 은이 석출되었다. 이때 흐른 전류의 크기는 얼마인가.
   $w = KIt$
   $\therefore I = \dfrac{w}{Kt} = \dfrac{50.31}{1.1180 \times 10^{-3} \times 30 \times 60} = 25$ [A]

2. 자기 회로

26. 자기에 관한 쿨롱의 법칙

$$f = \frac{m_1 m_2}{4\pi\mu_0 r^2} = 6.33 \times 10^4 \frac{m_1 m_2}{r^2} \;\;[N]$$

m_1, m_2 : 자극의 세기[Wb]
r : 양 자극간의 거리[m]
μ_0 : 진공의 투자율[H/m]

자극간에 작용하는 힘의 크기 f[N]은 자극의 세기의 곱에 비례하고, 양 자극간 거리의 제곱에 반비례한다. 위의 나타낸 식은 쿨롱의 법칙이라고 한다. 또, $\mu_0 = 4\pi \times 10^{-7}$[H/m]이다. 따라서, 다음의 식이 얻어진다.

$$f = \frac{m_1 m_2}{4\pi\mu_0 r^2} = \frac{m_1 m_2}{4\pi \times 4\pi \times 10^{-7} r^2} = \frac{10^7 m_1 m_2}{16\pi^2 r^2} = 6.33 \times 10^4 \frac{m_1 m_2}{r^2}$$

또한, 그림과 같이 두 극이 같은 부호의 경우 반발력, 다른 부호의 경우 흡인력이 작용한다.

활용예

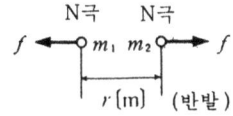

① 진공중에 3×10^{-5}[Wb]의 N극과 -4×10^{-4}[Wb]의 S극을 5[cm] 떼어 놓았을 때, 양 극 사이에 작용하는 흡인력을 구하여라.

$$f = 6.33 \times 10^4 \times \frac{3 \times 10^{-5} \times 4 \times 10^{-4}}{(5 \times 10^{-2})^2} = 0.3 \;[N]$$

② 진공중에 6×10^{-4}[Wb]의 N극과 3×10^{-4}[Wb]의 자극이 있고, 상호간에 0.2(N)의 반발력이 작용하고 있다. 미지 자극의 종류 및 상호간의 거리를 구하여라. 자극간에 작용하는 힘이 반발력이므로 미지 자극은 N극.

$$0.2 = 6.33 \times 10^4 \times \frac{6 \times 10^{-4} \times 3 \times 10^{-4}}{r^2} \quad r^2 = \frac{113.94 \times 10^{-4}}{0.2} = 569.7 \times 10^{-4}$$

$$\therefore r = \sqrt{569.7 \times 10^{-4}} = 0.239 \;[m]$$

③ 진공중에서 같은 세기의 자극이 서로 40[cm] 떨어져 있을 때, 자극간에 0.8(N)의 힘이 작용하고 있다고 하면, 자극의 세기는 얼마인가.

$$0.8 = 6.33 \times 10^4 \times \frac{m^2}{0.4^2} \quad m^2 = \frac{0.128}{6.33 \times 10^4} = 2 \times 10^{-6} \quad m = 1.41 \times 10^{-3} \;[Wb]$$

27. 자계의 세기

$$H=\frac{f}{m} \quad [A/m]$$

f : 자극간에 작용하는 힘[N]
m : 자극의 세기[Wb]
H : 자계의 세기[A/m]

m[Wb]의 점자극에서 r[m] 떨어진 진공 중의 자계의 세기 H[A/m]는 다음의 식으로 표시된다.

$$H=6.33\times 10^4 \frac{m}{r^2} \quad [A/m]$$

따라서, 자계의 세기 H[A/m]의 자계 내에 m[Wb]의 자극을 놓으면, 자극에 작용하는 힘 f(N)는 다음 식과 같이 된다.

$$f=m\cdot H \quad [N]$$

활용예

① 진공중에서 5×10^{-3}[Wb]의 자극에서 10[cm] 떨어진 점의 자계의 세기는 얼마인가.

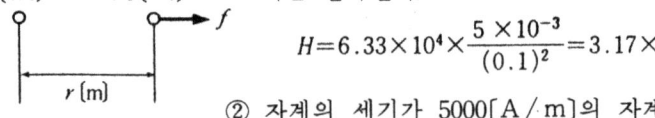

$$H=6.33\times 10^4 \times \frac{5\times 10^{-3}}{(0.1)^2}=3.17\times 10^4 \quad [A/m]$$

② 자계의 세기가 5000[A/m]의 자계중에 2×10^{-5}[Wb]의 점자극을 놓았을 때, 점자극에 작용하는 힘을 구하여라.

$$f=mH=2\times 10^{-5}\times 5\times 10^3=0.1 \quad [N]$$

③ 어떤 자계중에 3×10^{-5}[Wb]의 점자극을 놓았을 때, 1.5×10^{-3}(N)의 힘을 받았다고 한다. 자계의 세기는 얼마인가.

$$H=\frac{f}{m}=\frac{1.5\times 10^{-3}}{3\times 10^{-5}}=50 \quad [A/m]$$

④ 진공중에서, 어떤 점자극으로부터 20[cm] 떨어진 점의 자계의 세기가 6.33×10^3[A/m]였다. 점자극의 크기는 얼마인가.

$$m=\frac{r^2 H}{6.33\times 10^4}=\frac{(0.2)^2\times 6.33\times 10^3}{6.33\times 10^4}=4\times 10^{-3} \quad [Wb]$$

28. 직선 전류에 의한 자계

$$H = \frac{I}{2\pi r} \quad [A/m] \qquad \begin{array}{l} I : \text{도체의 전류}(A) \\ H : \text{도체에서 } r[m] \text{인 점의 자계}[A/m] \end{array}$$

무한 길이 직선 도체에 전류 $I[A]$가 흐르고 있을 때, 도체에서 $r[m]$인 점의 자계의 세기 $H[A/m]$는, 암페아의 주회로의 법칙에서 위의 식으로 표시된다.

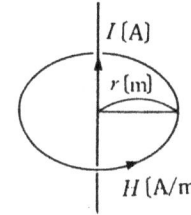

[참고]
암페아의 주회로의 법칙

활용예

① 1개의 무한 길이 직선 전선에 31.4[A]의 전류가 흐르고 있다. 이 전선에서 5[cm] 떨어진 점의 자계의 크기를 구하여라.

$$H = \frac{I}{2\pi r} = \frac{31.4}{2\pi \times 0.05} = 100 \ [A/m]$$

② 1개의 무한 길이 직선 도체에 120[A]의 전류가 흐르고 있을 때, 이 도체에서 떨어진 어떤 점의 자계의 세기가 150[A/m]였다고 한다. 이 점과 도체와의 거리는 얼마인가.

$$r = \frac{I}{2\pi H} = \frac{120}{2\pi \times 150} = 0.127[m] = 12.7 \ [cm]$$

③ 무한 길이 직선 전류에서 10[cm] 떨어진 점의 자계의 크기가 3[A/m]였다. 전류의 세기는 얼마인가.

$$I = H \times 2\pi r = 3 \times 2\pi \times 0.1 = 1.88 \ [A]$$

④ 4[cm]의 간격으로 무한 길이의 2개의 직선 도체가 있다. 이 도체에 5[A]의 전류가 흐르고 있을 때 한쪽 도체에 의해 다른 쪽 도체의 위치에 생기는 자계의 크기를 구하여라.

$$H = \frac{I}{2\pi r} = \frac{5}{2\pi \times 0.04} = 19.9 \ [A/m]$$

29. 원형 코일에 의한 자계

| 원형 코일 중심의 자계 | $H = \dfrac{NI}{2r}$ [A/m] | (1) |
| 원형 코일 축위의 자계 | $H_x = \dfrac{NI\, r^2}{2(r^2+x^2)^{3/2}}$ [A/m] | (2) |

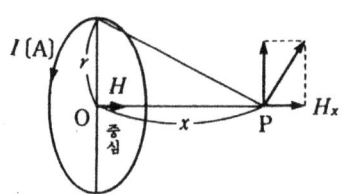

그림과 같이 반지름 r[m], 권수 N회의 코일에 I[A]의 전류가 흐르고 있을 때, 코일의 중심 O점에 생기는 자계의 세기 H[A/m]는 위의 식(1)로 나타낸다.

또, 중심선상 P점의 자계 H_x[A/m]은 식(2)로 나타낸다.

|활용예|

① 반지름 5[cm]인 원형 코일의 권수가 20회의 경우, 이것에 20[A]의 전류를 흘렸을 때, 중심에 생기는 자계는 얼마인가.

$$H = \dfrac{NI}{2r} = \dfrac{20 \times 20}{2 \times 0.05} = 4000 \text{ [A/m]}$$

② 반지름 6[cm], 권수 15회인 원형 코일 중심의 자계의 세기가 500[A/m]이라고 한다. 코일에는 몇 [A]의 전류가 흐르고 있는가.

$$I = \dfrac{2rH}{N} = \dfrac{2 \times 0.06 \times 500}{15} = 4 \text{ [A]}$$

③ 지름 6[cm], 권수 50회의 원형 코일가 있다. 이 코일에 15[A]의 전류를 흘렸을 때,
1) 코일 중심의 자계는 얼마인가.
2) 코일의 중심점에서 축위 4[cm] 떨어진 점의 자계의 세기는 얼마인가.

$$H = \dfrac{NI}{2r} = \dfrac{50 \times 15}{2 \times 0.03} = 12500 \text{ [A/m]}$$

$$H_x = \dfrac{r^2 NI}{2(r^2+x^2)^{3/2}} = \dfrac{0.03^2 \times 50 \times 15}{2(0.03^2+0.04^2)^{3/2}} = \dfrac{6.75 \times 10^{-1}}{2.5 \times 10^{-4}}$$

$$= 2.7 \times 10^3 \text{ [A/m]}$$

30. 자기 회로에 관한 옴의 법칙

$$\Phi = \frac{F}{R_m} = \frac{NI}{R_m} \quad \text{(Wb)} \qquad \begin{array}{l} \Phi : 자속[\text{Wb}] \\ F : 기자력[\text{A}] \\ R_m : 자기저항[\text{A/Wb}] \end{array}$$

그림과 같이, 자로(磁路)를 통하는 자속 Φ[Wb]는 기자력 F[A]에 비례하고, 자기저항 R_m[A/Wb]에 반비례한다. 이것을 자기 회로의 옴의 법칙이라고 한다. 또한 기자력은, 코일의 권수 N과 이것에 흐르는 전류 I의 곱 NI이다.

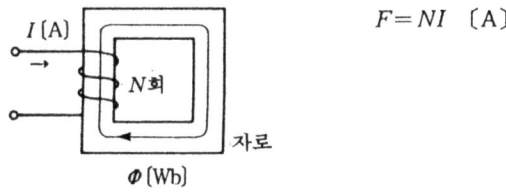

$$F = NI \quad \text{(A)}$$

활용예

① 그림에서 코일의 권수가 200회이고, 이것에 5[A] 및 20[mA]의 전류를 흘렸을 때의 각각의 기자력을 구하여라.

$$F_1 = 200 \times 5 = 1000 \text{ (A)}$$
$$F_2 = 200 \times 20 \times 10^{-3} = 4 \text{ (A)}$$

② 그림의 자기회로에서, 코일의 권수를 125회로 하고, 기자력을 400[A]로 하기 위해서는 얼마의 전류를 흘리면 좋은가.

$$I = \frac{F}{N} = \frac{400}{125} = 3.2 \text{ (A)}$$

③ 그림의 자기회로에서, 코일의 권수 2,000회, 자기저항은 8×10^4[A/Wb]이다. 코일에 2.4[A]의 전류를 흘렸을 때, 자속은 얼마인가.

$$\Phi = \frac{NI}{R_m} = \frac{2000 \times 2.4}{8 \times 10^4} = 0.06 \text{ (Wb)}$$

④ 자기회로의 자기저항이 4.8×10^5[A/Wb], 자로에 생기는 자속을 0.08 [Wb]로 하고 싶다. 이것에 필요한 기자력(起磁力)은 얼마인가.

$$F = \Phi \times R_m = 0.08 \times 4.8 \times 10^5 = 38400 \text{ (A)}$$

31. 자기저항

$$R_m = \frac{l}{\mu A} = \frac{l}{\mu_0 \mu_s A} \quad (A/Wb)$$

R_m : 자기저항[A / Wb]
l : 자로의 길이[m]
μ : 투자율[H / m]
A : 자로의 단면적[m²]

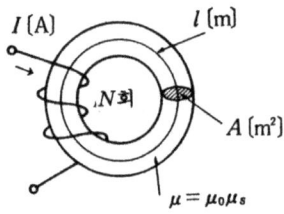

그림과 같은, 단면적 A[m²], 자로의 길이 l[m], 투자율 μ[H / m]인 철심의 자기저항 R_m[A / Wb]는 l에 비례하고, μ 및 A에 반비례한다.

또한, 투자율 μ는 다음 식으로 표시된다.

$$\mu = \mu_0 \mu_s = 4\pi \times 10^{-7} \mu_s$$

μ_s는 물질에 따라 정해지는 비(比)투자율이다.

|활용예|

① 자로(磁路)의 길이 20[cm], 단면적 15[cm²]dls, 철심의 비투자율(比透磁率) 800인 철심의 자기저항은 얼마인가.

$$R_m = \frac{20 \times 10^{-2}}{4\pi \times 10^{-7} \times 800 \times 15 \times 10^{-4}} = 1.33 \times 10^5 \ (A/Wb)$$

② 자로의 길이 50[cm], 단면적 10[cm²] 철심의 자기 저항이 6×10^5 [A / Wb]이다. 이 철심의 투자율 및 비투자율은 각각 얼마인가.

$$\mu = \frac{l}{R_m A} = \frac{50 \times 10^{-2}}{6 \times 10^5 \times 10 \times 10^{-4}} = 8.33 \times 10^{-4} \ (H/m)$$

$$\mu_s = \frac{\mu}{\mu_0} = \frac{8.33 \times 10^{-4}}{4\pi \times 10^{-7}} = 663$$

③ 어떤 자로의 단면적은 10[cm²]이고 자기저항은 2×10^5[A / Wb]이다. 철심의 투자율이 1.5×10^{-3}[H / m]이면, 이 자로의 길이는 얼마인가.

$$l = \mu A R_m = 1.5 \times 10^{-3} \times 10 \times 10^{-4} \times 2 \times 10^5 = 30 \times 10^{-2} (m)$$
$$= 30 \ (cm)$$

32. 자속밀도와 자계의 세기

$$B = \mu H \quad (T)$$

B : 자속밀도[T]
H : 자계의 세기[A/m]
μ : 투자율[H/m]

자기 회로에서는, 자속밀도 B(T) 및 자계의 세기 H[A/m]는 다음과 같이 표시된다.

$$B = \frac{\mu NI}{l}, \quad H = \frac{NI}{l}$$

이 2개의 식에서, $B = \mu H$의 식이 성립한다.

|활용예|

① 어떤 자기 회로에서, 자계의 세기가 600[A/m], 비투자율은 1,200이라 한다. 자속밀도는 얼마인가.

$$B = 4\pi \times 10^{-7} \times 1200 \times 600 = 0.9 \text{ (T)}$$

② 공심(空心)의 환상(環狀) 솔레노이드가 있다. 자계의 세기가 3×10^3 [A/m]일 때, 자속밀도는 얼마인가.

$$B = \mu_0 H = 4\pi \times 10^{-7} \times 3 \times 10^3 = 3.77 \times 10^{-3} \text{ (T)}$$

③ 어떤 자성체에 1,800[A/m]의 자계를 가하니, 자속밀도가 6[T]였다. 이 자성체의 투자율 및 비투자율은 얼마인가.

$$\mu = \frac{B}{H} = \frac{6}{1800} = 3.33 \times 10^{-3} \text{ (H/m)}$$

$$\mu_s = \frac{\mu}{\mu_0} = \frac{3.33 \times 10^{-3}}{4\pi \times 10^{-7}} = 2.65 \times 10^3$$

④ 비투자율 800, 단면적 15[cm²]인 철심에 500[A/m]의 자계를 가하면 철심의 자속밀도는 얼마인가. 또, 투자율은 얼마인가.

$$\mu = \mu_0 \mu_s = 4\pi \times 10^{-7} \times 800 = 1 \times 10^{-3} \text{ (H/m)}$$

$$B = \mu H = 1 \times 10^{-3} \times 500 = 0.5 \text{ (T)}$$

33. 에어 갭이 있는 자기회로

$$\Phi = \frac{NI}{\dfrac{l_1}{\mu A} + \dfrac{l_2}{\mu_0 A}} \quad [\text{Wb}]$$

Φ : 자속[Wb]
NI : 기자력[A]
l_1 : 자로의 길이[m]
l_2 : 갭의 길이[m]
A : 자로의 단면적[m²]

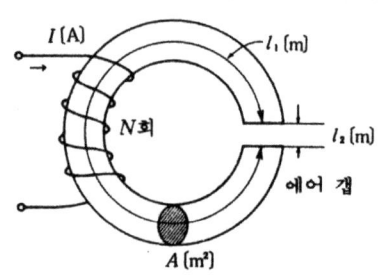

그림의 자기 회로는 철심의 자기 저항 $l_1/\mu A$와 갭의 자기저항 $l_2/\mu_0 A$의 직렬 접속 회로라고 생각 할 수 있다.

활용예

① 그림에서 자로의 길이 39.5[cm], 철심의 단면적 5[cm²], 비투자율 800, 갭의 길이 5[mm], 기자력 5,200[A]이다.
 (1) 합성자기저항은 얼마인가.
 (2) 자로에 생기는 자속은 얼마인가.

$$R_m = \frac{39.5 \times 10^{-2}}{4\pi \times 10^{-7} \times 800 \times 5 \times 10^{-4}} + \frac{5 \times 10^{-3}}{4\pi \times 10^{-7} \times 5 \times 10^{-4}}$$

$$= 8.74 \times 10^6 \, [\text{A/Wb}]$$

$$\Phi = \frac{NI}{R_m} = \frac{5200}{8.74 \times 10^6} = 5.95 \times 10^{-4} \, [\text{Wb}]$$

③ 그림에서, 자로의 평균 길이 126[cm], 단면적 30[cm²], 철심의 비투자율 1,000, 철심의 갭 1[mm]이다. 자속을 2×10^{-3}[Wb]로 하려면 기자력은 얼마 가하면 좋은가.

$$NI = 2 \times 10^{-3} \left(\frac{1.26}{4\pi \times 10^{-7} \times 10^3 \times 30 \times 10^{-4}} + \frac{10^{-3}}{4\pi \times 10^{-7} \times 30 \times 10^{-4}} \right)$$

$$= 1200 \, [\text{A}]$$

34. 자계 중의 도체에 작용하는 힘

$$f = BIl\sin\theta \quad [N]$$

f : 도체에 작용하는 힘[N]
B : 자속밀도[T]
I : 도체에 흐르는 전류[A]
l : 도체의 길이[m]
θ : 도체와 자계가 이루는 각

그림(a)와 같이 자속밀도 B[T]의 균일한 자계 중에 이것과 직각으로 길이 l[m]인 도체를 놓고, 전류 I[A]가 흐르고 있을 때, 도체에 작용하는 힘 f[N]은 다음 식으로 표시된다.

$$f = BIl$$

또, 그림(b)와 같이 자계의 방향에 대해서 θ의 각도로 어떤 도체에 작용하는 힘 f[N]는 다음 식으로 표시된다.

$$f = BIl\sin\theta$$

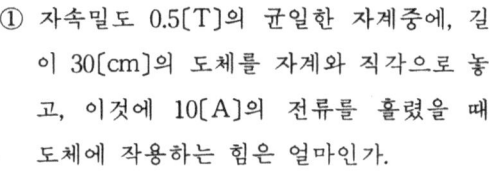

그림(a)

그림(b)

활용예

① 자속밀도 0.5[T]의 균일한 자계중에, 길이 30[cm]의 도체를 자계와 직각으로 놓고, 이것에 10[A]의 전류를 흘렸을 때 도체에 작용하는 힘은 얼마인가.

$$f = 0.5 \times 10 \times 0.3 = 1.5 \; [N]$$

② 자속밀도 1.6(T)의 균일한 자계 중에, 길이 20[cm]의 도체를 자계와 30°의 방향으로 놓고, 이것에 5[A]의 전류를 흘렸을 때, 도체에 작용하는 힘은 얼마인가.

$$f = 1.6 \times 5 \times 0.2 \times \sin 30° = 0.8 \; [N]$$

③ 공기중에 자계의 세기 4,000[A/m]의 균일한 자계가 있다. 자계의 방향과 60°의 각을 이루고 30[cm]의 도체가 놓여 있다. 이 도체에 20[A]의 전류를 흘렸을 때, 도체에 작용하는 힘은 얼마인가.

$$f = \mu_0 HIl\sin\theta = 4\pi \times 10^{-7} \times 4000 \times 20 \times 0.3 \times \frac{\sqrt{3}}{2} = 2.6 \times 10^{-2} \; [N]$$

35. 평행 도체에 작용하는 힘

$$f = \frac{2 I_1 I_2}{r} \times 10^{-7} \quad (N)$$

f : 도체에 작용하는 힘 [N]
r : 도체 사이의 거리 [m]
I_1, I_2 : 각 도체의 전류 [A]

그림과 같이, 2개의 도체가 r[m] 사이를 두고 평행으로 놓여 있을 경우, 도체①에 전류 I_1[A]가 흐르고 있다면, 그것에 의하여 생기는 도체②의 점에 있어서의 자계의 세기는 $I_1/2\pi r$[A/m], 자속밀도는 $\mu_0 I_1/2\pi r$[T]이다. 다시, 도체②에 I_2[A]의 전류가 흐르고 있는 것이므로, 도체②에 작용하는 힘 f[N/m]은 도체 1[m]에 대하여 다음과 같이 된다.

$$f = BI_2 = \frac{\mu_0 I_1 I_2}{2\pi r} = \frac{4\pi \times 10^{-7} I_1 I_2}{2\pi r}$$

$$= \frac{2 I_1 I_2}{r} \times 10^{-7} \quad (N/m)$$

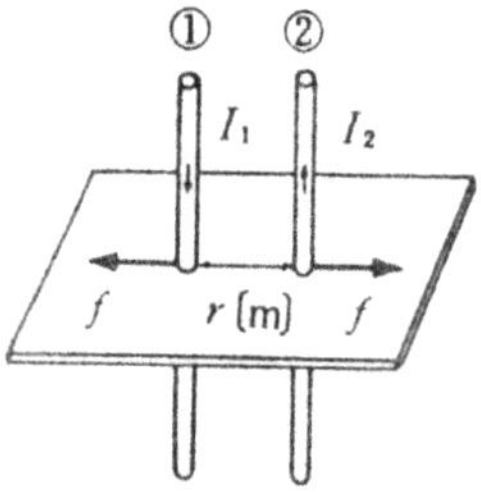

활용예

① 5[cm]의 간격으로 평행으로 늘어선 2개의 전선에 각각 80[A]의 전류를 흘렸다. 전선 1[m]에 대해 작용하는 힘은 얼마인가.

$$f = \frac{2 \times 80 \times 80}{0.05} \times 10^{-7} = 2.56 \times 10^{-2} \quad (N)$$

② 5[cm]의 간격으로 평행으로 늘어선 2개의 전선에 있다. 이 전선 1[m]에 대해 작용하는 힘은 1.44×10^{-2}[N]라고 한다. 흐르고 있는 전류는 얼마인가. 단, 2개의 전선에 흐르고 있는 전류의 크기는 같다.

$$I^2 = \frac{1.44 \times 10^{-2} \times 0.05}{2 \times 10^{-7}} = 3600 \quad \therefore I = \sqrt{3600} = 60 \quad (A)$$

③ 평행으로 늘어선 2개의 전선에 각각 40[A]의 전류가 흐르고 있다. 이 전선 1[m]당에 작용하는 힘이 2×10^{-2}[N]이다. 두 전선의 간격은 얼마인가.

$$r = \frac{2 \times 40 \times 40}{2 \times 10^{-2}} \times 10^{-7} = 0.016 \quad (m) = 16 \quad (cm)$$

36. 직사각형 코일에 작용하는 토크

$$T = BIAN\cos\theta \quad [Nm]$$

T : 토크[Nm]
B : 자속밀도[T]
I : 전류[A]
A : 코일의 면적[m²]
N : 코일의 권수
θ : 코일면과 자계의 각

그림의 경우, 도체에 작용하는 힘 F는, $F=BIa$(N)이고, 토크는 다음 식으로 표시된다.

$$T = \frac{b}{2}F + \frac{b}{2}F = bF = BIab = BIA \qquad 단, \ A = ab$$

코일의 권수가 N회일 때 토크 T는 $T=BIAN$
또, 코일의 면과 자계가 이루는 각이 θ일 때, 토크는 위의 식으로 표시된다.

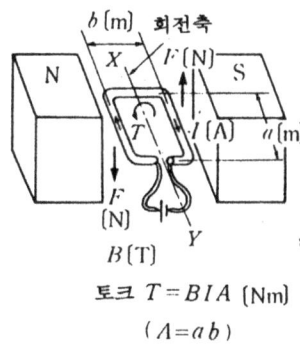

토크 $T = BIA$ [Nm]
($A = ab$)

활용예

① 자속밀도 10^{-2}[T]의 균일한 자계중에 면적이 3[cm²]인 코일을 매달고, 4[mA]의 전류를 흘렸을 때, 코일이 받는 토크는 얼마인가.

$T = 10^{-2} \times 4 \times 10^{-3} \times 3 \times 10^{-4} = 1.2 \times 10^{-8}$ [Nm]

② ①에서 코일의 권수가 200회이면, 토크는 얼마인가.

$T' = T \times 200 = 1.2 \times 10^{-8} \times 200 = 2.4 \times 10^{-6}$ [Nm]

③ 자속밀도 0.5[T]의 균일한 자계중에 치수가 2[cm]×1[cm], 권수 250회의 코일을 그 면이 60°의 기울기를 이룰 때의 토크는 얼마인가. 단, 코일에 흐르는 전류는 1[mA]이다.

$T = 0.5 \times 10^{-3} \times 2 \times 1 \times 10^{-4} \times 250 \times \cos 60° = 1.25 \times 10^{-5}$ [Nm]

④ 100[A/m]의 균일한 자계중에 코일을 매달고, 그 면을 자계와 같은 방향으로 한다. 코일의 치수를 2[cm]×3[cm], 권수 3,000회로 하면, 이것에 10[mA]의 전류를 흘렸을 때에 생기는 토크는 얼마인가.

$T = 4\pi \times 10^{-7} \times 100 \times 10 \times 10^{-3} \times 2 \times 3 \times 10^{-4} \times 3000 = 2.26 \times 10^{-6}$ [Nm]

37. 자계 중의 도체 운동에 있어서의 일

$$P = BIlu \quad (W)$$

B : 자속밀도[T]
I : 도체에 흐르는 전류[A]
l : 도체의 길이[m]
u : 도체의 속도[m/s]

그림과 같이 전류 I[A]가 흐르고 있는 길이 l[m]의 도체를 자속밀도 B [T]의 자계중에 자속밀도와 직각으로 놓으면, 도체에는 $f=BIl$의 힘이 작용한다. 이 힘에 역행하여 도체를 d[m]만큼 움직였다고 하면, 그 때 힘이 한 일 W는 다음의 식으로 표시된다.

$$W = fd = BIld$$

도체를 일정 속도로 움직여 d만큼 움직이는데 시간 t[s]를 요했다고 하면 도체를 움직이는데 필요한 단위시간당의 일 P[W]는 다음식으로 표시된다.

$$P = \frac{W}{t} = \frac{BIld}{t} = BIlu \quad (W)$$

활용예

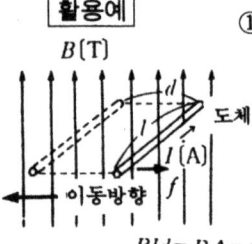

$Bld = BA = \Phi$

① 자속밀도가 2×10^{-2}[T]의 자계에 직각으로 3[A]의 전류가 흐르고 있는 길이 10[cm]의 도체를 매초 7[cm]의 속도로 움직이는데 필요한 단위시간당의 일은 얼마인가.

$$P = 2 \times 10^{-2} \times 3 \times 0.1 \times 7 \times 10^{-2} = 4.2 \times 10^{-4} \quad (W)$$

② 자속밀도 5×10^{-2}[T]의 균일한 자계중에 이것과 직각으로 길이 3[cm]의 도체를 놓고, 이것에 2[A]의 전류를 흘리고, 40[cm/s]의 속도로 이것을 자계와 직각 방향으로 움직일 경우에 필요한 전력은 얼마인가.

$$P = 5 \times 10^{-2} \times 2 \times 3 \times 10^{-2} \times 40 \times 10^{-2} = 1.2 \times 10^{-3} \quad (W)$$

③ 자속밀도 12×10^{-3}[T]의 자계중에, 자계와 직각으로 20[cm]의 도선을 놓고, 이것에 80[A]의 전류를 흘렸을 때에 생기는 전자력에 의해, 힘의 방향으로 2[m] 움직였을 때의 동력이 0.2[W]이다. 도선을 움직인 시간은 얼마인가.

$$t = \frac{12 \times 10^{-3} \times 80 \times 0.2 \times 2}{0.2} = 1.92 \quad (s)$$

38. 전자 유도에 관한 패러데이의 법칙

$$e = -N\frac{\Delta \Phi}{\Delta t} \quad [V]$$

(－부호는 e의 방향을 나타낸다)

N : 코일의 권수
Φ : 자속[Wb]
t : 시간[s]

전자유도 작용에 의해 생기는 전압 e[V]의 크기는 코일을 관통하는 자속 Φ[Wb]의 변화하는 비율과 코일의 권수 N회와의 곱에 비례하므로 위의 식이 성립한다. 또한 $N \times \Phi$을 자속쇄교수(磁束鎖交數)라고 한다.

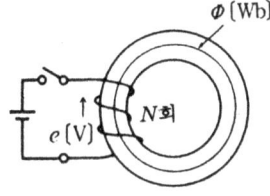

활용예

① 코일의 권수가 50회이고 이 코일을 관통하는 자속이 10^2[Wb]라고 한다. 자속쇄교수는 얼마인가.

$$N\Phi = 50 \times 10^2 = 5000 \; [Wb]$$

② 40회 감은 코일을 관통하고 있는 5×10^{-3}[Wb]의 자속이 0.2초간에 0이 되었다. 이 코일의 유도전압의 크기는 얼마인가.

$$e = 40 \times \frac{5 \times 10^{-3}}{0.2} = 1 \; [V]$$

③ 권수 200회의 코일을 관통하는 자속이 0.01초간에 5×10^{-3}에서 2×10^{-3}[Wb]로 감소했다. 이때 코일에 생기는 전압의 크기는 얼마인가.

$$e = 200 \times \frac{5 \times 10^{-3} - 2 \times 10^{-3}}{0.01} = 60 \; [V]$$

④ 어떤 코일을 관통하고 있는 자속이 2초간에 5×10^{-2}[Wb] 변화하였더니 발생전압은 5[V]였다. 코일의 권수는 얼마인가.

$$N = \frac{2 \times 5}{5 \times 10^{-2}} = 200 \; 회$$

⑤ 권수 400회인 코일의 자속의 변화가 4×10^{-3}[Wb]이고, 코일에 발생한 전압은 200[V]였다. 자속이 변화한 시간은 얼마인가.

$$t = \frac{400 \times 4 \times 10^{-3}}{200} = 8 \times 10^{-3} \; [s] = 8 \; [ms]$$

39. 운동하는 직선 도체의 기전력의 크기

$$e = Blu\sin\theta \quad (\text{V})$$

B : 자속밀도[T]
l : 도체의 길이[m]
u : 도체의 운동하는 속도[m]
θ : 자계와 도체의 운동하는 방향의 각도

그림에서, ⓐ와 같이 자속밀도 B[T]의 자계중을 길이 l[m]의 도체가 자계에 직각으로 u[m/s]의 속도로 운동하면, 도체에 유도하는 기전력은 다음 식으로 표시된다.

$$e = Blu$$

다음에, ⓑ와 같이 도체가 지계의 방향에 대하여 θ각도의 방향으로 u[m/s]의 속도로 운동할 경우에는, 자계와 직각 방향의 속도는 $u\sin\theta$이고, 도체에 유도하는 기전력은 위의 식과 같이 된다.

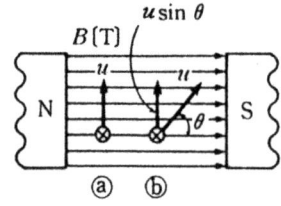

활용예

① 길이 20[cm]의 도체가 자속밀도 0.4[T]의 자계 중을 자계와 직각 방향으로 50[m/s]로 운동하고 있을 때 도체에 유도하는 기전력은 얼마인가.

$$e = 0.4 \times 0.2 \times 50 = 4 \text{ (V)}$$

② 자속밀도 0.5[T]의 자계중에 길이 40[cm]의 도체를 자계와 30°를 이루는 방향으로 40[m/s]의 속도로 움직일 때, 도체에 유도하는 기전력은 얼마인가.

$$e = 0.5 \times 0.4 \times 40 \times \sin 30° = 4 \text{ (V)}$$

③ 자속밀도 0.4[T]의 자계중에, 길이 35[cm]의 직선 도체를 자계와 직각으로 놓고, 이것을 자계와 60°의 방향으로 움직여서, 2.4[V]의 기전력을 발생시키려 한다. 도체의 속도를 얼마로 하면 좋은가.

$$u = \frac{e}{Bl\sin\theta} = \frac{2.4}{0.4 \times 0.35 \times \sin 60°} = \frac{2.4}{0.12} = 20 \text{ (m/s)}$$

40. 자기 유도(自己誘導)

$$e = -L\frac{\Delta I}{\Delta t} \quad [V]$$

(-부호는 기전력의 방향)

e : 유도 기전력[V]
L : 자기(自己) 인덕턴스[H]
I : 전류[A]
t : 시간[s]

그림과 같이, 코일 자체를 흐르는 전류가 변화했기 때문에, 그 코일 **자체**의 안에 기전력 e[V]를 유도하는 현상을 자기(自己) 유도 작용이라고 한다. 권수 N회인 코일의 전류가 Δt초간에 ΔI[A]만큼 변화해서 $\Delta \Phi$[Wb]의 자속의 변화가 있을 때, 유도되는 기전력 e[V]는 다음 식으로 표시된다.

$$e = -N\frac{\Delta \Phi}{\Delta t}$$

(e의 크기만을 구할 때는 -부호는 생각하지 않아도 좋다.)

자속의 변화는 전류의 변화에 비례하므로, 비례상수를 L로 하면, 유도 기전력은 다음과 같이 나타낼 수 있다.

$$e = -L\frac{\Delta I}{\Delta t}$$

L을 자기(自己) 인덕턴스라고 하며, 단위는 헨리[H]를 사용한다.
또 10^{-3}[H]=1[mH]이다.

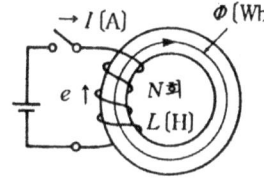

활용예

① 자기(自己) 인덕턴스 4×10^{-3}[H]의 코일에 흐르는 전류를 0.2초간에 5[A] 변화시켰을 때, 코일에 유도하는 기전력의 크기는 얼마인가.
$$e = 4 \times 10^{-3} \times \frac{5}{0.2} = 0.1 \ [V]$$

② 코일에 20[A]의 전류를 흘리고, 이 전류를 0.15초간에 0으로 했을 때, 코일의 단자에 40[V]의 기전력이 발생했다. 이 코일의 자기 인덕턴스는 얼마인가.
$$L = \frac{e\Delta t}{\Delta I} = \frac{40 \times 0.15}{20} = 0.3 \ [H]$$

③ 그림의 코일의 전류가 80[A]일 때 0.03[Wb]의 자속을 발생하고, 전부 코일과 쇄교하고 있다. 코일의 권수가 1,200회이면, 자기 인덕턴스는 얼마인가.
$$N\Phi = LI \quad L = \frac{N\Phi}{I} = \frac{1200 \times 0.03}{80} = 0.45 \ [H]$$

41 고리형 코일의 자기(自己) 인덕턴스

$$L = \frac{\mu A N^2}{l} \quad [H]$$

L : 자기 인덕턴스[H]
μ : 투자율 [H/m]
A : 자로의 단면적[m²]
N : 코일의 권수
l : 평균 자로의 길이[m]

그림과 같이 고리 모양으로 코일을 감은 것을 고리형 코일이라고 한다. 이 자로에 생기는 자속 Φ[Wb]는 다음과 같이 된다.

$$\Phi = \frac{NI}{\frac{l}{\mu A}} = \frac{\mu A N I}{l} \quad \text{단} \ \mu = \mu_0 \mu_s$$

쇄교 자속수는 $N\Phi$이므로, 자기 인덕턴스 L[H]은,

$$L = \frac{N\Phi}{I} = \frac{N}{I} \cdot \frac{\mu A N I}{l} = \frac{\mu A N^2}{l}$$

이것으로부터, 그림의 자기 인덕턴스는 위의 식처럼 표시된다.

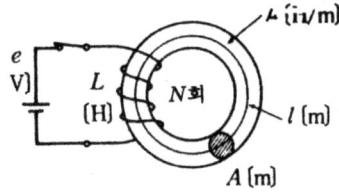

활용예

① 평균 자로의 길이 50[cm], 단면적 10[cm²], 비투자율 800, 권수 500의 고리형 코일의 자기 인덕턴스는 얼마인가.

$$L = \frac{4\pi \times 10^{-7} \times 800 \times 10 \times 10^{-4} \times 500^2}{0.5} = 0.5 \ [H]$$

② 자로의 단면적 4[cm²], 코일의 권수 1,000회, 비투자율 1,000, 자기 인덕턴스 1.26[H]인 자기 회로가 있다. 이 자로의 길이는 얼마인가.

$$l = \frac{\mu_0 \mu_s A N^2}{L} = \frac{4\pi \times 10^{-7} \times 1000 \times 4 \times 10^{-4} \times 1000^2}{1.26} = 0.4 \ [m]$$

③ 자로의 길이 80[cm], 철심의 단면적 5[cm²], 비투자율 800, 자기 인덕턴스 200[mH]의 고리형 코일이 있다. 이 코일의 권수는 얼마인가.

$$N^2 = \frac{L \cdot l}{\mu A} = \frac{200 \times 10^{-3} \times 0.8}{4\pi \times 10^{-7} \times 800 \times 5 \times 10^{-4}} = 31.8 \times 10^4$$

$$\therefore \ N = \sqrt{31.8 \times 10^4} = 564회$$

42. 유한 길이 코일의 자기(自己) 인덕턴스

$$L = \lambda \frac{\mu \pi r^2 N^2}{l} \quad [H]$$

L : 자기 인덕턴스[H]
μ : 투자율[H/m]
r : 코일의 반지름[m]
N : 권수
l : 코일의 길이[m]
λ : 장강(長岡)계수

그림(a)와 같은, 유한 길이 코일의 자기 인덕턴스 L[H]은 위의 식으로 표시된다. 식중의 λ는 장강계수라고 불리는 것으로, 코일이 지름 $2r$[m]와 길이 l[m]의 비에 의하여 결정된다. 그림(b)는 λ값을 표시한 것이다.

그림(a)

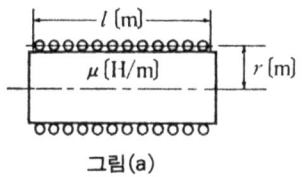

그림(b)

활용예

① 그림(a)에서, 코일의 반지름 2[cm], 길이 10[cm], 권수 200회의 공시(쇼心) 코일의 자기 인덕턴스는 얼마인가. 단, 장강계수는 0.85로 한다.

$$L = \frac{0.85 \times 4\pi \times 10^{-7} \times \pi \times (0.02)^2 \times 200^2}{0.1}$$

$$= 0.54 \ [mH]$$

② 그림(a)에서, 지름 2[cm], 권수 100회의 공심 코일의 인덕턴스는 82[μH]이다. 장강계수를 0.83으로 하면, 코일의 길이는 얼마로 되는가.

$$l = \frac{\lambda \mu \pi r^2 N^2}{L} = \frac{0.83 \times 4\pi \times 10^{-7} \times \pi \times (0.01)^2 \times 100^2}{82 \times 10^{-6}} = 0.04 \ [m]$$

③ 반지름 1[cm], 길이 2[cm]이고, 자기(自己) 인덕턴스가 1.4×10^{-4}[H]인 공심 코일을 만들려고 한다. 코일의 권수를 얼마로 하면 좋은가. 단, 장강계수는 그림(b)에서 해독할 것.

$$N^2 = \frac{l \cdot L}{\lambda \mu \pi r^2} = \frac{0.02 \times 1.4 \times 10^{-4}}{0.69 \times 4\pi \times 10^{-7} \times \pi \times 0.01^2} = 10279 \qquad N = \sqrt{10279} = 101회$$

43. 상호 유도

$$e_2 = -M\frac{\Delta I}{\Delta t} \quad [V]$$

e_2 : 상호 유도 기전력[V]
M : 상호 인덕턴스[H]
I : 1차측 권선의 전류[A]
t : 시간[s]

2개의 코일 P, S 상호간의 전자 유도 작용을 상호유도 작용이라고 한다. 그림과 같이 P코일의 전류가 Δt초간에 ΔI[A]만큼 변화하면 S코일과 쇄교하는 자속이 $\Delta\Phi$[Wb]만큼 변화해서, S코일에는 다음 식으로 표시되는 기전력이 발생한다.

$$e_2 = -N_2\frac{\Delta\Phi}{\Delta t}$$

(e의 크기만을 생각할 때는 $-$부호는 무시해도 좋다.)

$\Delta\Phi$[Wb]는 ΔI[A]에 비례하므로, 비례상수를 M으로 하면, 다음의 식이 성립한다.

$$e_2 = -M\frac{\Delta I}{\Delta t}$$

또, 두 식으로부터 $N_2\Phi = MI$ $M = \dfrac{N_2\Phi}{I}$ (M을 상호 인덕턴스라 하며, 단위는 [H])

활용예

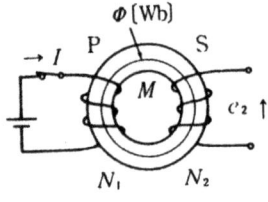

① 상호 인덕턴스 2[H], P코일의 전류가 0.2초 간에 20[A] 변화했을 때, S코일에 유도되는 기전력의 크기는 얼마인가.

$$e_2 = 2 \times \frac{20}{0.2} = 200 \ [V]$$

② 그림의 자기회로에서, P코일의 전류가 1[ms] 사이에 5[A] 변화하니, S코일의 전압이 40[V]였다. 상호 인덕턴스는 얼마인가.

$$M = \frac{\Delta t}{\Delta I}e_2 = \frac{10^{-3}}{5} \times 40 = 8 \times 10^{-3} = 8 \ [mH]$$

③ 그림에서 1차회로에 4[A]의 전류를 흘렸을 때, 권수 80회의 2차 코일과 5×10^{-3}[Wb]의 자속이 쇄교했다. 상호 인덕턴스는 얼마인가.

$$M = \frac{80 \times 5 \times 10^{-3}}{4} = 100 \times 10^{-3} = 100 \ [mH]$$

44. 고리형 코일의 상호 인덕턴스

$$M = \frac{\mu A N_1 N_2}{l} \text{ (H)}$$

M : 상호 인덕턴스[H]
μ : 투자율[H/m]
A : 자로의 단면적[m²]
N_1 : 1차코일의 권수
N_2 : 2차코일의 권수
l : 자로의 길이[m]

그림과 같은 고리형 코일에서, 누설 자속이 없다고 하면, 코일 P, S 사이의 상호 인덕턴스 M은 위의 식으로 표시된다.

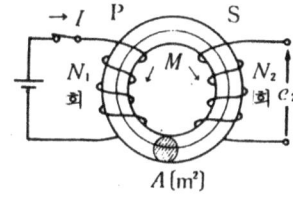

활용예

① 자로의 길이 1.2[m], 단면적 20[cm²], 비투자율 800의 고리형 철심에 600회와 800회의 2개의 코일을 감았을 때 두 코일간의 상호 인덕턴스는 얼마인가.

$$M = \frac{4\pi \times 10^{-7} \times 800 \times 20 \times 10^{-4} \times 600 \times 800}{1.2} = 0.8 \text{ (H)}$$

② 자로의 단면적이 4×10^{-2}[m²], 자로의 길이 80[cm], 비투자율이 1,200, 1차 코일의 권수 800일 때, 상호 인덕턴스는 200[mH]였다. 2차 코일의 권수는 얼마인가.

$$N_2 = \frac{lM}{\mu A N_1} = \frac{0.8 \times 200 \times 10^{-3}}{4\pi \times 10^{-7} \times 1200 \times 4 \times 10^{-4} \times 800} = 332 \text{ (회)}$$

③ 단면적 8[cm²], 비투자율 1,200의 철심에 1차 코일 200회, 2차 코일 500회를 감았더니 상호 인덕턴스는 100[mH]였다. 이 철심의 길이를 얼마로 하면 좋은가.

$$l = \frac{\mu A N_1 N_2}{M} = \frac{4\pi \times 10^{-7} \times 1200 \times 8 \times 10^{-4} \times 200 \times 500}{100 \times 10^{-3}} = 1.2 \text{ (m)}$$

45. 누설 자속이 있는 경우의 상호 인덕턴스

$$M = k\sqrt{L_1 \cdot L_2} \quad [H]$$

M : 상호 인덕턴스[H]
k : 결합계수
L_1 : 1차 코일의 자기 인덕턴스[H]
L_2 : 2차 코일의 자기 인덕턴스[H]

자로에서, 누설 자속이 없을 경우, 각 코일의 자기 인덕턴스 L_1, L_2와 상호 인덕턴스의 사이에는 다음 관계가 성립한다.

$$M^2 = L_1 \cdot L_2 \qquad \therefore \quad M/\sqrt{L_1 \cdot L_2} = 1$$

그러나 자로에 누설 자속이 있을 경우, M과 $\sqrt{L_1 \cdot L_2}$와의 비는 1보다 작아진다. 1차코일과 2차코일의 자속에 의한 결합 정도를 표시하는데 결합계수 k를 사용한다. k는 다음 식으로 표시된다.

$$k = \frac{M}{\sqrt{L_1 \cdot L_2}}$$

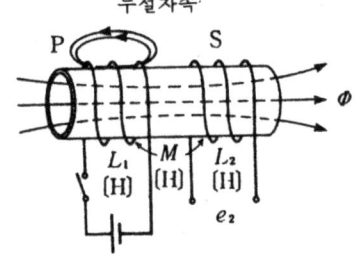

활용예

① 1차코일의 자기 인덕턴스는 0.2[H], 2차 코일의 자기 인덕턴스가 0.15[H]이고, 결합계수가 0.7인 경우, 상호 인덕턴스는 얼마인가.

$$M = 0.7\sqrt{0.2 \times 0.15} = 0.12 \; [H]$$

② 1차 및 2차의 자기 인덕턴스가 각각 200[mH], 100[mH]이다. 두 코일 사이에 누설 자속이 없다고 하면, 상호 인덕턴스는 얼마인가.

$$M = \sqrt{200 \times 10^{-3} \times 100 \times 10^{-3}} = 0.14 \; [H] = 140 \; [mH]$$

③ 그림에서, 코일 P 및 S의 각 자기 인덕턴스는 30[mH] 및 20[mH]이고, 두 코일 사이의 상호 인덕턴스는 22[mH]였다. 결합계수는 얼마인가.

$$k = \frac{22 \times 10^{-3}}{\sqrt{30 \times 10^{-3} \times 20 \times 10^{-3}}} = 0.90$$

46. 합성 인덕턴스

$$L = L_1 + L_2 \pm 2M \text{ (H)}$$

L : 합성 인덕턴스[H]
L_1 : 1차 코일의 자기 인덕턴스[H]
L_2 : 2차 코일의 자기 인덕턴스[H]
M : 1차와 2차 코일간의 상호 인덕턴스[H]

그림과 같이 1개의 자로에 2개의 코일 P, S가 있을 때, 그림(a)와 같이 접속했을 경우, 두 코일에 생기는 자속이 같은 방향(합동 접속)이라면 $2M$의 부호는 +로, 또 그림(b)와 같이 반대 방향(차동 접속)이라면 $2M$의 부호는 -로 잡는다.

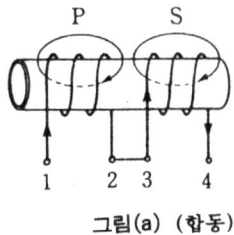

그림(a) (합동)

그림(b) (차동)

활용예

① 그림(a)에서 자기 인덕턴스가 각각 0.2[H] 및 0.15[H]이고, 두 코일간의 상호 인덕턴스가 0.1[H]이다. 합성 인덕턴스는 얼마인가.

$$L = 0.2 + 0.15 + (2 \times 0.1) = 0.55 \text{ (H)}$$

② 그림(b)에서 자기 인덕턴스가 각각 0.2[H] 및 0.15[H]이고, 두 코일간의 상호 인덕턴스가 0.1[H]이다. 합성 인덕턴스는 얼마인가.

$$L = 0.2 + 0.15 - (2 \times 0.1) = 0.15 \text{ (H)}$$

③ 각 코일의 자기 인덕턴스가 각각 20[mH] 및 40[mH]이고, 양자를 **합동 접속**을 한 합성 인덕턴스는 120[mH]였다. 두 코일 사이의 상호 인덕턴스는 얼마인가.

$$M = \frac{L - L_1 - L_2}{2} = \frac{120 - 20 - 40}{2} = 30 \text{ (mH)}$$

④ 그림(b)에서, $L_1 = 10$[mH], $L_2 = 20$[mH], $L = 15$[mH]이다. 상호 인덕턴스는 얼마인가.

$$M = \frac{L_1 + L_2 - L}{2} = \frac{10 + 20 - 15}{2} = 7.5 \text{ (mH)}$$

47. 자기 인덕턴스에 축적되는 에너지

$$W = \frac{1}{2} L I^2 \quad (J)$$

W : 전자(電磁) 에너지[J]
L : 코일의 자기 인덕턴스[H]
I : 코일에 흐르는 전류[A]

자기 인덕턴스 L[H]의 코일에 전류 I[A]가 흐르고 있을 때, 코일에는 위의 식으로 표시한 전자 에너지가 축적되고 있다.

활용예

① 자기 인덕턴스가 0.5[H]의 코일에 10[A]의 전류가 흘렀다. 코일에 축적되는 에너지는 얼마인가.

$$W = \frac{1}{2} \times 0.5 \times 10^2 = 25 \ (J)$$

② 20[A]의 전류가 흐르고 있는 코일의 전자 에너지가 12[J]라고 한다. 이 코일의 자기 인덕턴스는 얼마인가.

$$L = \frac{2W}{I^2} = \frac{2 \times 12}{20^2} = \frac{24}{400} = 0.06 \ (H) = 60 \ (mH)$$

③ 자기 인덕턴스 300[mH]의 코일에 20[J]의 에너지를 축적하려 한다. 코일에 흘리는 전류는 얼마이면 좋은가.

$$I^2 = \frac{2W}{L} \quad \therefore \quad I = \sqrt{\frac{2 \times 20}{300 \times 10^{-3}}} = 11.55 \ (A)$$

④ 그림의 자기회로의 권수는 150회이다. 이 코일에 5[A]의 전류를 흘렸더니, 0.02[Wb]의 자속이 생겼다. 이 코일의 자기 인덕턴스 및 전자 에너지는 각각 얼마인가.

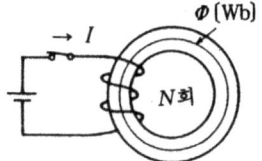

$$L = \frac{N\Phi}{I} = \frac{150 \times 0.02}{5} = 0.6 \ (H)$$

$$W = \frac{1}{2} \times 0.6 \times 5^2 = 7.5 \ (J)$$

48. 단위 체적에 축적되는 에너지

$$w = \frac{1}{2}\mu H^2 = \frac{1}{2} \cdot \frac{B^2}{\mu} \quad [\text{J/m}^3]$$

w : 축적되는 에너지[J/m³]
H : 자계의 세기[A/m]
B : 자속밀도[T]
μ : 투자율[H/m]

그림과 같이 자로의 길이 l [m], 자로의 단면적 A[m²], 투자율 μ[H/m]의 자기회로에 코일이 N회 감겨져 있다. 이 코일에 I [A]의 전류가 흐르고 있으면, 코일에 축적되는 에너지 W[J]는 다음 식으로 표시된다.

$$W = \frac{1}{2}LI^2 \quad [\text{J}]$$

그림의 자기 인덕턴스 L[H]은 $\mu AN^2/l$이므로, 이것을 위의 식에 대입하면, W[J]는 다음과 같이 된다.

$$W = \frac{1}{2} \cdot \frac{\mu AN^2I^2}{l} = \frac{1}{2}\mu \left(\frac{NI}{l}\right)^2 Al \quad [\text{J}]$$

NI/l은 자계의 세기 H[A/m]이다. 따라서, 단위체적당의 전자 에너지 w[J/m³]는 다음 식으로 표시된다.

$$w = \frac{W}{Al} = \frac{1}{2}\mu H^2 = \frac{1}{2} \cdot \frac{(\mu H)^2}{\mu} = \frac{1}{2} \cdot \frac{B^2}{\mu}$$

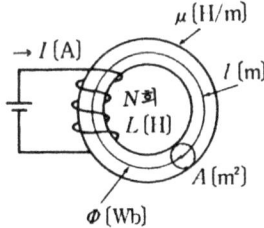

활용예

① 그림에서, 자계의 세기가 500[A/m], 비투자율이 800이면, 자기회로의 단위체적당에 축적되는 에너지는 얼마인가.

$$w = \frac{1}{2} \cdot 4\pi \times 10^{-7} \times 800 \times 500^2 = 1.26 \times 10^2 [\text{J/m}^3]$$

② 그림에서 자속밀도가 1.2[T], 비투자율이 1,000인 자기회로의 단위체적당 전자 에너지는 얼마인가.

$$w = \frac{1}{2} \cdot \frac{B^2}{\mu} = \frac{1}{2} \cdot \frac{1.2^2}{4\pi \times 10^{-7} \times 1000} = 5.73 \times 10^2 \quad [\text{J/m}^3]$$

49. 자기 흡인력(磁氣吸引力)

$$F = \frac{1}{2} \cdot \frac{B^2 A}{\mu_0} \quad [N]$$

F : 흡인력[N]
B : 자속밀도[T]
A : 자속이 있는 부분의 면적[m²]
μ_0 : 진공의 투자율[H/m]

그림에서, 자속이 있는 부분의 면적을 A[m²], 자속밀도 B[T], 자극과 철판의 간격을 x[m]라 하면, 전자 에너지 W[J]는 다음 식으로 표시된다.

$$W = \frac{1}{2} \cdot \frac{B^2}{\mu_0} A x$$

만약, 철판이 Δx[m]만큼 이동했다고 하면, Δx[m]의 간격에 축적되어 있던 ΔW[J]는 상실되고, 이것이 흡인력에 의해 이루어진 일과 같다.

흡인력에 의해 이루어진 일 $\Delta W = F \Delta x$[J]이므로 다음 식이 성립한다.

$$F = \frac{\Delta W}{\Delta x} = \frac{\frac{1}{2} \cdot \frac{B^2}{\mu_0} A \Delta x}{\Delta x} = \frac{1}{2} \cdot \frac{B^2 A}{\mu_0} \quad [N]$$

활용예

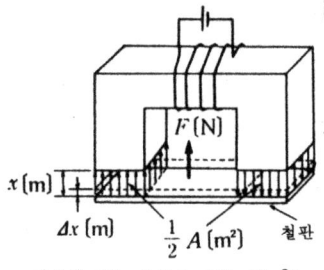

자속이 있는 부분의 면적 A[m²]
자속 밀도 B[T]

① 자속밀도 1.2[T], 자속이 있는 부분의 면적이 5×10^{-3}[m²]이다. 자기 흡인력은 얼마인가.

$$F = \frac{1}{2} \cdot \frac{1.2^2 \times 5 \times 10^{-3}}{4 \pi \times 10^{-7}} = 2.86 \times 10^3 \quad [N]$$

② 그림에서 1개의 자극의 단면적이 5[cm²], 자속밀도가 0.8[T]라고 한다. 이 경우의 자기 흡인력은 얼마인가.

$$F = \frac{1}{2} \cdot \frac{0.8^2 \times 5 \times 10^{-4} \times 2}{4 \pi \times 10^{-7}} = 2.55 \times 10^2 \quad [N]$$

③ 그림에서 1개의 자극의 단면적이 25[cm²]이고, 자속이 12×10^{-4}[Wb]이다. 흡인력은 얼마인가.

$$B = \frac{\Phi}{A} = \frac{12 \times 10^{-4}}{25 \times 10^{-4}} = 0.48 \quad [T] \qquad F = \frac{1}{2} \cdot \frac{0.48^2 \times 25 \times 10^{-4} \times 2}{4 \pi \times 10^{-7}} = 4.58 \times 10^2 \quad [N]$$

3. 정 전 기

50. 정전기에 관한 쿨롱의 법칙

$$f = 9 \times 10^9 \frac{Q_1 Q_2}{\varepsilon_s r^2} \quad [N]$$

Q : 전하[C]
r : 거리[m]
ε_s : 비유전율(比誘電率)

그림과 같이 2개의 점전하(点電荷) 사이에 작용하는 정전력 f[N]은 두 전하의 곱에 비례하고, 거리의 제곱에 반비례한다. 이것은 쿨롱이 발견한 것으로, 정전기에 관한 쿨롱의 법칙이라고 하며, 다음식으로 나타낸다.

$$f = \frac{Q_1 Q_2}{4 \pi \varepsilon_0 \varepsilon_s r^2} = 9 \times 10^9 \frac{Q_1 Q_2}{\varepsilon_s r^2} \quad [N]$$

단, $\varepsilon_0 = 8.85 \times 10^{-12}$[F/m]이며, 진공의 유전율이라 한다. 또, ε_s는 매질의 비유전율로, 진공 및 공기의 경우는 1이다.

[활용예]

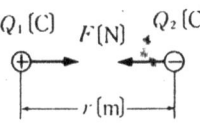

① 진공중에 3×10^{-5}[C]와 4×10^{-5}[C]의 전하가 30[cm] 떨어져 놓여 있을 때, 두 전하 사이에 작용하는 힘은 얼마인가.

$$f = 9 \times 10^9 \times \frac{3 \times 10^{-5} \times 4 \times 10^{-5}}{0.3^2} = 120 \quad [N]$$

② 40[μC]의 전하를 가진 2개의 대전체(帶電體)가 진공중에 놓여 있을 때, 이들 사이에 작용하는 힘이 3.6[N]였다고 한다. 2개의 대전체간의 거리는 얼마인가.

$$r^2 = 9 \times 10^9 \frac{Q_1 Q_2}{f} = 9 \times 10^9 \times \frac{(40 \times 10^{-6})^2}{3.6} = 4 \quad \therefore \quad r = \sqrt{4} = 2 \quad [m]$$

③ 2×10^{-7}[C]의 양전하와 8×10^{-6}[C]의 음전하를 가진 공을 기름 속에 5[cm] 떼어 놓을 때, 이들 사이에 작용하는 힘의 크기는 -2.4[N]였다고 한다. 기름의 비유전율은 얼마인가.

$$\varepsilon_s = 9 \times 10^9 \frac{Q_1 Q_2}{f r^2} = 9 \times 10^9 \times \frac{2 \times 10^{-7} \times (-8) \times 10^{-6}}{(-2.4) \times (5 \times 10^{-2})^2} = 2.4$$

51. 전계(電界) 중에 놓인 전하가 받는 힘

$$f = QE \quad [N]$$

f : 전하에 작용하는 힘[N]
Q : 전하[C]
E : 전계의 크기[V/m]

어떤 점의 전계의 크기 E[V/m]는, 그 점에 단위 양전하를 가지고 왔을 때, 단위 양전하에 작용하는 힘의 크기로 나타낸다.

위의 식에서 전계의 크기 단위는 N/C로 되지만, 다음과 같은 관계가 있으므로, 보통 V/m을 사용한다.

$$\frac{[N]}{[C]} = \frac{[N][m]}{[C][m]} = \frac{[J]}{[C][m]} = \frac{[C][V]}{[C][m]} = \frac{[V]}{[m]} = [V/m]$$

활용예

① 전계의 크기가 50[V/m]인 점에 30×10^{-6}[C]의 전하를 놓으면, 이 전하에 작용하는 힘은 얼마인가.

$$f = 30 \times 10^{-6} \times 50 = 1.5 \times 10^{-3} \ [N]$$

② 2.5×10^3[V/m]의 전계 중에 놓인 4[μC]의 전하에 작용하는 힘은 얼마인가.

$$f = 4 \times 10^{-6} \times 2.5 \times 10^3 = 10^{-2} \ [N]$$

③ 어떤 평등 전계 중에 놓인 4×10^{-6}[C]의 전하에 작용하는 힘이 0.08[N]였다고 한다. 이 전계의 크기는 얼마인가.

$$E = \frac{f}{Q} = \frac{0.08}{4 \times 10^{-6}} = 2 \times 10^4 \ [V/m]$$

④ 15×10^3[V/m]의 전계 중에 놓인, 어떤 크기의 전하에 작용하는 힘이 6×10^{-2}[N]였다. 이 전하의 값은 얼마인가.

$$Q = \frac{f}{E} = \frac{6 \times 10^{-2}}{15 \times 10^3} = 4 \times 10^{-6} \ [C] = 4 \ [\mu C]$$

⑤ 어떤 전계 중에 2×10^{-5}[C]의 전하를 놓았더니 1.5[N]의 힘이 작용했다. 이 전계의 크기는 얼마인가.

$$E = \frac{f}{Q} = \frac{1.5}{2 \times 10^{-5}} = 7.5 \times 10^4 \ [V/m]$$

52. 전위와 전계의 세기

$$V = \sum E \cdot \Delta l \quad (V)$$

V : 전위(전위차)[V]
E : 전계의 세기[V/m]

평등 전계내의 2점 사이의 전위차 V[V]는 전계의 세기 E[V/m]와 2점 사이의 거리 l[m]의 곱과 같다. 또한, 1[V]의 전위차란, 1[C]의 전하를 이동하는데 필요한 일이 1[J]인 2점간의 전위차를 말한다. 전계는 전하에 힘을 미치는데, 이 힘의 크기와 그 작용하는 방향을 함께 생각하여, 이것을 전계의 세기라고 한다. (일반적으로는 크기도 세기라고 한다). 그림의 경우 +Q[C]의 전하에 F'[N]의 힘이 작용했다고 한다면, 전계의 크기는 다음과 같이 된다.

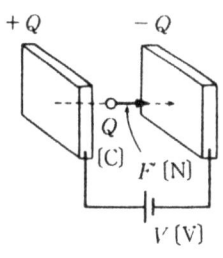

$$E = \frac{F'}{Q} \quad (N/C)$$

활용예

① 전극간의 거리가 15[cm]이고, 전계의 세기가 200[V/m]이라고 한다. 전극 사이의 전위차는 얼마인가.

$$V = El = 200 \times 15 \times 10^{-2} = 30 \; (V)$$

② 균일한 전계 중에서 50[cm] 떨어진 2점 사이의 전위차가 100[V]라고 한다. 이 전계의 크기는 얼마인가.

$$E = \frac{V}{l} = \frac{100}{50 \times 10^{-2}} = 200 \; (V/m)$$

③ 그림에서, 2[C]의 양전하를 이동시키는데 300[J]의 일을 요했다고 한다. 전극간의 전위차는 얼마인가.

$$W = QV \qquad V = \frac{W}{Q} = \frac{300}{2} = 150 \; (V)$$

④ 균일한 전계 중에서, 3[C]의 전하를 12[cm] 이동하는데, 270[J]의 일을 요했다. 2점 사이의 전위차 및 전계의 크기는 얼마인가.

$$V = \frac{270}{3} = 90 \; (V), \quad E = \frac{V}{l} = \frac{90}{12 \times 10^{-2}} = 750 \; (V/m)$$

53. 점전하(点電荷)에 의한 전계의 세기

$$E = 9 \times 10^9 \frac{Q}{\varepsilon_s r^2} \quad [V/m]$$

E : 전계의 크기[V/m]
Q : 전하[C]
r : 거리[m]
ε_s : 매질의 비유전율

그림과 같이, 전하 Q[C]에서 r[m] 떨어진 P점의 전계의 크기 E[V/m]는 다음 식으로 표시되며, 위의 식과 같이 된다.

$$E = \frac{Q}{4\pi\varepsilon_0\varepsilon_s r^2} = 9 \times 10^9 \frac{Q}{\varepsilon_s r^2} \quad \left(\frac{1}{4\pi\varepsilon_0} = 9 \times 10^9\right)$$

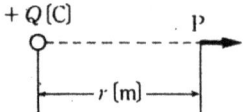

활용예

① 비유전율 2.2의 절연유 중에 4×10^{-6}[C]의 점전하를 놓고, 이것에서 0.5[m] 떨어진 기름 속의 전계의 크기는 얼마인가.

$$E = 9 \times 10^9 \times \frac{4 \times 10^{-6}}{2.2 \times 0.5^2} = 6.55 \times 10^4 \quad [V/m]$$

② 진공중에 8×10^{-7}[C]의 전하를 가진 대전체(帶電體)가 있을 때, 이것에서 20[mm]의 거리에 있는 점의 전계의 크기는 얼마인가.

$$E = 9 \times 10^9 \times \frac{8 \times 10^{-7}}{(20 \times 10^{-3})^2} = 1.8 \times 10^7 \quad [V/m]$$

③ 공기 중에 7×10^{-5}[C]의 전하를 가진 대전체를 놓고, 어떤 거리만큼 떨어진 점의 전계의 크기가 7×10^6[V/m]였다. 전하로부터의 거리는 얼마인가.

$$r^2 = 9 \times 10^9 \frac{Q}{E} = 9 \times 10^9 \times \frac{7 \times 10^{-5}}{7 \times 10^6} = 9 \times 10^{-2}$$

$$\therefore r = \sqrt{9 \times 10^{-2}} = 0.3 [m] = 30 \; [cm]$$

④ 진공 중의 어떤 점전하에서 1.5[m] 떨어진 점의 전계의 크기가 3×10^4 [V/m]였다. 점전하의 크기는 얼마인가.

$$Q = \frac{Er^2}{9 \times 10^9} = \frac{3 \times 10^4 \times 1.5^2}{9 \times 10^9} = 7.5 \times 10^{-6} \quad [C]$$

54. 무한 길이 원통 모양 대전체(帶電體)에 의한 전계

$$E = \frac{Q}{2\pi\varepsilon_0 r} \quad [V/m]$$

E : 전계[V/m]
Q : 단위 길이당의 전하[C]
ε_0 : 진공의 유전율[F/m]
r : 원통의 중심으로부터의 거리[m]

그림과 같이 무한히 긴 원통 모양의 대전체 표면에, 그 단위 길이당 Q[C]의 전하가 균일하게 분포되어 있을 때, 원통의 중심에서 r[m]의 거리에 있는 P점의 전계의 세기 E[V/m]는, 원통면에 대하여 가우스의 정리를 적용하면, 다음과 같이 된다.

$$E \times 2\pi r \times \Delta l = \frac{Q}{\varepsilon_0} \Delta l \quad \therefore \quad E = \frac{Q}{2\pi\varepsilon_0 r}$$

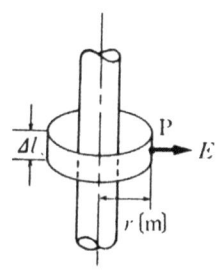

활용예

① 무한히 긴 원통 모양의 대전체의 표면에, 그 단위 길이당 2×10^{-3}[C]의 전하를 가지고 있는 반지름 1[cm]의 원기둥이 있다. 원기둥의 중심에서 3[cm] 떨어진 점의 전계의 크기는 얼마인가

$$E = \frac{2\times 10^{-3}}{2\pi \times 8.85 \times 10^{-12} \times 3 \times 10^{-2}} = 1.2 \times 10^9 \ [V/m]$$

$\left(\dfrac{1}{2\pi\varepsilon_0} = 2 \times \dfrac{1}{4\pi\varepsilon_0} = 2 \times 9 \times 10^9 \text{ 로서 계산하면 편리하다.} \right)$

② 그림에서, 단위 길이당 4×10^{-4}[C]의 전하를 가지고 있는 원통이 있다. 원통의 중심에서 어떤 거리의 전계의 크기는 24×10^6[V/m]였다. 중심으로부터의 거리는 얼마인가.

$$r = \frac{Q}{2\pi\varepsilon_0 E} = 2 \times 9 \times 10^9 \times \frac{4 \times 10^{-4}}{24 \times 10^6} = 0.3 \text{[m]} = 30 \ \text{[cm]}$$

③ 그림에서, 중심에서 5[cm] 떨어진 점의 전계의 크기가 1.2×10^6[V/m]였다. 단위 길이당의 전하는 얼마인가.

$$Q = 2\pi\varepsilon_0 rE = 2\pi \times 8.85 \times 10^{-12} \times 5 \times 10^{-2} \times 1.2 \times 10^6$$
$$= 3.34 \times 10^{-6} \ [C]$$

55. 무한 평행판 모양 대전체(帶電體)에 의한 전계의 크기

$$E = \frac{\rho}{\varepsilon_0} \quad [\text{V/m}]$$

V : 전계의 크기[V/m]
ρ : 전하밀도[C/m²]
ε_0 : 진공의 유전율[F/m]

그림에서와 같이, A, B 2장의 무한 평행판이 각각 $+\rho$[C/m²] 및 $-\rho$[C/m²]의 전하밀도로 대전하고 있을 경우에는, 전계는 2장의 평행판에 끼워진 영역에만 존재한다. 따라서 A의 대전체(帶電體) 위에 미소면적 ΔS를 취하고, 이것을 밑넓이로 하는 원통을 생각하고, 가우스의 정리를 적용하면,

$$E \times \Delta S = \frac{\rho}{\varepsilon_0} \Delta S \qquad \therefore E = \frac{\rho}{\varepsilon_0} \quad [\text{V/m}]$$

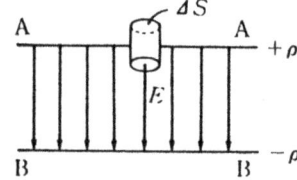

활용예

① 2장의 금속판이 마주보고 있고, 각 금속판의 전하밀도가 5×10^{-3}[cm²]일 때 금속판 사이의 전계의 크기는 얼마인가.

$$E = \frac{5 \times 10^{-3}}{8.85 \times 10^{-12}} = 5.65 \times 10^8 \quad [\text{V/m}]$$

② 면적 20[cm²]의 금속판을 2장 마주보게 하고, 각각에 5×10^{-6}[C]의 전하를 주었다. 이 경우의 전하밀도 및 금속판간의 전계의 크기는 얼마인가.

$$\rho = \frac{5 \times 10^{-6}}{20 \times 10^{-4}} = 2.5 \times 10^{-3} \quad [\text{C/m}^2]$$

$$E = \frac{2.5 \times 10^{-3}}{8.85 \times 10^{-12}} = 2.82 \times 10^8 \quad [\text{V/m}]$$

③ 면적 30[cm²]의 금속판이 마주 보고 있고, 금속판 사이의 전계의 크기가 4.5×10^7[V/m]이라고 한다. 금속판의 전하밀도 및 전하는 얼마인가.

$$\rho = \varepsilon_0 E = 8.85 \times 10^{-12} \times 4.5 \times 10^7 = 3.98 \times 10^{-4} \quad [\text{C/m}^2]$$

$$Q = \rho S = 3.98 \times 10^{-4} \times 30 \times 10^{-4} = 1.19 \times 10^{-6} \quad [\text{C}]$$

56. 점전하에 의한 전위

$$V = 9 \times 10^9 \frac{Q}{r} \quad \text{(V)}$$

V : 전위[V]
Q : 전하[C]
r : 대전체로부터의 거리[m]

그림과 같이, Q[C]의 점전하가 공기중에 놓여 있을 때, 이것으로부터 r [m] 떨어진 점 P의 전위는 다음 식으로 표시되며, 위의 식과 같이 된다.

$$V = \frac{Q}{4\pi\varepsilon_0 r} = 9 \times 10^9 \frac{Q}{r} \quad \left(\frac{1}{4\pi\varepsilon_0} = 9 \times 10^9\right)$$

또한, 점전하가 다수 있는 경우의 전위는, 각각의 전하에 의해 생기는 전위를 더하면 된다. 즉,

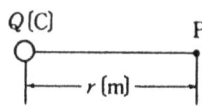

$$V = \sum_{i=1}^{n} \frac{Q_i}{4\pi\varepsilon_0 r_i} \quad \text{(V)}$$

단, Q_i는 각 전하, r_i는 각 전하로부터의 거리이다.

활용예

① 공기중에서, 3×10^{-6}[C]의 점전하에서 60[cm] 떨어진 점의 전위는 얼마인가.

$$V = 9 \times 10^9 \times \frac{3 \times 10^{-6}}{0.6} = 4.5 \times 10^4 \text{ (V)} = 45 \text{ (kV)}$$

② 반지름 3[cm]의 도체(導體) 공에 10^{-6}[C]의 전하를 주었을 때, 이 공의 전위는 얼마인가.

$$V = 9 \times 10^9 \times \frac{10^{-6}}{3 \times 10^{-2}} = 3 \times 10^5 \text{(V)} = 300 \text{ (kV)}$$

③ 2×10^{-8}[C], 3×10^{-8}[C], 6×10^{-8}[C]의 전하에서 3[cm], 6[cm], 12[cm] 떨어진 점에서의 전위는 얼마인가.

$$V = 9 \times 10^9 \left(\frac{2 \times 10^{-8}}{3 \times 10^{-2}} + \frac{3 \times 10^{-8}}{6 \times 10^{-2}} + \frac{6 \times 10^{-8}}{12 \times 10^{-2}}\right)$$
$$= 15 \times 10^3 \text{(V)} = 15 \text{ (kV)}$$

57. 무한 평행판 모양 대전체 사이의 전위차

$$V = \frac{\rho d}{\varepsilon_0} \quad [V]$$

V : 전위차[V]
ρ : 전하밀도[C/m²]
d : 평행판간의 거리[m]
ε_0 : 유전율 [진공, 공기][F/m]

그림에서의 전계의 크기는 $E=\rho/\varepsilon_0$이므로, 단위 양전하를 대전체 B에서 대전체 A로 이동시키는데 필요한 일, 즉 전위차 $V[V]$는 A, B사이의 거리를 $d[m]$라 하면, 다음과 같이 되며, 위의 식으로 표시된다.

$$V = E \times d$$
$$= \frac{\rho}{\varepsilon_0} d$$

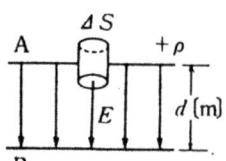

활용예

① 금속판 2장이 8[cm]의 간격으로 마주보고 있고, 전하밀도는 $5 \times 10^{-3}[C/m^2]$이다. 금속판 사이의 전위차는 얼마인가.

$$V = \frac{5 \times 10^{-3} \times 8 \times 10^{-2}}{8.85 \times 10^{-12}} = 4.52 \times 10^7 \; [V]$$

② 면적 30[cm²]의 금속판을 5[cm]의 간격으로 2장 마주놓고, 6×10^{-6} [C]의 전하를 주었을 때, 금속판 사이의 전위차는 얼마인가.

$$\rho = \frac{Q}{S} = \frac{6 \times 10^{-6}}{30 \times 10^{-4}} = 2 \times 10^{-3} \; [C/m^2]$$
$$V = \frac{2 \times 10^{-3} \times 5 \times 10^{-2}}{8.85 \times 10^{-12}} = 1.13 \times 10^7 \; [V]$$

③ 4[mm] 떼어서 평행으로 금속판 2장을 놓고, 이것에 100[V]의 전압을 가했을 때, 전하밀도는 얼마인가.

$$\rho = \frac{V\varepsilon_0}{d} = \frac{100 \times 8.85 \times 10^{-12}}{4 \times 10^{-3}} = 2.21 \times 10^{-7} \; [C/m^2]$$

58. 전속밀도(電束密度)

$$D = \varepsilon E = \varepsilon_0 \varepsilon_s E \quad [C/m^2]$$

D : 전속밀도[C/m²]
ε : 유전율(誘電率)[F/m]
ε_s : 비유전율

그림과 같이 전극판에 $Q[C]$의 전하가 있을 때, 전극판에서 $Q[C]$의 전속 (電束)이 나와 있는데, 1[m²]에 대해서 몇 쿨롱의 전속이 나와 있는가를 표시하는 양이 전속밀도이며, 다음 식으로 표시된다.

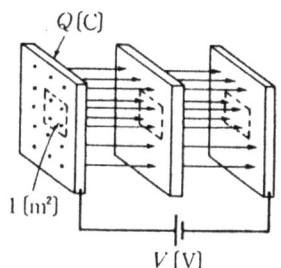

$$D = \frac{Q}{A} = \varepsilon E = \varepsilon_0 \varepsilon_s E$$

단, Q는 전하[C], A는 전극의 면적 [m²]이다.

활용예

① 공기중에서 25[m²]의 면에 수직으로 0.2×10^{-6}[C]의 전속이 통하고 있을 때 전속밀도는 얼마인가.

$$D = \frac{0.2 \times 10^{-6}}{25 \times 10^{-4}} = 8 \times 10^{-5} \ [C/m^2]$$

② 공기중에서 전계의 세기가 200[V/m]인 점의 전속밀도는 얼마인가.

$$D = 8.85 \times 10^{-12} \times 200 = 1.77 \times 10^{-9} \ [C/m^2]$$

③ 공기중의 어떤 점의 전속밀도가 3×10^{-8}[C/m²]였다. 이 점의 전계의 세기는 얼마인가.

$$E = \frac{D}{\varepsilon_0} = \frac{3 \times 10^{-8}}{8.85 \times 10^{-12}} = 3.39 \times 10^3 \ [V/m]$$

④ 비유전율 8의 규소 수지에 5×10^2[V/m]의 전계를 가했다. 전속밀도는 얼마인가.

$$D = 8.85 \times 10^{-12} \times 8 \times 5 \times 10^2 = 3.54 \times 10^{-8} \ [C/m^2]$$

59. 단위 체적당 전계에 축적되는 에너지

$$w = \frac{1}{2}\varepsilon E^2 \quad [J/m^3]$$

W : 단위체적당 전계에 축적되는 에너지 $[J/m^3]$
ε : 유전율 ($\varepsilon = \varepsilon_0 \varepsilon_s$) $[F/m]$
E : 전계 $[V/m]$

그림과 같은 평행판 콘덴서의 정전용량은 $C = \varepsilon A/l$ [F]이고, 극판 사이의 전계의 세기를 $E[V/m]$라 하면, 축적되는 에너지는 다음 식으로 표시된다.

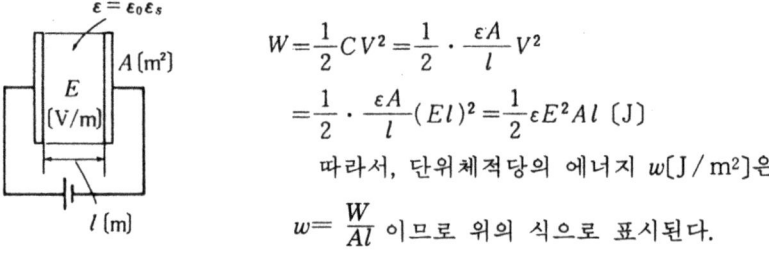

$$W = \frac{1}{2}CV^2 = \frac{1}{2} \cdot \frac{\varepsilon A}{l} V^2$$
$$= \frac{1}{2} \cdot \frac{\varepsilon A}{l}(El)^2 = \frac{1}{2}\varepsilon E^2 Al \quad [J]$$

따라서, 단위체적당의 에너지 $w[J/m^2]$은,

$$w = \frac{W}{Al}$$ 이므로 위의 식으로 표시된다.

활용예

① 평행판 사이에 비유전율 8의 규소 수지를 끼우고, 전극 사이에 전압을 가하니, 전계의 세기가 500[V/m]였다고 한다. 전계 중의 단위 체적당에 축적되는 에너지는 얼마인가.

$$w = \frac{1}{2} \times 8.85 \times 10^{-12} \times 8 \times 500^2 = 8.85 \times 10^{-6} \ [J/m^3]$$

② 비유전율이 2, 두께 5[cm]의 유전체를 2장의 평행 도체판에 끼우고, 이것에 각각 $\pm 3 \times 10^{-6}[C/m^2]$의 전속밀도를 주었을 때, 전계의 크기, 도체판 사이의 전위차 및 전계에 축적되는 에너지는 각각 얼마인가.

$$D = \varepsilon E \quad \therefore \quad E = \frac{D}{\varepsilon} = \frac{3 \times 10^{-6}}{8.85 \times 10^{-12} \times 2} = 1.7 \times 10^5 \ [V/m]$$

$$V = El = 1.7 \times 10^5 \times 5 \times 10^{-2} = 8.5 \times 10^3 \ [V] = 8.5 \ [kV]$$

$$w = \frac{\varepsilon E^2}{2} = \frac{DE}{2} = \frac{3 \times 10^{-6} \times 1.7 \times 10^5}{2} = 0.255 \ [J/m^3]$$

60. 평행판 콘덴서의 정전 용량

$$C = \frac{\varepsilon A}{l} \quad [F]$$

C : 정전용량[F]
ε : 유전율[F/m]
A : 평행판의 면적[m²]
l : 평행판의 간격[m]

그림과 같이 면적이 A[m²], 간격이 l[m]인 2장의 평행판에 각각 $+Q$[C], $-Q$[C]를 주면 전하밀도가 Q/A로 되므로, 두 전극 사이의 정전용량은 다음 식으로 표시된다.

$$C = \frac{Q}{V} = \frac{DA}{El} = \varepsilon \frac{A}{l} \quad \left(\varepsilon = \frac{D}{E}\right) \quad \begin{pmatrix} 1\,[\mu F] = 10^{-6}\,[F] \\ 1\,[pF] = 10^{-12}\,[F] \end{pmatrix}$$

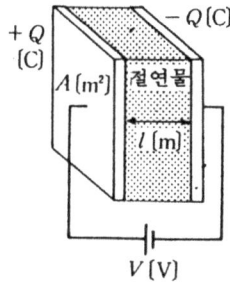

활용예

① 면적 5[cm²]의 금속판을 진공중에서 1[mm] 떼어서 마주 세웠을 때, 이 금속판 사이의 정전용량을 구하여라.

$$C = \frac{8.85 \times 10^{-12} \times 5 \times 10^{-4}}{10^{-3}}$$
$$= 4.43 \times 10^{-12}\,[F] = 4.43\,[pF]$$

② 면적 40[cm²]의 전극의 간격이 1.5[cm]이고, 이 전극 사이에 비유전율 3의 운모를 넣었을 때, 이 콘덴서의 정전용량은 얼마인가.

$$C = \frac{8.85 \times 10^{-12} \times 3 \times 40 \times 10^{-4}}{1.5 \times 10^{-2}} = 7.08 \times 10^{-12} = 7.08\,[pF]$$

③ 전극 면적이 4[cm²]인 평행판 공기 콘덴서의 정전용량이 10[pF]일 때, 이 콘덴서의 전극 사이의 간격은 얼마인가.

$$l = \frac{\varepsilon A}{C} = \frac{8.85 \times 10^{-12} \times 4 \times 10^{-4}}{10 \times 10^{-12}} = 3.54 \times 10^{-4}\,[m]$$

④ 평행판 전극의 간격이 3[mm]인 공기 콘덴서의 정전용량이 15[pF]라고 한다. 이 평행판 전극의 면적은 얼마인가.

$$A = \frac{Cl}{\varepsilon} = \frac{15 \times 10^{-12} \times 3 \times 10^{-3}}{8.85 \times 10^{-12}} = 5.08 \times 10^{-3}\,[m^2] = 50.8\,[cm^2]$$

61. 2종 이상의 유전체를 사용한 정전 용량

$$C = \dfrac{A}{\dfrac{l_1}{\varepsilon_1}+\dfrac{l_2}{\varepsilon_2}+\dfrac{l_3}{\varepsilon_3}} \quad [F]$$

C : 정전용량[F]
$\varepsilon_1,\ \varepsilon_2,\ \varepsilon_3$: 유전율[F/m]
$l_1,\ l_2,\ l_3$: 전극간 거리[m]

그림과 같이 면적이 $A[m^2]$인 금속 평행판 사이에 유전율이 $\varepsilon_1,\ \varepsilon_2,\ \varepsilon_3$이고 그 두께가 $l_1,\ l_2,\ l_3[m]$인 유전체를 겹쳐 놓았을 때의 정전용량 $C[F]$는 위의 식으로 표시된다.

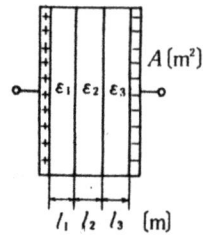

활용예

① 면적 20[cm²]인 2장의 금속 평행판 사이에, 비유전율이 4 및 2인 2종류의 유전체를 2[mm] 및 1[mm]의 두께로 겹쳐 놓았을 때의 정전 용량은 얼마인가.

$$C = \dfrac{20\times 10^{-4}}{\dfrac{2\times 10^{-3}}{8.85\times 10^{-12}\times 4}+\dfrac{1\times 10^{-3}}{8.85\times 10^{-12}\times 2}}$$

$$= \dfrac{20\times 10^{-4}\times 8.85\times 10^{-12}\times 4}{4\times 10^{-3}}$$

$$= 17.7\times 10^{-12}\,[F] = 17.7\,[pF]$$

② 2장의 금속 평행판 사이에, 비유전율 $\varepsilon_{s1}=6,\ \varepsilon_{s2}=2$인 2종류의 유전체를 3[mm] 및 2[mm]의 두께로 **겹쳤**을 때, 정전용량이 20[pF]였다고 한다. 금속판의 면적은 얼마인가.

$$A = C\left(\dfrac{l_2}{\varepsilon_0\,\varepsilon_{s_1}}+\dfrac{l_2}{\varepsilon_0\,\varepsilon_{s_2}}\right)$$

$$= 20\times 10^{-12}\left(\dfrac{3\times 10^{-3}}{8.85\times 10^{-12}\times 6}+\dfrac{2\times 10^{-3}}{8.85\times 10^{-12}\times 2}\right)$$

$$= 20\times 10^{-12}\times \dfrac{9\times 10^{-3}}{8.855\times 6\times 10^{-12}}$$

$$= 3.39\times 10^{-3}\,[m^2] = 33.9\,[cm^2]$$

62. 정전용량

$$C = \frac{Q}{V} \quad [F]$$

C : 정전용량[F]
Q : 전하[C]
V : 전압[V]

콘덴서에 축적되는 전하 $Q[C]$는, 가하는 전압 $V[V]$에 비례한다. 그 비례상수를 C라고 하면, 다음 식이 성립한다.

$$Q = CV$$

$$\therefore \ C = \frac{Q}{V}$$

이 C를 정전용량이라 하며, 전하를 축적하는 능력의 대소를 나타낸다.

활용예

① 어떤 콘덴서에 100[V]의 전압을 가했을 때 20×10^{-6}[C]의 전하가 축적되었다. 이 정전용량은 얼마인가.

$$C = \frac{20 \times 10^{-6}}{100} = 0.2 \times 10^{-6} [F] = 0.2 \ [\mu F]$$

② 콘덴서에 20[V]의 전압을 가했더니, 0.4[μC]의 전하가 축적되었다고 한다. 이 콘덴서의 정전용량은 얼마인가.

$$C = \frac{0.4 \times 10^{-6}}{20} = 0.02 \times 10^{-6} = 0.02 \ [\mu F]$$

③ 0.01[μF]의 정전용량을 가진 콘덴서에 전압을 가했더니, 30[μC]의 전하가 축적되었다고 한다. 가한 전압은 얼마인가.

$$V = \frac{Q}{C} = \frac{30 \times 10^{-6}}{0.01 \times 10^{-6}} = 3000 [V] = 3 \ [kV]$$

④ 20[μF]의 정전용량을 가진 콘덴서에 100[V]의 전압을 가했을 때, 콘덴서에 축적되는 전하는 얼마인가.

$$Q = CV = 20 \times 10^{-6} \times 100 = 2 \times 10^{-3} \ [C]$$

63. 콘덴서에 축적되는 에너지

$$W = \frac{1}{2}CV^2 \quad [J]$$

W : 콘덴서에 축적되는 에너지[J]
C : 정전 용량[F]
V : 전압[V]

그림과 같은 평행 평면판 콘덴서에 전압 $V[V]$를 가했을 때, 전계의 크기 $E[V/m]$는, $E = V/l$이므로, 이 전계에 축적되어 있는 에너지 $W[J]$는 다음 식으로 표시된다.

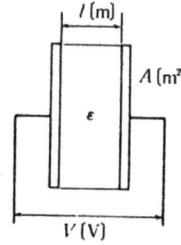

$$W = \frac{1}{2}\varepsilon E^2 \times Al$$

따라서, 콘덴서에 축적되는 에너지는 다음과 같이 된다.

$$W = \frac{1}{2} \cdot \frac{\varepsilon A}{l} \cdot (El)^2 = \frac{1}{2}CV^2 \quad [J]$$

활용예

① 1.2[μF]의 콘덴서에 1000[V]의 전압을 가했을 때, 축적되는 에너지는 얼마인가.

$$W = \frac{1}{2} \times 1.2 \times 10^{-6} \times 1000^2 = 0.6 \; [J]$$

② 어떤 콘덴서에 300[V]의 전압을 가했더니 9[J]의 에너지가 축적되었다. 이 콘덴서의 정전용량은 얼마인가.

$$C = \frac{2W}{V^2} = \frac{2 \times 9}{300^2} = 2 \times 10^{-4} \; [F] = 200 \; [\mu F]$$

③ 3[μF]의 콘덴서에 전압을 가했을 때, 축적된 에너지가 1.5×10^{-4}[J]였다고 한다. 콘덴서에 가한 전압은 얼마인가.

$$V = \sqrt{\frac{2W}{C}} = \sqrt{\frac{2 \times 1.5 \times 10^{-4}}{3 \times 10^{-6}}} = \sqrt{100} = 10 \; [V]$$

64. 정전 흡인력(静電吸引力)

$$F = \frac{\varepsilon A V^2}{2 l^2} \quad \text{[N]}$$

F : 정전 흡인력[N]
A : 전극간의 면적[m²]
V : 전압[V]
l : 전극간의 거리[m]
ε : 유전율

그림과 같이, 2개의 전극판에 전압을 가하여, 전하가 축적되면, 이들의 전극판 사이에는 정전흡인력이 작용한다. 정전흡인력은 다음 식으로 표시된다.

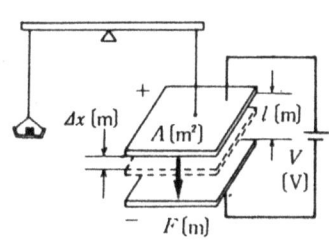

$$F = \frac{ED}{2} A$$

$D = \varepsilon E$ 이므로, 다음과 같이 된다.

$$F = \frac{\varepsilon E^2}{2} A$$

또 $E = V/l$ 이므로, 전극판의 단위 면적당의 힘 $f[\text{N/m}^2]$는 다음과 같이 된다.

$$f = \frac{F}{A} = \frac{\varepsilon}{2} \cdot \frac{V^2}{l^2} \quad \text{[N/m]}$$

활용예

① 그림에서, 단면적 5[cm²], 전극간의 간격이 2[mm]이다. 가한 전압이 200[V]일 때, 전극 사이에 작용하는 힘은 얼마인가.

$$F = \frac{8.85 \times 10^{-12} \times 5 \times 10^{-4} \times 200^2}{2 \times (2 \times 10^{-3})^2} = 2.2 \times 10^{-5} \quad \text{[N]}$$

② 2장의 금속판을 1[mm]의 간격으로 놓고, 1000[V]의 전압을 가했더니, 금속판 사이에 3.54×10^{-3}[N]의 흡인력이 작용했다. 이 경우의 금속판의 면적은 얼마인가.

$$A = \frac{2 l^2 F}{\varepsilon_0 V^2} = \frac{2 \times (10^{-3})^2 \times 3.54 \times 10^{-3}}{8.85 \times 10^{-12} \times 1000^2}$$

$$= 8 \times 10^{-4} \text{[m}^2\text{]} = 8 \text{ [cm}^2\text{]}$$

65. 2개의 콘덴서를 병렬로 접속한 경우의 합성정전용량

$$C = C_1 + C_2 \quad [F]$$

C : 합성정전용량[F]
C_1, C_2 : 각 콘덴서의 정전용량[F]

그림과 같이, 정전용량 C_1, C_2[F]의 콘덴서를 병렬로 접속한 경우의 합성정전용량은 위의 식으로 나타낸다. 그림에서, 전압 V[V]를 가했을 때, 각 콘덴서의 전하는 다음 식으로 표시된다.

$$Q_1 = C_1 V, \quad Q_2 = C_2 V$$

또, 회로 전체에 축적되는 전하 Q[C]는, Q_1과 Q_2의 합이므로, 다음 식이 성립한다.

$$Q = Q_1 + Q_2 = C_1 V + C_2 V = (C_1 + C_2) V$$

여기서, Q와 V의 비를 취하면, 다음 식이 성립한다.

$$\frac{Q}{V} = C_1 + C_2 = C$$

이 C를 합성정전용량이라 한다.

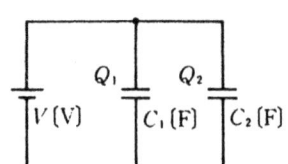

활용예

① 그림에서, $C_1 = 10[\mu F]$, $C_2 = 20[\mu F]$일 때, 합성정전용량을 구하여라.
$$C = 10 + 20 = 30 \ [\mu F]$$

② 그림에서, $C_1 = 5[\mu F]$, $C_2 = 20[\mu F]$, $V = 100[V]$일 때, 각 콘덴서에 축적되는 전하는 얼마인가. 또 합성정전용량은 얼마인가.
$$Q_1 = C_1 V = 5 \times 10^{-6} \times 100 = 5 \times 10^{-4} \ [C]$$
$$Q_2 = C_2 V = 20 \times 10^{-6} \times 100 = 2 \times 10^{-3} \ [C]$$
$$Q = Q_1 + Q_2 = 5 \times 10^{-4} + 2 \times 10^{-3} = 25 \times 10^{-4} \ [C]$$
$$C = \frac{Q}{V} = \frac{25 \times 10^{-4}}{100} = 25 [\mu F], \quad \text{또는} \quad C = 5 + 20 = 25 [\mu F]$$

③ 그림에서, $C_1 = 2[\mu F]$, $C_2 = 8[\mu F]$, $Q_2 = 1.6 \times 10^{-3}[C]$이라 한다. 전원전압은 몇 볼트인가. 또 Q_1은 얼마인가.

$$V = \frac{Q_2}{C_2} = \frac{1.6 \times 10^{-3}}{8 \times 10^{-6}} = 200 \ [V] \quad Q_1 = C_1 V = 2 \times 10^{-6} \times 200 = 4 \times 10^{-4} \ [C]$$

66. n개의 콘덴서를 병렬로 접속한 경우의 합성정전용량

$$C = \sum_{k=1}^{n} C_k = C_1 + C_2 + C_3 + \cdots + C_n \quad [F]$$

n개의 콘덴서를 병렬로 접속한 경우의 합성정전용량은, 각각의 정전용량의 합과 같아진다.

활용예

① 정전용량이 $2[\mu F]$, $3[\mu F]$, $4[\mu F]$인 3개의 콘덴서를 병렬로 접속한 회로의 합성정전용량은 얼마인가.

$$C = 2 + 3 + 4 = 9 \; [\mu F]$$

② 정전용량이 $60[\mu F]$, $15[\mu F]$, $20[\mu F]$인 3개의 콘덴서를 병렬로 접속한 회로에 $120[V]$의 전압을 가했을 때, 다음의 각 물음에 답하여라.

1) 합성정전 량은 얼마인가.
2) 각 콘덴서에 축적되는 전하는 각각 얼마인가.
3) 회로 전체에 축적되는 전하는 얼마인가.

$$C = 60 + 15 + 20 = 95 \; [\mu F]$$
$$Q_1 = 60 \times 10^{-6} \times 120 = 7.2 \times 10^{-3} \; [C]$$
$$Q_2 = 15 \times 10^{-6} \times 120 = 1.8 \times 10^{-3} \; [C]$$
$$Q_3 = 20 \times 10^{-6} \times 120 = 2.4 \times 10^{-3} \; [C]$$
$$Q = Q_1 + Q_2 + Q_3 = (7.2 + 1.8 + 2.4) \times 10^{-3} = 11.4 \times 10^{-3} \; [C]$$

③ 그림에서, $C_1 = 2[\mu F]$, $C_3 = 3[\mu F]$, $Q_2 = 60[\mu C]$, $Q_3 = 30[\mu C]$이다. 다음의 각 물음에 답하여라.

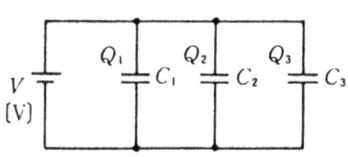

1) 전원전압은 얼마인가.
2) C_1의 전하는 얼마인가.
3) C_2의 정전용량은 얼마인가.

$$V = \frac{Q_3}{C_3} = \frac{30 \times 10^{-6}}{3 \times 10^{-6}} = 10 \; [V]$$

$$Q_1 = C_1 V = 2 \times 10^{-6} \times 10 = 20 \; [\mu C]$$

$$C_2 = \frac{Q_2}{V} = \frac{60 \times 10^{-6}}{10} = 6 \; [\mu F]$$

67. 2개의 콘덴서를 직렬로 접속한 경우의 합성정전용량

$$C = \frac{C_1 \times C_2}{C_1 + C_2} \ [F] \qquad \begin{array}{l} C : \text{합성정전용량}[F] \\ C_1, C_2 : \text{각 콘덴서의 정전용량}[F] \end{array}$$

그림과 같이 정전용량이 C_1, $C_2[F]$인 콘덴서를 2개 직렬로 접속하고 전압 $V[V]$를 가하면, 각 콘덴서에 가해지는 전압은 다음과 같이 된다.

$$V_1 = \frac{Q}{C_1}, \quad V_2 = \frac{Q}{C_2}$$

전압 V_1, $V_2[V]$의 합은, 전원전압 $V[V]$와 같은 것에서, 다음의 식이 성립한다.

$$V = V_1 + V_2 = \frac{Q}{C_1} + \frac{Q}{C_2} = \left(\frac{1}{C_1} + \frac{1}{C_2}\right)Q$$

여기서, Q와 V를 취하면,

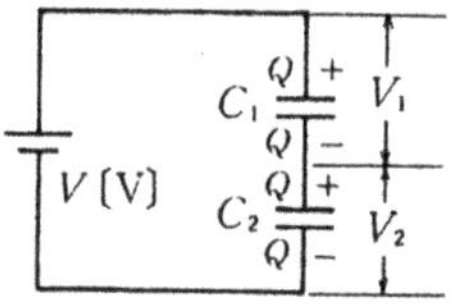

$$\frac{Q}{V} = \frac{1}{\frac{1}{C_1} + \frac{1}{C_2}} = \frac{C_1 \times C_2}{C_1 + C_2} = C$$

이 C를 합성정전용량이라 한다.

활용예

① 그림에서, $C_1 = 8[\mu F]$, $C_2 = 12[\mu F]$, $V = 100[V]$일 때, 이 회로의 합성정전용량은 얼마인가.

$$C = \frac{8 \times 12}{8 + 12} = \frac{96}{20} = 4.8 \ [\mu F]$$

② 그림에서 $C_1 = 40[\mu F]$, $C_2 = 60[\mu F]$, $V = 200[V]$일 때, 이 회로의 합성정전용량 및 회로에 축적되는 전하는 얼마인가. 또, 각 콘덴서에 가해지는 전압은 얼마인가.

$$C = \frac{40 \times 60}{40 + 60} = \frac{2400}{100} = 24 \ [\mu F]$$

$$Q = 24 \times 10^{-6} \times 200 = 4.8 \times 10^{-3} \ [C]$$

$$V_1 = \frac{4.8 \times 10^{-3}}{40 \times 10^{-6}} = 120 \ [V], \quad V_2 = \frac{4.8 \times 10^{-3}}{60 \times 10^{-6}} = 80 \ [V]$$

68. n개의 콘덴서를 직렬로 접속한 경우의 합성정전용량

$$C = \dfrac{1}{\sum_{k=1}^{n} \dfrac{1}{C_k}} = \dfrac{1}{\dfrac{1}{C_1} + \dfrac{1}{C_2} + \cdots + \dfrac{1}{C_n}} \quad (F)$$

그림은, 정전용량이 C_1, C_2, C_3[F]의 콘덴서가 3개 직렬로 접속되어 있는 예이다. 이 경우의 합성정전용량 C[F]는 다음 식으로 표시된다.

$$C = \dfrac{1}{\dfrac{1}{C_1} + \dfrac{1}{C_2} + \dfrac{1}{C_3}}$$

또, 각 콘덴서에 가해지는 전압 V_1, V_2, V_3[V]는 다음과 같이 된다.

$$V_1 = \dfrac{Q}{C_1} = \dfrac{CV}{C_1} = \dfrac{C}{C_1} V, \quad V_2 = \dfrac{C}{C_2} V, \quad V_3 = \dfrac{C}{C_3} V$$

또한, n개인 경우의 합성정전용량은 위의 식에서 구할 수 있다.

활용예

① 그림에서, $C_1 = 5$[μF], $C_2 = 10$[μF], $C_3 = 20$ [μF]이다. 합성정전용량은 얼마인가.

$$C = \dfrac{1}{\dfrac{1}{5} + \dfrac{1}{10} + \dfrac{1}{20}} = \dfrac{1}{\dfrac{4+2+1}{20}} = \dfrac{20}{7} = 2.86 \ [\mu F]$$

② 그림에서 $C_1 = 2$[μF], $C_2 = 6$[μF], $C_3 = 3$[μF], $V = 120$[V]이다. 이 회로의 합성정전용량 및 축적되는 전하는 얼마인가. 또, 각 콘덴서에 가해지는 전압은 얼마인가.

$$C = \dfrac{1}{\dfrac{1}{2} + \dfrac{1}{6} + \dfrac{1}{3}} = \dfrac{1}{\dfrac{3+1+2}{6}} = \dfrac{6}{6} = 1 \ [\mu F]$$

$$Q = 1 \times 10^{-6} \times 120 = 1.2 \times 10^{-4} \ [C]$$

$$V_1 = \dfrac{1}{2} \times 120 = 60 \ [V], \quad V_2 = \dfrac{1}{6} \times 120 = 20 \ [V],$$

$$V_3 = \dfrac{1}{3} \times 120 = 40 \ [V]$$

4. 교류 회로

69. 사인파 교류 전압

$$v = V_m \sin\omega t \ [V]$$

v : 교류전압의 순시치[V]
V_m : 최대치[V]

그림에서, 코일의 길이를 $l[m]$, 평등자계의 자속밀도를 $B[T]$, 자계와 직각인 방향과, 코일이 이루는 각을 θ, 코일의 운동속도를 $u[m/s]$라 하면 코일에 발생하는 전압 $v[V]$는 다음 식으로 표시된다. $v = 2Blu \sin\theta$

각속도를 $\omega[rad/s]$, 코일이 t초간에 운동한 각도를 $\theta[rad]$라고 하면,

$$\theta = \omega t$$

따라서, $v[V]$는 다음과 같이 된다. $v = V_m \sin\omega t$

단, $V_m = 2Blu$로 최대치라고 한다.

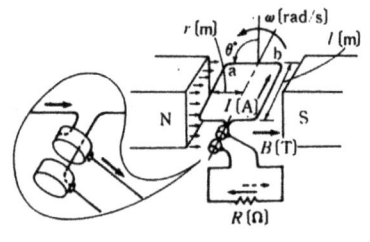

활용예

① 최대치가 100[V]인 사인파 교류 전압의 순시치를 써라
$v = 100 \sin\omega t \ [V]$

② 그림에서, 코일의 길이가 30[cm], 자속밀도 0.8[T], 코일의 운동속도를 20[m/s]라 하면, 코일에 발생하는 전압의 최대치는 얼마인가.
$V_m = 2 \times 0.8 \times 0.3 \times 20 = 9.6 \ [V]$

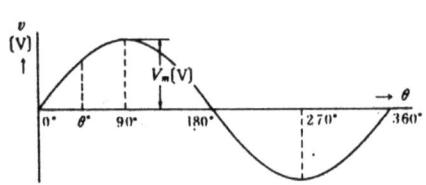

③ 그림에서, 코일의 길이 50[cm], 코일의 권수 20, 자속밀도 0.6[T], 코일의 속도를 40[m/s]라 하면, 코일에 발생하는 전압의 최대치는 얼마인가. 또, 자계와 직각인 방향과 코일이 이루는 각이 60° 및 90°일 때의 순시치는 얼마인가.

$V_m = 2 \times 0.6 \times 0.5 \times 20 \times 40 = 480 \ [V]$

$v_{60} = 480 \sin 60° ≒ 415.7 \ [V]$ $v_{90} = 480 \sin 90° = 480 \ [V]$

70. 주파수와 각주파수(角周波數)

$$\omega = 2\pi f \quad [rad/s]$$

ω : 각주파수[rad/s]
f : 주파수[Hz]

물체가 원을 그리면서 1초간에 1회전하면, 그 각도는 2π[rad]이므로, 1초간에 f회전하면, 각속도 ω는, $\omega=2\pi f$가 된다.

또한, 코일이 1회전하면, 1사이클의 파동이 그림과 같이 생기고, 1초간에 f회전하면 f사이클의 교류가 발생한다. 이 발생 횟수의 f를 주파수라고 한다. 또, 주파수 f에 대해서는 ω를 각주파수라 한다.

따라서, 교류전압의 순시식은 다음 식으로 표시된다.

$$v = V_m \sin \omega t = V_m \sin 2\pi f t \quad [V]$$

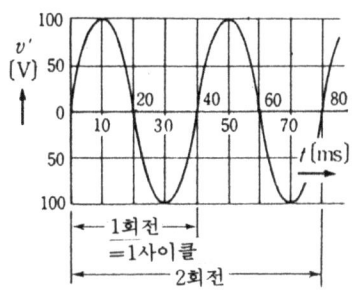

활용예

① 그림에 표시되어 있는 교류의 주파수는 얼마인가.

$$1 \div (40 \times 10^{-3}) = 25 \; [Hz]$$

② 각주파수가 314[rad/s]인 교류의 주파수는 얼마인가.

$$f = \frac{\omega}{2\pi} = \frac{314}{2\pi} = 50 \; [Hz]$$

③ $v = 200\sin 100\pi t$[V]로 표시되는 사인파 교류전압의 최대치, 각주파수 및 주파수는 각각 얼마인가.

$$V_m = 200 \; [V], \quad \omega = 100\pi \; [rad/s]$$

$$f = \frac{\omega}{2\pi} = \frac{100\pi}{2\pi} = 50 \; [Hz]$$

④ 주파수가 60[Hz], 최대치가 20[V]인 사인파 교류전압의 각주파수는 얼마인가. 또, 전압의 순시치는 어떤 식으로 표시되는가.

$$\omega = 2\pi \times 60 = 120\pi \; [rad/s]$$

$$v = 20\sin 120\pi t \; [V]$$

71. 주기와 주파수

$$T = \frac{1}{f} \quad \text{(s)} \qquad T\ :\ \text{주기[s]}$$
$$f\ :\ \text{주파수[Hz]}$$

그림과 같이 전압의 크기는 시시각각 변화하고 있으나, T[s]로 표시되어 있는 시간 간격마다 같은 크기의 파형을 반복하고 있다. 이 하나의 반복 시간 간격 T를 교류의 주기라 한다.

1초간에 f회의 파형이 반복되는 경우, 주기는 위의 식으로 표시된다.

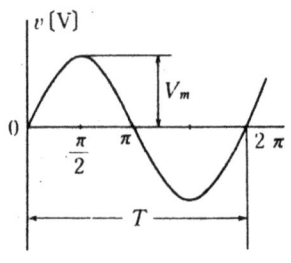

활용예

① 주파수가 50[Hz]인 사인파 교류의 주기는 얼마인가.

$$T = \frac{1}{50} = 0.02 \text{[s]} = 20 \text{ [ms]}$$

② 다음에 표시한 주파수의 주기는 각각 얼마인가.

   (1) 1 [KHz]   (2) 2 [MHz]

$$T = \frac{1}{10^3} = 10^{-3} \text{[s]} = 1 \text{ [ms]}$$

$$T = \frac{1}{2 \times 10^6} = 0.5 \times 10^{-6} \text{[s]} = 0.5 \text{ [}\mu\text{s]}$$

③ 주기가 0.1[s] 및 5[ms]인 교류의 주파수는 얼마인가.

$$f = \frac{1}{T} = \frac{1}{0.1} = 10 \text{ [Hz]}$$

$$f = \frac{1}{T} = \frac{1}{5 \times 10^{-3}} = \frac{1000}{5} = 200 \text{ [Hz]}$$

④ $v = 100\sin 120\pi t$인 사인파 교류의 각주파수, 주파수 및 주기는 각각 얼마인가.

$$\omega = 120\pi$$

$$f = \frac{\omega}{2\pi} = \frac{120\pi}{2\pi} = 60 \text{ [Hz]} \qquad T = \frac{1}{f} = \frac{1}{60} \fallingdotseq 0.017 \text{[s]} = 17 \text{ [ms]}$$

72. 위상과 위상차

$$v_1 = V_{m_1}\sin(\omega t + \theta_1) \,[V], \quad v_2 = V_{m_2}\sin(\omega t + \theta_2)\,[V]$$
위상차 $= \theta_1 - \theta_2$

그림에는 3개의 교류전압 v_1, v_2, v_3[V]가 표시되어 있으나, 각 파형의 변화에는 시간적 차이가 있다. 이것을 식으로 표시하면 다음과 같이 된다.

$$v_1 = V_m \sin \omega t$$
$$v_2 = V_m \sin(\omega t + \theta_1) = V_m \sin(\omega t + 60°)$$
$$v_3 = V_m \sin(\omega t - \theta_2) = V_m \sin(\omega t - 45°)$$

여기서 ωt, $\omega t + \theta_1$, $\omega t - \theta_2$를 각각 v_1, v_2, v_3의 시각 t에서의 위상이라 한다. 또, 2개의 전압과 전류의 위상의 차를 위상차라 한다. 예를 들면, v_2와 v_3의 경우,

위상차 $= (v_2$의 위상$) - (v_3$의 위상$)$

이 결과,

양의 값이면, v_2는 v_3보다 위상은 앞서고
음의 값이면, v_2는 v_3보다 위상은 늦는다.

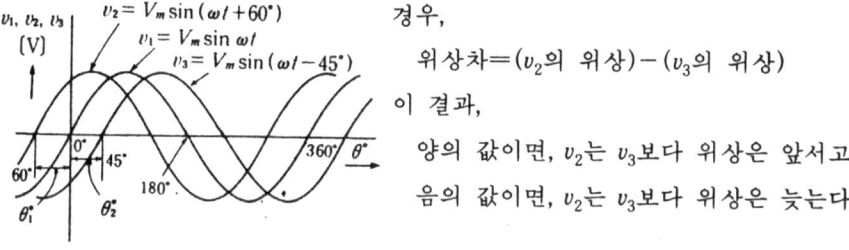

활용예

① 그림의 v_2와 v_3의 위상차는 얼마인가. 또, 어느것이 얼마 앞서 있나.

위상차 $= (\omega t + 60°) - (\omega t - 45°) = 105° > 0$

105°는 양이므로 v_2가 v_3보다 105° 위상이 앞서 있다.

② $v = 100\sin \omega t$[T]의 전압을 가했더니, $i = 5\sin(\omega t - 30°)$의 전류가 흘렀다. 전압과 전류의 위상차는 얼마인가.

위상차 $= \omega t - (\omega t - 30°) = 30°$ (v는 i보다 30° 앞서 있다)

③ $v_1 = 50\sin(\omega t - 30°)$와 $v_2 = 20\sin(\omega t - 10)$의 사인파 교류가 있다. v_1과 v_2의 위상차는 얼마인가. 또, 어느쪽이 얼마만큼 늦어져 있는가.

위상차 $= (wt - 30°) - (wt - 10°) = -20° < 0$

v_1는 v_2보다 20° 늦어 있다.

73. 사인파 교류의 실효치

$$V = \frac{V_m}{\sqrt{2}}, \quad I = \frac{I_m}{\sqrt{2}} \qquad \begin{array}{l} V, I \,:\, \text{전압, 전류의 실효치} \\ V_m, I_m \,:\, \text{전압, 전류의 최대치} \end{array}$$

교류 순시치 제곱의 평균의 제곱근을 실효치라 하며, 저항 $R[\Omega]$에 직류전압 $V[V]$를 가했을 때에 발생하는 열량과 같은 열량을 발생하는 교류 전압을 말한다.

사인파 교류의 경우의 실효치는 위의 식에 표시한 것과 같은 결과로 된다.

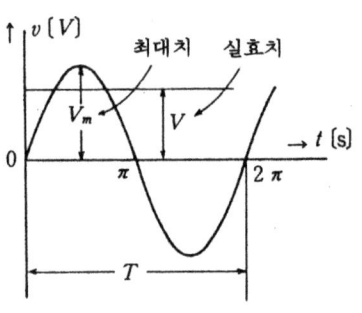

활용예

① 최대치 50[V] 및 10[A]인 사인파 교류의 실효치는 각각 얼마인가.

$$V = \frac{50}{\sqrt{2}} = 35.4 \ [V]$$

$$I = \frac{10}{\sqrt{2}} = 7.07 \ [A]$$

② 실효치가 100[V]인 사인파 교류 전압의 최대치는 얼마인가.

$$V_m = \sqrt{2} \ V = \sqrt{2} \times 100 = 141 \ [V]$$

③ $v = 150\sin 100\pi t$[V]인 교류의 최대치 및 실효치는 얼마인가.

$$V_m = 150 \ [V]$$

$$V = \frac{150}{\sqrt{2}} = 106 \ [V]$$

④ $v = 200\sqrt{2} \sin(\omega t + \frac{\pi}{3})$[V]인 교류의 실효치는 얼마인가.

$$V_m = 200\sqrt{2}$$

$$\therefore \quad V = \frac{200\sqrt{2}}{\sqrt{2}} = 200 \ [V]$$

74. 사인파 교류의 평균치

$$V_a = \frac{2}{\pi} V_m, \quad I_a = \frac{2}{\pi} I_m \qquad \begin{array}{l} V_a, I_a : \text{전압, 전류의 평균치} \\ V_m, I_m : \text{전압, 전류의 최대치} \end{array}$$

 그림과 같이 교류의 반파(半波)의 평균(빗금 부분의 면적과 점 부분의 면적이 같게 되는 높이 V_a)을 평균치라 하며, 사인파 교류에서는 위의 식이 성립한다.

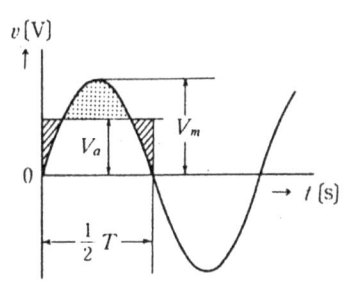

활용예

① 최대치가 100[V]인 사인파 교류 전압의 평균치는 얼마인가.

$$V_a = \frac{2}{\pi} \times 100 = 63.7 \text{ [V]}$$

② 평균치가 100[V]인 사인파 전압의 최대치는 얼마인가.

$$V_m = \frac{\pi}{2} V_a = \frac{\pi}{2} \times 100 = 157 \text{ [V]}$$

③ $i = 5\sqrt{2} \sin(314t + \frac{\pi}{3})$[A]인 교류전압에서, 최대치, 실효치 및 평균치는 각각 얼마인가.

$$I_m = 5\sqrt{2} = 7.07 \text{ [A]}$$

$$I = \frac{5\sqrt{2}}{\sqrt{2}} = 5 \text{ [A]}$$

$$I_a = \frac{2}{\pi} \times 5\sqrt{2} = 4.5 \text{ [A]}$$

④ 평균치가 10[A]인 사인파 전류의 최대치 및 실효치는 얼마인가.

$$I_m = \frac{\pi}{2} I_a = \frac{\pi}{2} \times 10 = 15.7 \text{ [A]}$$

$$I = \frac{1}{\sqrt{2}} I_m = \frac{1}{\sqrt{2}} \times \frac{\pi}{2} \times 10 = \frac{\pi}{2\sqrt{2}} \times 10 = 11.1 \text{ [A]}$$

75. 사인파 교류의 합성

$$i = i_1 + i_2 = \sqrt{2}\,I\sin(\omega t + \theta) \qquad \begin{cases} i_1 = \sqrt{2}\,I_1\sin(\omega t + \theta_1) \\ i_2 = \sqrt{2}\,I_2\sin(\omega t + \theta_2) \end{cases}$$

단, $I = \sqrt{(I_1\cos\theta_1 + I_2\cos\theta_2)^2 + (I_1\sin\theta_1 + I_2\sin\theta_2)^2}$

$\theta = \tan^{-1}\dfrac{I_1\sin\theta_1 + I_2\sin\theta_2}{I_1\cos\theta_1 + I_2\cos\theta_2}$

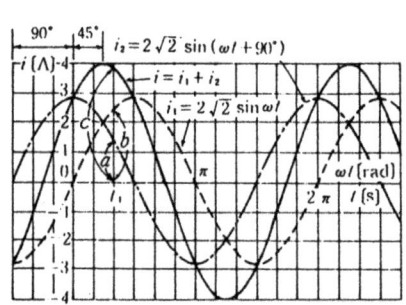

활용예

① $i_1 = 6\sqrt{2}\sin\omega t$ [A]와 $i_2 = 8\sqrt{2}\sin\left(\omega t + \dfrac{\pi}{3}\right)$[A]의 2개의 합성전류의 실효치, 위상각 및 순시치의 식을 써라.

$I = \sqrt{(6\cos 0° + 8\cos 60°)^2 + (6\sin 0° + 8\sin 60°)^2}$
$= \sqrt{(6+4)^2 + 6.9^2} = 12.1$ [A]

$\theta = \tan^{-1}\dfrac{6.9}{10} = 34.6°$

$i = 12.1\sqrt{2}\sin(\omega t + 34.6°)$ [A]

② $i_1 = 10\sqrt{2}\sin\left(\omega t + \dfrac{\pi}{2}\right)$와 $i_2 = 20\sqrt{2}\sin\left(\omega t - \dfrac{\pi}{3}\right)$[A]의 합성전류의 순시치의 식을 표시하여라.

$I = \sqrt{(10\cos 90° + 20\cos(-60°))^2 + (10\sin 90° + 20\sin(-60°))^2}$
$= \sqrt{(0+10)^2 + (10-17.3)^2} = 12.4$

$\theta = \tan^{-1}\dfrac{10-17.3}{10} = -36.1° \qquad \therefore \quad i = 12.4\sqrt{2}\sin(\omega t - 36.1°)$

③ ②에서의 전류의 차는 어떻게 되는가.

$I = \sqrt{(10\cos 90° - 20\cos(-60°))^2 + (10\sin 90° - 20\sin(-60°))^2}$
$= \sqrt{(0-10)^2 + (10+17.3)^2} = \sqrt{845} = 29$ [A]

$\theta = \tan^{-1}\dfrac{27.3}{-10} = 110° \qquad \therefore \quad i = 29\sqrt{2}\sin(\omega t + 110°)$

76. 저항회로

$$I = \frac{V}{R} \quad (A)$$

I : 전류의 실효치[A]
V : 전압의 실효치[V]
R : 저항[Ω]

그림의 회로에서, $v = \sqrt{2}\,V\sin\omega t$[V]의 전압을 가하면, 흐르는 전류 i[A]는 다음과 같이 표시된다.

$$i = \frac{v}{R} = \sqrt{2} \times \frac{V}{R}\sin\omega t = \sqrt{2}\,I\sin\omega t$$

따라서, 전류의 실효치 I[A]는 다음과 같이 된다.

$$I = \frac{V}{R}$$

활용예

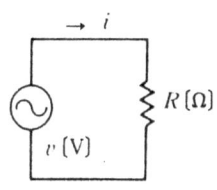

① 그림에서, 40[Ω]의 저항에 $v = 200\sqrt{2}\sin\omega t$ [V]의 전압을 가했을 때, 전류의 실효치는 얼마인가. 또, 전류의 순시치의 식을 써라.

$$I = \frac{200}{40} = 5 \quad (A)$$

$$i = 5\sqrt{2}\sin\omega t \quad (A)$$

② 그림에서, 20[Ω]의 저항에, $i = 2\sqrt{2}\sin\omega t$[A]의 전류가 흐르고 있다고 한다. 가한 전압의 순시치를 식으로 나타내라.

$$V = 20 \times 2 = 40 \quad (V)$$

$$v = 40\sqrt{2}\sin\omega t \quad (V)$$

③ 그림에서, $v = 141\sin\omega t$[V]의 전압을 가했더니 $i = 2\sqrt{2}\sin\omega t$[A]의 전류가 흘렀다. 회로의 저항은 얼마인가.

$$R = \frac{v}{i} = \frac{141\sin\omega t}{2\sqrt{2}\sin\omega t} = \frac{100\sqrt{2}}{2\sqrt{2}} = 50 \quad (\Omega)$$

77. 인덕턴스 회로

$$I = \frac{V}{X_L} = \frac{V}{\omega L} \quad [A]$$

I : 전류의 실효치[A]
V : 전압의 실효치[V]
ω_L, X_L : 유도 리액턴스[Ω]
ω : 각주파수[rad/s]

그림과 같이, 인덕턴스 L[H]에 사인파 교류전압 $v=\sqrt{2}\,V\sin\omega t$[V]를 가하면, 유도 리액턴스 X_L[Ω]은 다음 식으로 표시된다.

$$X_L = \omega L = 2\pi f L$$

또한, 전류 I의 크기는 위의 식으로 표시되지만, 전류 i는 전압 v보다 $\pi/2$[rad] 늦어진다. 따라서, 전류 i[A]를 순시식으로 표시하면 다음과 같다.

$$i = \sqrt{2} \times \frac{V}{\omega L}\sin\left(\omega t - \frac{\pi}{2}\right) = \sqrt{2}\,I\sin\left(\omega t - \frac{\pi}{2}\right)$$

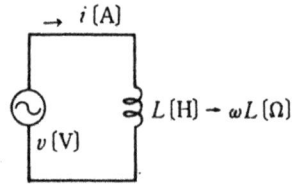

활용예

① 인덕턴스가 15[mH]인 코일을 50[Hz]의 교류회로에 사용할 때, 유도 리액턴스는 얼마인가.

$$X_L = 2\pi f L = 2\pi \times 50 \times 15 \times 10^{-3} = 4.7 \; [\Omega]$$

② 그림에서, 전압 100[V], 주파수 50[Hz], 인덕턴스 35[mH]이다. 유도 리액턴스, 전류의 실효치 및 순시식을 나타내라.

$$X_L = 2\pi \times 50 \times 35 \times 10^{-3} = 11 \; [\Omega]$$

$$I = \frac{V}{X_L} = \frac{100}{11} = 9.1 \; [A]$$

$$i = 9.1\sqrt{2}\sin\left(100\pi t - \frac{\pi}{2}\right) \; [A]$$

③ 그림에서, $v = 100\sqrt{2}\sin 120\pi t$[V]의 전압을 가했더니, 전류 I가 50[mA]였다. 유도 리액턴스 및 인덕턴스는 얼마인가.

$$X_L = \frac{V}{I} = \frac{100}{50 \times 10^{-3}} = 2000 \; [\Omega] \qquad L = \frac{X_L}{2\pi f} = \frac{2000}{120\pi} = 5.3 \; [H]$$

78. 콘덴서 회로

$$I = \frac{V}{X_C} = \frac{V}{\frac{1}{\omega C}} \quad \text{(A)}$$

$\quad I$: 전류의 실효치[A]
$\quad V$: 전압의 실효치[V]
$\quad \frac{1}{\omega C}, X_C$: 용량 리액턴스[Ω]
$\quad \omega$: 각주파수[rad/s]

그림과 같이, 정전용량 $C[F]$에 사인파 교류전압 $v=\sqrt{2}\,V\sin\omega t[V]$를 가하면, 용량 리액턴스 $X_c[\Omega]$은 다음 식으로 표시된다.

$$X_C = \frac{1}{\omega C} = \frac{1}{2\pi f C}$$

또한 전류 I의 크기는 위의 식으로 표시되지만, 전류 i는 전압 v보다 $\pi/2$ [rad] 앞선다. 따라서, 전류 $i[A]$를 순시식으로 표시하면 다음과 같이 된다.

$$i = \sqrt{2}\,\omega C V \sin\left(\omega t + \frac{\pi}{2}\right) = \sqrt{2}\,I\sin\left(\omega t + \frac{\pi}{2}\right)$$

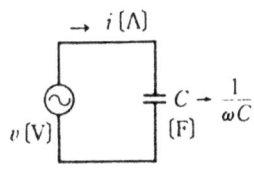

활용예

① 100[μF]의 콘덴서에 50[Hz]의 교류를 가했을 때의 용량 리액턴스는 얼마인가.

$$X_C = \frac{1}{\omega C} = \frac{1}{2\pi \times 50 \times 100 \times 10^{-6}} = 31.8 \ [\Omega]$$

② 100[μF]의 콘덴서에, 60[Hz], 100[V]의 교류전압을 가했을 때, 용량 리액턴스, 전류의 실효치 및 순시식을 나타내라.

$$X_C = \frac{1}{2\pi \times 60 \times 100 \times 10^{-6}} = 26.5 \ [\Omega]$$

$$I = \frac{100}{26.5} = 3.77 \ [A] \qquad i = 3.77\sqrt{2}\sin\left(120\pi t + \frac{\pi}{2}\right) \ [A]$$

③ 5[μF]의 콘덴서를 100[Ω]의 용량 리액턴스로서 작용시키는데는 교류의 주파수를 얼마로 하면 좋은가.

$$f = \frac{1}{2\pi X_C C} = \frac{1}{2\pi \times 100 \times 5 \times 10^{-6}} = 318 \ [Hz]$$

79. RL 직렬회로

$$I=\frac{V}{Z}=\frac{V}{\sqrt{R^2+(\omega L)^2}} \quad \text{(A)}$$

Z : 임피던스[Ω]
θ : 전압과 전류의 위상각

단, $\theta=\tan^{-1}\frac{\omega L}{R}$

그림(a)와 같은 RL 직렬회로의 각 단자 전압은 그림(b)와 같이 된다. 이 그림에서 다음 식이 성립한다.

$$V=\sqrt{V_R^2+V_L^2}=\sqrt{(RI)^2+(\omega LI)^2}=\sqrt{R^2+(\omega L)^2}\,I=Z\cdot I$$

이 식으로부터 위의 식이 성립한다.

또, 전압과 전류의 위상각은 그림(b)의 벡터에서, $\theta=\tan^{-1}\frac{V_L}{V_R}=\tan^{-1}\frac{\omega L}{R}$ 이다.

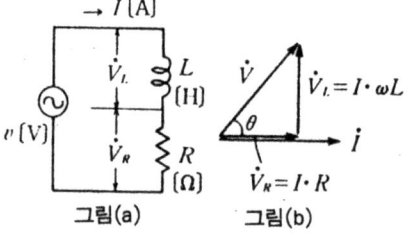

그림(a) 그림(b)

|활용예|

① 저항 10[Ω], 유도 리액턴스 15[Ω], 전압 100[V]일 때, 회로의 임피던스 및 전류는 얼마인가. 또, 위상각은 얼마인가.

$Z=\sqrt{10^2+15^2}=18$ [Ω] $\theta=\tan^{-1}\frac{15}{10}=56.3°$ $I=\frac{V}{Z}=\frac{100}{18}=5.6$ [A]

② 그림에서, 저항 5[Ω], 인덕턴스 30[mH], 주파수 50[Hz], 전압 100[V]일 때, 임피던스, 전류 및 위상차는 얼마인가.

$$Z=\sqrt{5^2+(2\pi\times 50\times 30\times 10^{-3})^2}=\sqrt{25+89}=10.7 \text{ [Ω]}$$

$$I=\frac{V}{Z}=\frac{100}{10.7}=9.3 \text{ [A]}, \quad \theta=\tan^{-1}\frac{9.4}{5}=62°$$

③ 그림의 회로에서, R는 $100\sqrt{3}$[Ω], 회로의 전류는 500[mA], 전원 전압은 100[V]이다. 이 회로 X_L, V_L 및 θ를 구하여라.

$$Z=\frac{100}{500\times 10^{-3}}=200 \text{ [Ω]}, \quad X_L=\sqrt{Z^2-R^2}=\sqrt{200^2-(100\sqrt{3})^2}=100 \text{ [Ω]}$$

$$V_L=I\cdot X_L=500\times 10^{-3}\times 100=50 \text{ [V]}, \quad \theta=\tan^{-1}\frac{100}{100\sqrt{3}}=30°$$

80. RC 직렬회로

$$I = \frac{V}{Z} = \frac{V}{\sqrt{R^2 + \left(\frac{1}{\omega C}\right)^2}} \quad (A)$$

Z : 임피던스[Ω]
θ : 전압과 전류의 위상각

단, $\theta = \tan^{-1}\frac{1}{\omega CR}$

그림(a)와 같은, RC 직렬회로의 각 단자 전압은 그림(b)와 같이 된다. 이 그림에서 다음 식이 성립한다.

$$V = \sqrt{V_R^2 + V_C^2} = \sqrt{(RI)^2 + \left(\frac{1}{\omega C}I\right)^2} = \sqrt{R^2 + \left(\frac{1}{\omega C}\right)^2}\, I = Z \cdot I$$

이것으로부터, 위의 식이 성립한다.

또, 전압과 전류의 위상각은 그림(b)의 벡터에서, $\theta = \tan^{-1}\frac{V_C}{V_R} = \tan^{-1}\frac{1}{\omega CR}$
이다.

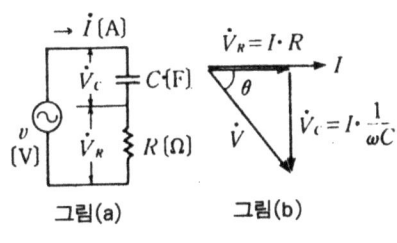

그림(a)   그림(b)

활용예

① 그림에서, 저항 10[Ω], 용량 리액턴스 10[Ω], 전압 100[V]이다. 회로의 임피던스, 전류 및 전압과 전류의 위상각을 구하여라.

$$Z = \sqrt{10^2 + 10^2} = 14.1 \ (\Omega)$$

$$I = \frac{V}{Z} = \frac{100}{14.1} = 7.1 \ (A) \qquad \theta = \tan^{-1}\frac{-10}{10} = -45°$$

② 그림의 회로에서 R이 32[Ω]이고, 200[V], 50[Hz]의 교류 전압을 가했더니 V_R이 160[V]로 되었다고 한다. 회로의 전류, 임피던스, 콘덴서의 단자 전압 및 정전용량을 구하여라.

$$I = \frac{V_R}{R} = \frac{160}{32} = 5 \ (A), \quad Z = \frac{V}{I} = \frac{200}{5} = 40 \ (\Omega), \quad X_C = \sqrt{40^2 - 32^2} = 24 \ (\Omega)$$

$$V_C = I \cdot X_C = 5 \times 24 = 120 \ (V)$$

$$C = \frac{1}{2\pi f X_C} = \frac{1}{2\pi \times 50 \times 24} = 133 \times 10^{-6}(F) = 133 \ (\mu F)$$

81. RLC 직렬회로

$$I = \frac{V}{Z} = \frac{V}{\sqrt{R^2 + \left(\omega L - \frac{1}{\omega C}\right)^2}} \qquad \text{[A]} \quad Z : \text{임피던스}[\Omega]$$
$$\theta : \text{전압과 전류의 위상각}$$

$$\theta = \tan^{-1} \frac{\omega L - \frac{1}{\omega C}}{R}$$

그림(a)와 같은, RLC 직렬회로의 각 단자 전압은 그림(b)와 같이 된다. 이 그림에서, 다음 식이 성립한다. 이것으로부터 위의 공식이 성립한다.

$$V = \sqrt{V_R^2 + (V_L - V_C)^2} = \sqrt{(RI)^2 + \left(\omega LI - \frac{1}{\omega C}I\right)^2} = \sqrt{R^2 + \left(\omega L - \frac{1}{\omega C}\right)^2} I = Z \cdot I$$

또, 전압과 전류의 위상각은 그림(b)의 벡터에서, 로 된다.

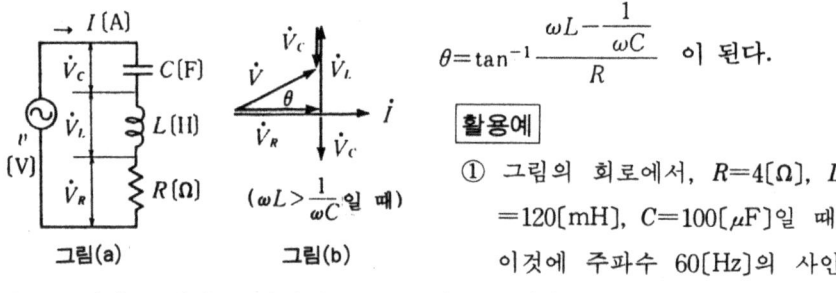

$$\theta = \tan^{-1} \frac{\omega L - \frac{1}{\omega C}}{R} \quad \text{이 된다.}$$

활용예

① 그림의 회로에서, $R=4[\Omega]$, $L=120[\text{mH}]$, $C=100[\mu\text{F}]$일 때, 이것에 주파수 $60[\text{Hz}]$의 사인파 교류전압 $100[\text{V}]$를 가하면, 흐르는 전류는 얼마인가.

$$Z = \sqrt{4^2 + \left(2\pi \times 60 \times 120 \times 10^{-3} - \frac{1}{2\pi \times 60 \times 100 \times 10^{-6}}\right)^2}$$
$$= \sqrt{4^2 + (45.24 - 26.53)^2} = \sqrt{4^2 + 18.7^2} = 19 \; [\Omega] \qquad I = \frac{100}{19} = 5.3 \; [\text{A}]$$

② 그림의 회로에서, $100[\text{V}]$의 교류전압을 가했더니 $5[\text{A}]$의 전류가 흘렀다. 이 회로의 임피던스 및 용량 리액턴스는 얼마인가. 또, 전압과 전류의 위상각은 얼마인가. 단, $R=12[\Omega]$, $X_L=46[\Omega]$이다.

$$Z = \frac{V}{I} = \frac{100}{5} = 20 \; [\Omega] \qquad X = \sqrt{Z^2 - R^2} = \sqrt{20^2 - 12^2} = 16 \; [\Omega]$$

$$X = X_L - X_C \qquad X_C = X_L - X = 46 - 16 = 30[\Omega], \quad \theta = \tan^{-1}\frac{16}{12} = 53°$$

82. 직렬공진주파수

$$f_r = \frac{1}{2\pi\sqrt{LC}} \quad [\text{Hz}] \qquad f_r : \text{공진주파수[Hz]}$$

그림의 회로에서, 공진 때에는 $\omega L = \frac{1}{\omega C}$ 의 조건이 성립한다.
이 때의 주파수를 f_r, 각주파수를 ω_r로 하면, 다음 식이 성립한다.

$$\omega_r^2 = \frac{1}{LC} \quad \therefore \quad \omega_r = \frac{1}{\sqrt{LC}}$$

이 식으로부터 f_r은 위의 식과 같이 된다. f_r를 공진주파수라 한다.
또한, 공진 때에는 $Z=R$가 되고, $I=V/R$에서 전류는 최대로 된다.
또, 공진 때에는 $V_L = V_C$이므로, 다음 식이 성립한다.

$$Q = \frac{V_L}{V} = \frac{V_C}{V} = \frac{\omega_r L}{R} = \frac{1}{\omega_r CR} = \frac{1}{R}\sqrt{\frac{L}{C}}$$

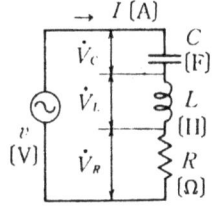

활용예

① 그림에서, $L=50[\text{mH}]$, $C=100[\text{pF}]$로 하면, 이 회로의 공진 주파수는 얼마인가.

$$f_r = \frac{1}{2\pi\sqrt{50 \times 10^{-3} \times 100 \times 10^{-12}}} = 71.2 \; [\text{kHz}]$$

② 그림에서, $C=20[\mu\text{F}]$, $L=12.5[\text{mH}]$, $R=0.25[\Omega]$이다. 이 회로의 공진 주파수와 Q의 값은 각각 얼마인가.

$$f_r = \frac{1}{2\pi\sqrt{12.5 \times 10^{-3} \times 20 \times 10^{-6}}} = \frac{1}{2\pi \times 5 \times 10^{-4}} = 318 \; [\text{Hz}]$$

$$Q = \frac{\omega_r L}{R} = \frac{2\pi \times 318 \times 12.5 \times 10^{-3}}{0.25} = 100$$

③ 그림의 회로에서, $R=20[\Omega]$, $C=75[\mu\text{F}]$, $V=100[\text{V}]$이다. 8[kHz]에 공진시키는데는 L의 값은 얼마인가. 또, 공진 때의 전류는 얼마인가.

$$L = \frac{1}{(2\pi)^2 f_r^2 C} = \frac{1}{(2\pi)^2 \times (8 \times 10^3)^2 \times 75 \times 10^{-6}} = 5.28 \; [\mu\text{H}]$$

$$I = \frac{V}{R} = \frac{100}{20} = 5 \; [\text{A}]$$

83. 교류회로의 전력

$$P = VI\cos\theta \quad [W]$$

P : 전력(유효전력) [W]
$\cos\theta$: 역률

그림의 회로에서의 전력 $P[W]$는 위의 식으로 표시된다. 또한 식 가운데의 $\cos\theta$는 역률이라고 하는 것으로, 전압과 전류의 위상각의 코사인이다. 또, 전압과 전류의 위상각 θ는 임피던스 Z와 저항 R의 위상각 θ와 같으므로, $\cos\theta$는 다음과 같이 표시할 수도 있다.

$$\cos\theta = \frac{V_R}{V} = \frac{R}{Z} \quad (0\sim 100\%)\text{의 범위의 값}$$

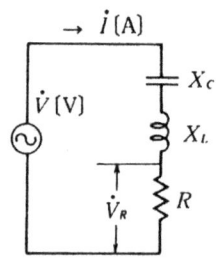

|활용예|

① $R=20[\Omega]$, $X_L=14[\Omega]$의 직렬회로에 전압 100[V]를 가했을 때, 전력은 얼마인가.

$$Z = \sqrt{20^2 + 14^2} = 24.4 \ [\Omega]$$

$$I = \frac{V}{Z} = \frac{100}{24.4} \fallingdotseq 4.1 \ [A]$$

$$P = 100 \times 4.1 \times \frac{20}{24.4} = 336 \ [W]$$

② 그림의 회로에서, $R=4[\Omega]$, $X_L=5[\Omega]$, $X_c=2[\Omega]$, $V=100[V]$일 때, 회로의 임피던스, 역률, 전류 및 소비전력을 구하여라.

$$Z = \sqrt{4^2 + (5-2)^2} = 5 \ [\Omega] \quad \cos\theta = \frac{R}{Z} = \frac{4}{5} = 0.8$$

$$I = \frac{V}{Z} = \frac{100}{5} = 20 \ [A] \quad P = 100 \times 20 \times 0.8 = 1600 \ [W]$$

③ 1개의 코일이 있고, 직류 100[V]를 가하면 500[W]를 소비하고, 사인파 교류전압 150[V]를 가하면 720[W]를 소비한다고 한다. 이 코일의 저항과 리액턴스를 구하여라.

직류일 경우의 전력은 $P = \dfrac{V^2}{R}$ $\therefore$ $R = \dfrac{V^2}{P} = \dfrac{10000}{500} = 20 \ [\Omega]$

교류일 경우의 전력은 $P = \left(\dfrac{V}{Z}\right)^2 R$ $\therefore$ $Z^2 = \dfrac{V^2}{P}R = \dfrac{150^2}{720} \times 20 = 625$

$$Z = \sqrt{625} = 25 \ [\Omega] \quad \therefore \quad X_L = \sqrt{Z^2 - R^2} = \sqrt{25^2 - 20^2} = 15 \ [\Omega]$$

84. 3전압계법

$$P = \frac{1}{2R}(V_3^2 - V_1^2 - V_2^2) \quad [W]$$

P : 전력[W]
R : 직렬저항[Ω]
V : 전압[V]

그림(a)는 3개의 전압계를 사용해서 부하 전력을 측정하는 회로이다. 부하 전력 $P[W]$는, $P = V_1 I \cos\theta$이다. 그림(b)의 백터도에서 $\cos\theta$를 구하면 다음과 같이 된다.

$$V_3^2 = (V_2 + V_1\cos\theta)^2 + (V_1\sin\theta)^2 = V_2^2 + V_1^2\cos^2\theta + 2V_1V_2\cos\theta + V_1^2\sin^2\theta$$

$$\therefore \cos\theta = \frac{V_3^2 - V_1^2 - V_2^2}{2V_1V_2}$$

$$P = V_1 I \cos\theta = V_1 \times \frac{V_2}{R}\cos\theta = \frac{V_1 V_2}{R} \cdot \frac{V_3^2 - V_1^2 - V_2^2}{2V_1V_2} = \frac{1}{2R}(V_3^2 - V_1^2 - V_2^2)$$

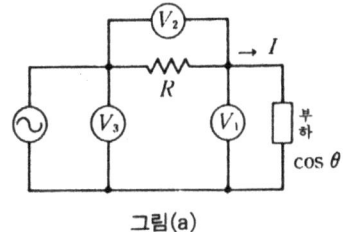

그림(a)

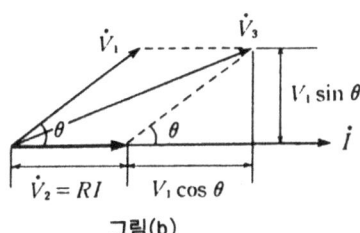

그림(b)

|활용예|

① 그림에서 $V_1 = 100[V]$, $V_2 = 35[V]$, $V_3 = 130[V]$, $R = 10[\Omega]$일 때, 부하전력은 얼마인가.

$$P = \frac{1}{2 \times 10}(130^2 - 100^2 - 35^2) = 284 \quad [W]$$

② 그림에서, $V_1 = 20[V]$, $V_2 = 4[V]$, $V_3 = 22[V]$, $R = 5[\Omega]$일 때 부하에 흐르는 전류, 부하전력 및 역률을 구하여라.

$$I = \frac{V_2}{R} = \frac{4}{5} = 0.8 \; [A], \quad P = \frac{1}{2 \times 5}(22^2 - 20^2 - 4^2) = \frac{1}{10} \times 68 = 6.8 \; [W]$$

$$\cos\theta = \frac{22^2 - 20^2 - 4^2}{2 \times 20 \times 4} = \frac{68}{160} = 0.425$$

85. 3전류계법

$$P = \frac{R}{2}(I_3{}^2 - I_1{}^2 - I_2{}^2) \quad [W]$$

P : 전력[W]
R : 저항[Ω]
I : 전류[A]

그림(a)는 3개의 전류계를 사용해서 부하전력을 측정하는 회로이다. 또, 그림(b)는 회로의 벡터도이며, 이것에서 $\cos\theta$를 구하면 다음과 같이 된다.

$$I_3{}^2 = (I_2 + I_1\cos\theta)^2 + (I_1\sin\theta)^2 = I_2{}^2 + 2I_1 I_2\cos\theta + I_1{}^2\cos^2\theta + I_1{}^2\sin^2\theta$$

$$\cos\theta = \frac{I_3{}^2 - I_1{}^2 - I_2{}^2}{2 I_1 I_2}$$

따라서, 전력 P는 다음과 같이 된다.

$$P = VI_1\cos\theta = RI_2 I_1\cos\theta = RI_1 I_2 \cdot \frac{I_3{}^2 - I_1{}^2 - I_2{}^2}{2 I_1 I_2} = \frac{R}{2}(I_3{}^2 - I_1{}^2 - I_2{}^2)$$

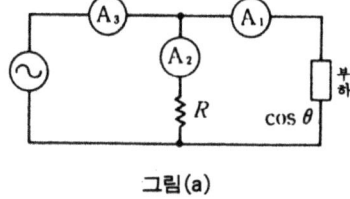

그림(a)

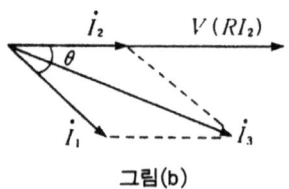

그림(b)

활용예

① 그림에서 $I_3 = 6[A]$, $I_2 = 2[A]$, $I_1 = 4[A]$, $R = 25[\Omega]$일 때, 부하전력은 얼마인가.

$$P = \frac{25}{2}(6^2 - 4^2 - 2^2) = \frac{25}{2} \times 16 = 200 \ [W]$$

② 그림에서 $I_3 = 5.4[A]$, $I_2 = 2[A]$, $I_1 = 3.8[A]$, $R = 25[\Omega]$일 때, 부하에 가해지는 전압, 전력 및 부하역률은 각각 얼마인가.

$$V = I_2 R = 2 \times 25 = 50 \ [V]$$

$$P = \frac{25}{2}(5.4^2 - 3.8^2 - 2^2) = 134 \ [W]$$

$$\cos\theta = \frac{(5.4^2 - 3.8^2 - 2^2)}{2 \times 3.8 \times 2} = 0.705$$

86. 교류회로의 무효전력

$$Q = VI\sin\theta \quad \text{[var]}$$

Q : 무효전력[var]
$\sin\theta$: 무효율

교류전력 P[W]는 $VI\cos\theta$로 표시된다. 이 경우, VI는 가한 전압 V와 흐르는 전류 I의 곱이다. 이것을 피상 전력이라 하고, 다음 식으로 나타낸다.

$$S = VI \quad \text{[VA]}$$

그림(a)의 회로에서, 전압·전류의 벡터도를 그리면, 그림(b)와 같이 된다. $V\sin\theta$를 전압의 무효분이라 한다. 이 무효전압과 전류의 곱을 무효전력이라 하고, 위의 식으로 나타낸다. 또한, 전압을 기준으로 택하면, 전압과 전류의 무효분의 곱으로 표시된다. 또한, 그림(c)는 피상전력, 전력(유효), 및 무효전력의 관계이다.

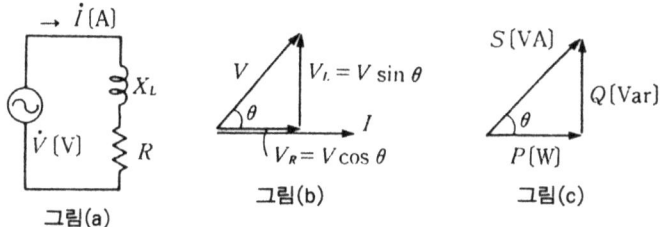

그림(a)   그림(b)   그림(c)

활용예

① 그림(a)에서, $R=10[\Omega]$, $X_L=8[\Omega]$, $V=100$[V]일 때, 무효율 및 무효전력은 얼마인가.

$$Z = \sqrt{10^2 + 8^2} = 12.8 \ [\Omega], \quad \sin\theta = \frac{X_L}{Z} = \frac{8}{12.8} = 0.625, \quad I = \frac{100}{12.8} = 7.8 \ [A]$$

$$Q = 100 \times 7.8 \times 0.625 = 487.5 \ [W]$$

② 저항 20[Ω], 용량 리액턴스 10[Ω]의 직렬회로에 200[V]의 전압을 가했을 때, 피상전력, 유효전력 및 무효전력을 구하여라.

$$Z = \sqrt{20^2 + 10^2} = \sqrt{500} = 22.4 \ [\Omega], \quad I = \frac{200}{22.4} = 8.9 \ [A]$$

$$S = 200 \times 8.9 = 1780 \ [VA], \quad P = 200 \times 8.9 \times \frac{20}{22.4} = 1589 \ [W]$$

$$Q = 200 \times 8.9 \times \frac{10}{22.4} = 795 \ [\text{var}]$$

87. R, L, C 단독 회로의 애드미턴스

$$\dot{Y} = \frac{1}{R} = G \quad [S]$$

$$\dot{Y}_L = \frac{1}{j\omega L} = -jB \quad [S]$$

$$\dot{Y}_C = \frac{1}{\frac{1}{j\omega C}} = j\omega C = jB \quad [S]$$

G : 콘덕턴스[S]
$-jB$: 유도 서셉턴스[S]
jB : 용량 서셉턴스[S]

그림(a), (b), (c)의 각각의 애드미턴스는 위의 식으로 표시된다.

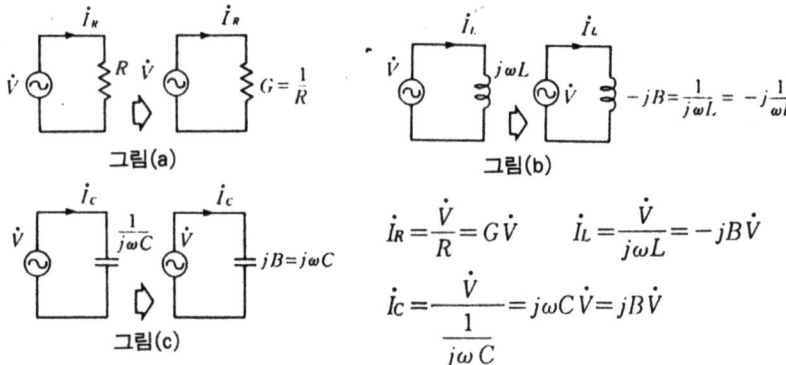

그림(a) 그림(b) 그림(c)

$$\dot{I}_R = \frac{\dot{V}}{R} = G\dot{V} \qquad \dot{I}_L = \frac{\dot{V}}{j\omega L} = -jB\dot{V}$$

$$\dot{I}_C = \frac{\dot{V}}{\frac{1}{j\omega C}} = j\omega C \dot{V} = jB\dot{V}$$

활용예

① 그림(a)에서 $V=10[V]$, $R=2[\Omega]$이다. 콘덕턴스 및 전류는 얼마인가.

$$G = \frac{1}{2} = 0.5 \ [S], \quad \dot{I} = G\dot{V} = 0.5 \times 10 = 5 \ [A]$$

② 그림(b)에서 $\dot{V}=10[V]$, 유도 리액턴스 $5[\Omega]$이다. 유도 서셉턴스 및 전류를 구하여라.

$$B = \frac{1}{j5} = -j0.2 \ [S], \quad \dot{I} = -j0.2 \times 10 = -j2 \ [A]$$

③ 그림(c)에서 $V=10[V]$, 용량 리액턴스 $4[\Omega]$이다. 용량 서셉턴스 및 전류는 얼마인가.

$$B = \frac{1}{-j4} = j0.25 \ [S], \quad \dot{I} = j0.25 \times 10 = j2.5 \ [A]$$

88. *RLC* 병렬 회로의 애드미턴스

$$\dot{Y} = G - jB \quad [S]$$

$\dot{Y}$: 애드미턴스[S]
G : 콘덕턴스[S]
B : 서셉턴스[S]

그림과 같은 *RLC* 병렬회로의 전전류 $\dot{I}$[A]는 다음과 같이 된다.

$$\dot{i} = \dot{i}_R + \dot{i}_L + \dot{i}_C = \frac{\dot{V}}{R} - j\frac{\dot{V}}{\omega L} + j\omega C \dot{V} = \left(\frac{1}{R} - j\frac{1}{\omega L} + j\omega C\right)\dot{V}$$

이 회로의 합성 애드미턴스 $\dot{Y}$는 다음과 같이 된다.

$$\dot{Y} = \frac{\dot{I}}{\dot{V}} = \frac{1}{R} - j\frac{1}{\omega L} + j\omega C = \frac{1}{R} - j\left(\frac{1}{\omega L} - \omega C\right) = G - j(B_L - B_C)$$

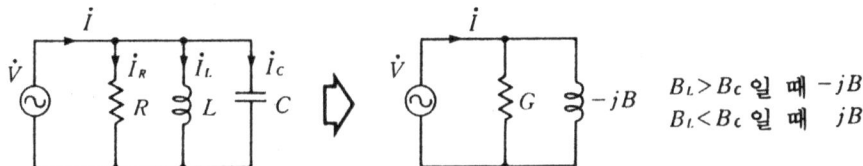

$B_L > B_C$ 일 때 $-jB$
$B_L < B_C$ 일 때 jB

또, 애드미턴스의 절대치와 위상각은 다음과 같이 된다.

$$Y = \sqrt{G^2 + B^2}, \quad \theta = \tan^{-1}\left(-\frac{B}{G}\right)$$

활용예

① 그림에서 $V=10$[V], $f=1$[kHz], $R=500$[Ω], $L=50$[mH], $C=1$[μF]이다. 합성 애드미턴스 $\dot{Y}$ 및 전류 $\dot{I}$를 구하여라.

$$\dot{Y} = \frac{1}{500} - j\left(\frac{1}{2\pi \times 10^3 \times 50 \times 10^{-3}} - 2\pi \times 10^3 \times 10^{-6}\right) = (2 + j3.1) \times 10^{-3} \; [S]$$

$$\dot{I} = \dot{Y}\dot{V} = (2 + j3.1) \times 10^{-3} \times 10 = 20 + j31 \; [mA]$$

② $R=10$[Ω]과 $X_c=5$[Ω]의 병렬회로의 $\dot{Y}$[S] 및 Y[S]는 얼마인가.

$$\dot{Y}_R = \frac{1}{R} = \frac{1}{10} = G, \quad \dot{Y}_C = j\frac{1}{X_C} = j\frac{1}{5} = jB$$

$$\dot{Y} = G + jB = \frac{1}{10} + j\frac{1}{5} \; [S], \quad Y = \sqrt{\left(\frac{1}{10}\right)^2 + \left(\frac{1}{5}\right)^2} = 0.224 \; [S]$$

$$\dot{Y} = G + jB \qquad G = \frac{1}{10} = 0.1 \; [S], \quad B = \frac{1}{5} = 0.2 \; [S]$$

89. 병렬공진회로의 주파수

$$f_r = \frac{1}{2\pi}\sqrt{\frac{1}{LC} - \frac{R^2}{L^2}} \quad [\text{Hz}] \qquad f_r : \text{공진주파수[Hz]}$$

그림의 회로에서의 전류 $\dot{I}[A]$는 $(\dot{Y}_1 + \dot{Y}_2)\dot{V}$이므로 다음과 같이 된다.

$$\dot{I} = \left(\frac{1}{R+j\omega L} + j\omega C\right)\dot{V} = \frac{R\dot{V}}{R^2+(\omega L)^2} - j\left(\frac{\omega L}{R^2+(\omega L)^2} - \omega C\right)\dot{V}$$

위의 식에서, 허수부가 0일 때 $\dot{V}$와 $\dot{I}$는 같은 상으로 된다.

$$j\left(\frac{\omega L}{R^2+(\omega L)^2} - \omega C\right) = 0 \quad \text{에서} \quad L = C(R^2 + \omega^2 L^2)$$

이 식에서 공진주파수 f_r를 구하면 위의 식과 같이 된다.
또한, 저항 R이 극히 작고, $\frac{1}{LC} \gg \frac{R^2}{L^2}$이 될 경우에는 f_r는 다음과 같이 표시된다.

$$f_r = \frac{1}{2\pi\sqrt{LC}}$$

활용예

① 그림의 회로에서 $V=10[V]$, $R=600[\Omega]$, $L=100[mH]$, $C=0.1[F]$이다. 공진주파수는 얼마인가. 또, 공진 때의 전류는 얼마인가.

$$f_r = \frac{1}{2\pi}\sqrt{\frac{1}{100\times10^{-3}\times0.1\times10^{-6}} - \frac{600^2}{(100\times10^{-3})^2}} = 1.27 \; [\text{kHz}]$$

$$I = \frac{RV}{R^2 + \omega^2 L^2} = \frac{600\times10}{600^2 + (2\pi\times1.27\times10^3\times100\times10^{-3})^2} = \frac{6000}{996747} = 6 \; [\text{mA}]$$

② 그림의 회로에서, $C=100[PF]$이고, 공진주파수가 $1,200[kHz]$일 때, 코일의 인덕턴스는 얼마인가. 단, 저항 R는 무시할 수 있을 정도로 작다.

$$f_r = \frac{1}{2\pi\sqrt{LC}} \quad \therefore \quad L = \frac{1}{(2\pi)^2 f_r^2 C}$$

$$L = \frac{1}{(2\pi)^2 \times 1200^2 \times 10^6 \times 100 \times 10^{-12}} = \frac{1}{5685} = 176 \; [\mu H]$$

90. 키르히호프의 법칙

$$\Sigma \dot{I} = 0 \quad \text{(제1법칙)}$$
$$\Sigma \dot{I}\dot{Z} = \Sigma \dot{E} \quad \text{(제2법칙)}$$

교류 회로망에서의 키르히호프의 법칙은 다음과 같이 나타낼 수 있다. 제1법칙은 회로망 중의 임의의 점에 흘러들어오는 전류의 벡터합은 0이다. 제2법칙은 회로망 중의 임의의 폐회로에서, 임피던스에 의한 전압 강하의 벡터합은, 그 폐회로 중의 기전력의 벡터합과 같다.

활용예

① 그림에 표시한 각 지로의 전류 $\dot{I}_1$, $\dot{I}_2$, $\dot{I}_3$를 구하여라.

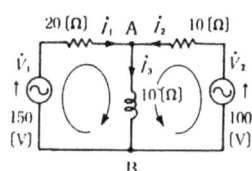

제1법칙에서(A점) $\dot{I}_1 + \dot{I}_2 = \dot{I}_3$ (1)

제2법칙에서 $-j20\dot{I}_1 + j20\dot{I}_3 = 50$ (2)
(V_1ABV_1)

제2법칙에서 $-j40\dot{I}_2 + j20\dot{I}_3 = 100$ (3)
(V_2ABV_2)

식(2)에 식(1)을 대입해서, $j20\dot{I}_2 = 50$ $\dot{I}_2 = -j2.5$ [A]

식(3)에 (1) 및 $\dot{I}_2$를 대입하면 $j20\dot{I}_1 = 150$ $\dot{I}_1 = -j7.5$ [A]

식(1)에 $\dot{I}_1$ 및 $\dot{I}_2$를 대입해서 $\dot{I}_3 = -j75 - j2.5 = -j10$ [A]

② 그림에 표시한 각 지로(枝路)의 전류 $\dot{I}_1$, $\dot{I}_2$, $\dot{I}_3$를 구하여라.

제1법칙(A점)에서, $\dot{I}_1 + \dot{I}_2 - \dot{I}_3 = 0$ (1)

제2법칙에서 $20\dot{I}_1 + j10\dot{I}_3 = 50$ (2)
(V_1ABV_1)

제2법칙에서 $10\dot{I}_2 + j10\dot{I}_3 = 100$ (3)
(V_2ABV_2)

(1)에서 $\dot{I}_2 = \dot{I}_3 - \dot{I}_1$을 (3)에 대입해서
$10\dot{I}_3 - 10\dot{I}_1 + j10\dot{I}_3 = 100$
$-10\dot{I}_1 + 10(1+j)\dot{I}_3 = 100$ (4)

(4)×2 +(2)를 구하면,
$-20\dot{I}_1 + 20(1+j)\dot{I}_3 = 200$
$+\underline{)\ 20\dot{I}_1 + j10\dot{I}_3 \quad\quad = 50}$
$\quad\quad\quad (20+j30)\dot{I}_3 = 250$

$\dot{I}_3 = \dfrac{25}{2+j3} = \dfrac{25(2-j3)}{13} = \dfrac{50-j75}{13}$
$\quad = 3.85 - j5.77$

$\dot{I}_3$를 (2)에 대입해서 $\dot{I}_1$을 구한다.

$2\dot{I}_1 = 5 - j\left(\dfrac{50-j75}{13}\right) = 5 - \dfrac{75}{13} - j\dfrac{50}{13}$

$\dot{I}_1 = \dfrac{-5-j25}{13} = -0.38 - j1.92$

$\dot{I}_2 = \dot{I}_3 - \dot{I}_1 = \dfrac{50-j75}{13} - \dfrac{(-5-j25)}{13}$

$\quad = \dfrac{55-j50}{13} = 4.23 - j3.85$

91. 중첩의 원리

$$I_1 = I'_1 - I''_1, \quad I_2 = I''_2 - I'_2, \quad I_3 = I'_3 + I''_3$$

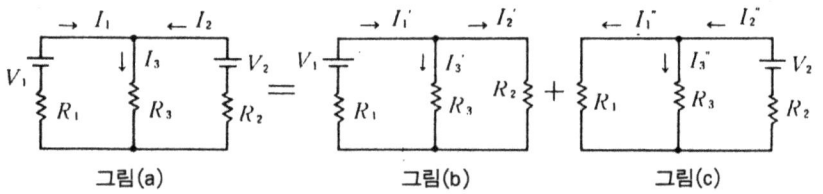

그림(a) 　　　　그림(b) 　　　　그림(c)

많은 기전력을 포함한 회로도(a)의 각 지로를 흐르는 전류는, 그림(b), (c)와 같이 각 기전력이 각각 단독으로 작용했을 때, 각 지로에 흐르는 전류를 중첩한 것과 같다. 그림의 경우에는 각 전류는 위의 식과 같이 된다.

[활용예]

① 그림(a)에서, $R_1=4[\Omega]$, $R_2=2[\Omega]$, $R_3=2[\Omega]$, $V_1=80[V]$, $V_2=40[V]$이다. 각 지로의 전류를 중첩의 원리를 사용해서 풀어라.

그림(b)에서의 각 전류	그림(c)에서의 각 전류	그림(a)의 각 전류

그림(b)에서의 각 전류:
$$I'_1 = \frac{80}{4+\frac{2\times 2}{2+2}} = 16 [A]$$
$$I'_2 = 16 \times \frac{2}{2+2} = 8 [A]$$
$$I'_3 = I'_2 = 8 [A]$$

그림(c)에서의 각 전류:
$$I''_2 = \frac{40}{2+\frac{4\times 2}{4+2}} = 12 [A]$$
$$I''_1 = 12 \times \frac{2}{4+2} = 4 [A]$$
$$I''_3 = 12 \times \frac{4}{4+2} = 8 [A]$$

그림(a)의 각 전류 (그림(b), (c)의 전류방향을 확인하고 합 또는 차를 취한다.):
$$I_1 = I'_1 - I''_1 = 16 - 4 = 12 [A]$$
$$I_2 = I''_2 - I'_2 = 4 [A]$$
$$I_3 = I'_3 + I''_3 = 16 [A]$$

② 다음 그림의 $\dot{I}_1, \dot{I}_2, \dot{I}_3$을 구하여라.

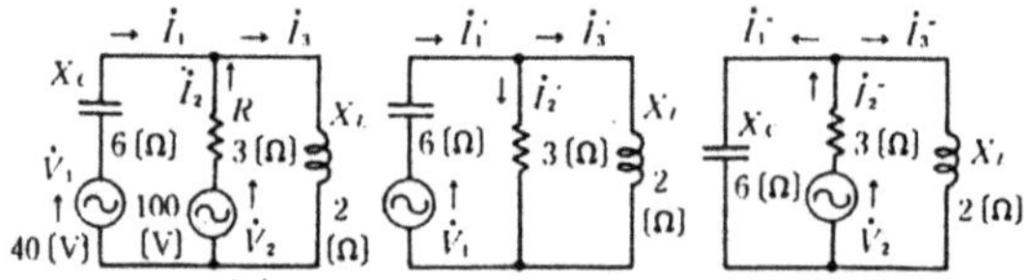

그림(a) 　　　그림(b) 　　　그림(c)

$$\dot{I}'_1 = \frac{40}{-j6+\frac{j6}{3+j2}}$$
$$= \frac{40}{\frac{12-j12}{3+j2}} = \frac{5+j25}{3} [A]$$

$$\dot{I}''_1 = \frac{100}{3+\frac{j2\times(-j6)}{j2-j6}}$$
$$\times \frac{j2}{j2-j6} = \frac{-25+j25}{3}$$

$$\dot{I}_1 = \dot{I}'_1 - \dot{I}''_1$$
$$= \frac{5+j25}{3} - \frac{-25+j25}{3}$$
$$= 10 [A]$$

마찬가지로 해서
$$\dot{I}_2 = 20 - j20 [A]$$
$$\dot{I}_3 = 30 - j20 [A]$$

92. 테브난의 정리

$$I = \frac{\dot{V}_{ab}}{\dot{Z}_{ab} + \dot{Z}_0} \quad [A]$$

그림(b)에서, 단자 a, b사이에 나타나는 전압을 $\dot{V}_{ab}[V]$, 단자 ab에서 본 회로망 A의 임피던스를 $\dot{Z}_{ab}[\Omega]$로 하면, ab단자에 다른 임피던스 $\dot{Z}_0[\Omega]$을 접속했을 때, 이 $\dot{Z}_0$에 흐르는 전류 $\dot{I}[A]$는 위의 공식으로 표시된다.

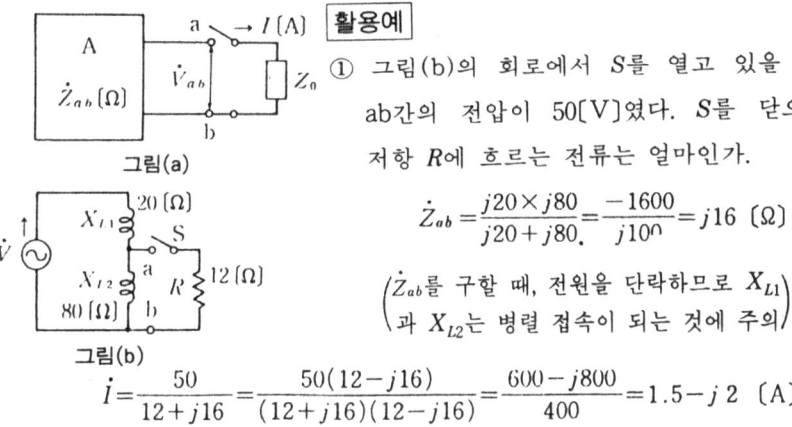

활용예

① 그림(b)의 회로에서 S를 열고 있을 때, ab간의 전압이 50[V]였다. S를 닫으면 저항 R에 흐르는 전류는 얼마인가.

$$\dot{Z}_{ab} = \frac{j20 \times j80}{j20 + j80} = \frac{-1600}{j100} = j16 \ [\Omega]$$

($\dot{Z}_{ab}$를 구할 때, 전원을 단락하므로 X_{L1}과 X_{L2}는 병렬 접속이 되는 것에 주의)

$$\dot{I} = \frac{50}{12 + j16} = \frac{50(12-j16)}{(12+j16)(12-j16)} = \frac{600 - j800}{400} = 1.5 - j2 \ [A]$$

② 그림(c)에서, $V_2=0$일 때, S를 닫았을 때 R에 흐르는 전류는 얼마인가. ab사이를 단락하고 $\dot{Z}_{cd}$를 구하면, 다음과 같이 된다(그림(c') 참조).

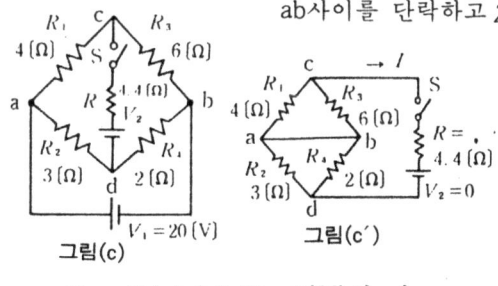

$$\dot{Z}_{cd} = \frac{4 \times 6}{4 + 6} + \frac{3 \times 2}{3 + 2} = 3.6 \ [\Omega]$$

V_c의 전위

$$V_c = \frac{20}{4+6} \times 6 = 12 \ [V]$$

V_d의 전위

$$V_d = \frac{20}{3+2} \times 2 = 8 \ [V]$$

$$V_{cd} = V_c - V_d = 12 - 8 = 4 \ [V]$$

$$I = \frac{4}{3.6 + 4.4} = \frac{4}{8} = 0.5 \ [A]$$

③ 그림(c)에서 $V_2 = 2[V]$일 때, R에 흐르는 전류는 얼마인가.

$$I = \frac{V_{cd} - V_2}{Z_{cd} + R} = \frac{4-2}{3.6 + 4.4} = 0.25 [A]$$

(V_{cd}와 V_2가 같은 방향 $(V_{cd} + V_2)$
V_{cd}와 V_2가 역방향 $(V_{cd} - V_2)$)

93. △-Y의 변환

$$\dot{Z}_a = \frac{\dot{Z}_{ab} \cdot \dot{Z}_{ca}}{\dot{Z}_{ab} + \dot{Z}_{bc} + \dot{Z}_{ca}}, \quad \dot{Z}_b = \frac{\dot{Z}_{bc} \cdot \dot{Z}_{ab}}{\dot{Z}_{ab} + \dot{Z}_{bc} + \dot{Z}_{ca}}, \quad \dot{Z}_c = \frac{\dot{Z}_{ca} \cdot \dot{Z}_{bc}}{\dot{Z}_{ab} + \dot{Z}_{bc} + \dot{Z}_{ca}}$$

그림(a)의 △접속을 그림(b)의 Y접속으로 변환하는 것은 위의 식을 사용해서 할 수 있다. 또, 평형부하에 있어서는 다음의 관계식이 성립한다.

$$Z_Y = \frac{1}{3} Z_\triangle$$

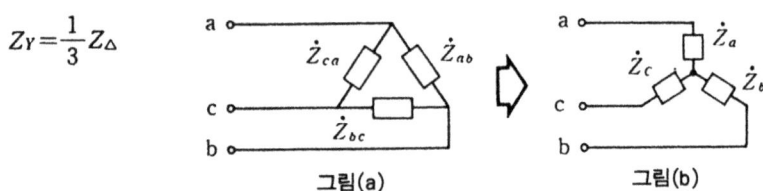

그림(a)　　　　그림(b)

활용예

① 그림(a)의 각 임피던스는 같고, $\dot{Z}_{ab} = \dot{Z}_{bc} = \dot{Z}_{ca} = 30+j15[\Omega]$이다. Y접속으로 한 경우의 각 임피던스 $\dot{Z}_a$, $\dot{Z}_b$, $\dot{Z}_c$는 얼마인가.

$$\dot{Z}_a = \frac{(30+j15)(30+j15)}{(30+j15) \times 3} = \frac{30+j15}{3} = 10+j5 \ [\Omega]$$

똑같이 해서, $\dot{Z}_b$, $\dot{Z}_c$도 $10+j5[\Omega]$이다.

② 그림(a)에서, $\dot{Z}_{ab}=40[\Omega]$, $\dot{Z}_{bc}=100[\Omega]$, $\dot{Z}_{ca}=60[\Omega]$이다. 그림(b)의 결선으로 변환하면, $\dot{Z}_a$, $\dot{Z}_b$ 및 $\dot{Z}_c$는 얼마가 되는가.

$$\dot{Z}_a = \frac{40 \times 60}{40+100+60} = \frac{2400}{200} = 12 \ [\Omega], \quad \dot{Z}_b = \frac{100 \times 40}{40+100+60} = \frac{4000}{200} = 20[\Omega]$$

$$\dot{Z}_c = \frac{60 \times 100}{40+100+60} = \frac{6000}{200} = 30 \ [\Omega]$$

③ 그림(c)의 회로에서, 각 상(相)의 저항을 $30[\Omega]$의 평형부하로 하려면, R_a, R_b, R_c의 값을 얼마로 하면 좋은가.

$$\dot{Z}_a = \frac{40 \times 20}{40+60+20} = 6.7 \ [\Omega] \quad \dot{Z}_b = \frac{60 \times 40}{120} = 20 \ [\Omega]$$

$$Z_c = \frac{20 \times 60}{120} = 10 \ [\Omega]$$

$R_a = 30 - 6.7 = 23.3 \ [\Omega]$

$R_b = 30 - 20 = 10 \ [\Omega]$

$R_c = 30 - 10 = 20 \ [\Omega]$

그림(c)

94. Y-△의 변환

$$\dot{Z}_{ab} = \frac{\dot{Z}_a \dot{Z}_b + \dot{Z}_b \dot{Z}_c + \dot{Z}_c \dot{Z}_a}{\dot{Z}_c} \quad , \quad \dot{Z}_{bc} = \frac{\dot{Z}_a \dot{Z}_b + \dot{Z}_b \dot{Z}_c + \dot{Z}_c \dot{Z}_a}{\dot{Z}_a}$$

$$\dot{Z}_{ca} = \frac{\dot{Z}_a \dot{Z}_b + \dot{Z}_b \dot{Z}_c + \dot{Z}_c \dot{Z}_a}{\dot{Z}_b}$$

그림(a)의 Y접속을 그림(b)의 △접속으로 변환하는 것은, 위의 식을 사용해서 할 수 있다. 또, 평형부하에 있어서는 다음 관계식이 성립한다.

$$\dot{Z}_\triangle = 3 \dot{Z}_Y$$

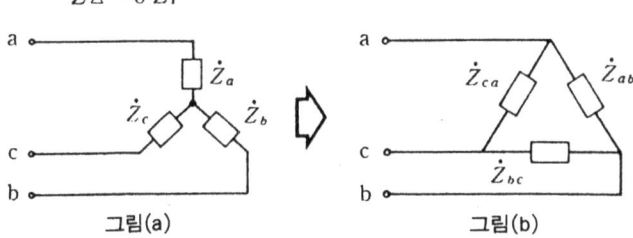

그림(a) 그림(b)

활용예

① 그림(a)의 각 상(相)의 임피던스는 같고, $\dot{Z}_a = \dot{Z}_b = \dot{Z}_c = 30[\Omega]$이다. 그림(b)의 △접속으로 변환했을 때의 각 상의 임피던스는 얼마인가.

$$\dot{Z}_{ab} = \frac{30 \times 30 + 30 \times 30 + 30 \times 30}{30} = \frac{2700}{30} = 90 \; [\Omega]$$

똑같이 하여, $\dot{Z}_{bc}$, $\dot{Z}_{ca}$를 구하면 90[Ω]으로 된다.

② 그림(a)에 있어서, $\dot{Z}_a = 20[\Omega]$, $\dot{Z}_b = 40[\Omega]$, $\dot{Z}_c = 60[\Omega]$이다. △접속으로 변환하면, $\dot{Z}_{ab}$, $\dot{Z}_{bc}$ 및 $\dot{Z}_{ca}$는 각각 얼마인가.

$$\dot{Z}_{ab} = \frac{20 \times 40 + 40 \times 60 + 60 \times 20}{60} = 73.3 \; [\Omega]$$

$$\dot{Z}_{bc} = \frac{20 \times 40 + 40 \times 60 + 60 \times 20}{20} = 220 \; [\Omega]$$

$$\dot{Z}_{ca} = \frac{20 \times 40 + 40 \times 60 + 60 \times 20}{40} = 110 \; [\Omega]$$

95. 브리지 회로

$$\dot{Z}_1 \dot{Z}_3 = \dot{Z}_2 \dot{Z}_4$$

그림(a)를 교류 브리지라 하며, 평형조건은 위의 식으로 표시된다.

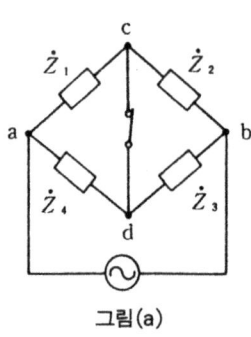

그림(a)

활용예

① 그림(a)에서 $\dot{Z}_1 = R_1[\Omega]$, $\dot{Z}_2 = C_1[F]$, $\dot{Z}_3 = C_2[F]$, $\dot{Z}_4 = R_2[\Omega]$이다. R_1, R_2, C_1은 미리 알고 있다. C_2를 구하여라.

$\dot{Z}_1 = R_1$, $\dot{Z}_2 = \dfrac{1}{j\omega C_1}$, $\dot{Z}_3 = \dfrac{1}{j\omega C_2}$, $\dot{Z}_4 = R_2$

$$\frac{R_1}{j\omega C_2} = \frac{R_2}{j\omega C_1}$$

$$R_1 C_1 = R_2 C_2 \quad \therefore \quad C_2 = \frac{R_1}{R_2} C_1$$

② 그림(b)의 브리지에서, 정전용량 C_2와 손실을 표시하는 콘덕턴스 ρ_2를 구하여라.

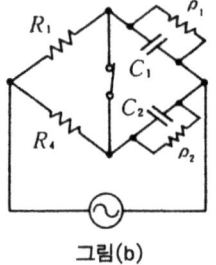

그림(b)

$\dot{Z}_1 = R_1$, $\dfrac{1}{\dot{Z}_2} = \rho_1 + j\omega C_1$

$\dfrac{1}{\dot{Z}_3} = \rho_2 + j\omega C_2$, $\dot{Z}_4 = R_4$

$$\frac{R_1}{\rho_2 + j\omega C_2} = \frac{R_4}{\rho_1 + j\omega C_1}$$

$R_1(\rho_1 + j\omega C_1) = R_4(\rho_2 + j\omega C_2)$

$(R_1\rho_1 - R_4\rho_2) + j\omega(C_1 R_1 - C_2 R_4) = 0$

위의 식의 실부 및 허부를 0와 같다고 놓으면, 다음 관계가 성립한다.

$R_1\rho_1 = R_4\rho_2 \qquad C_1 R_1 = C_2 R_4$

$\rho_2 = \dfrac{R_1}{R_4}\rho_1 \qquad C_2 = \dfrac{R_1}{R_4} C_1$

96. 4단자상수

$$\dot{V}_1 = \dot{A}\dot{V}_2 + \dot{B}\dot{I}_2$$
$$\dot{I}_1 = \dot{C}\dot{V}_2 + \dot{D}\dot{I}_2$$

$\dot{V}_1, \dot{I}_1$: 입력측 전압, 전류
$\dot{V}_2, \dot{I}_2$: 출력측 전압, 전류
$\dot{A}, \dot{B}, \dot{C}, \dot{D}$: 4단자상수

그림(a)는 수동 4단자망이라 한다. 이 회로망의 입력측 전압·전류는 출력측의 전압·전류와 4단자 소자의 상수에 의해, 위의 식과 같이 나타낼 수 있다. 또, 4단자상수에는 다음 관계가 성립한다.

$$\dot{A}\dot{D} - \dot{B}\dot{C} = 1$$

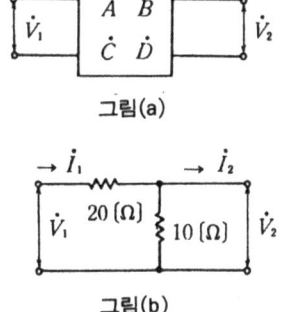

그림(a)

그림(b)

활용예

① 그림(a)에서, $\dot{A}=5$, $\dot{B}=10$, $\dot{C}=0.4$, $\dot{D}=1$이고, $\dot{V}_1=100[V]$, $\dot{I}_1=9[A]$이다. $\dot{V}_2$ 및 $\dot{I}_2$는 얼마인가.

$$100 = 5\dot{V}_2 + 10\dot{I}_2 \quad (1)$$
$$9 = 0.4\dot{V}_2 + \dot{I}_2 \quad (2)$$

(1) − (2)×10을 구하면, $\dot{V}_2 = 10[V]$로 된다.
$\dot{V}_2 = 10$을 (1)에 대입하면 $\dot{I}_2 = 5[A]$로 된다.

② 그림(b)의 L형 회로의 4단자상수는 얼마인가.

(1) $\dot{A}, \dot{C}$의 구하는 법
 $\dot{I}_2 = 0$의 경우, 회로를 아래 그림과 같이 생각한다.

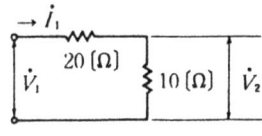

$\dot{V}_1 = (20+10)\dot{I}_1, \quad \dot{V}_2 = 10\dot{I}_1$

$$\dot{A} = \left(\frac{\dot{V}_1}{\dot{V}_2}\right)_{\dot{I}_2=0} = \frac{30\dot{I}_1}{10\dot{I}_1} = 3$$

$$\dot{C} = \left(\frac{\dot{I}}{\dot{V}_2}\right)_{\dot{I}_2=0} = \frac{\dot{I}_1}{10\dot{I}_1} = \frac{1}{10} \ [S]$$

(2) $\dot{B}, \dot{D}$의 구하는 법
 $\dot{V}_2 = 0$의 경우, 회로를 아래 그림과 같이 생각한다.

→ $\dot{I}_1$
 20 [Ω] ↓ $\dot{I}_2$ (2차측은 단락)
$\dot{V}_1$

$\dot{V}_1 = 20\dot{I}_1, \quad \dot{I}_1 = \dot{I}_2$

$$\dot{B} = \left(\frac{\dot{V}_1}{\dot{I}_2}\right)_{\dot{V}_2=0} = \frac{20\dot{I}_1}{\dot{I}_1} = 20 \ [\Omega]$$

$$\dot{D} = \left(\frac{\dot{I}_1}{\dot{I}_2}\right)_{\dot{V}_2=0} = \frac{\dot{I}_1}{\dot{I}_1} = 1$$

97. 영상(影像) 임피던스

$$\dot{Z}_{01} = \sqrt{\frac{\dot{A}\dot{B}}{\dot{C}\dot{D}}} = \sqrt{\dot{Z}_{1f} \cdot \dot{Z}_{1S}}$$

$$\dot{Z}_{02} = \sqrt{\frac{\dot{D}\dot{B}}{\dot{C}\dot{A}}} = \sqrt{\dot{Z}_{2f} \cdot \dot{Z}_{2S}}$$

$\dot{Z}_{01}, \dot{Z}_{02}$: 영상 임피던스[Ω]

$\dot{A}, \dot{B}, \dot{C}, \dot{D}$: 4단자상수

$\dot{Z}_{1f}, \dot{Z}_{2f}$: 개방 임피던스[Ω]

$\dot{Z}_{1S}, \dot{Z}_{2S}$: 단락 임피던스[Ω]

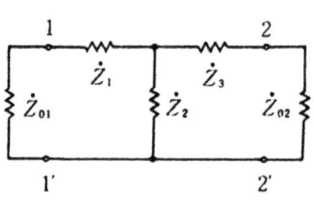

그림의 회로에서, 입력단자에 $\dot{Z}_{01}$[Ω], 출력단자에 $\dot{Z}_{02}$[Ω]의 임피던스를 연결하고, 1,1'에서 회로 우측을 본 임피던스 $\left(\dot{Z}_1 + \dfrac{\dot{Z}_2(\dot{Z}_3 + \dot{Z}_{02})}{\dot{Z}_2 + \dot{Z}_3 + \dot{Z}_{02}} \right)$가 $\dot{Z}_{01}$와 같고 2, 2'에서 본 회로 좌측의 임피던스 $\left(\dot{Z}_3 + \dfrac{\dot{Z}_2(\dot{Z}_1 + \dot{Z}_{01})}{\dot{Z}_2 + \dot{Z}_1 + \dot{Z}_{01}} \right)$이 $\dot{Z}_{02}$와 같은, $\dot{Z}_{01}$, $\dot{Z}_{02}$를 이 회로의 영상 임피던스라 한다.

활용예

① $\dot{A} = \dfrac{17}{4}$, $\dot{B} = \dfrac{9000}{16}$[Ω], $\dot{C} = \dfrac{1}{160}$[S], $\dot{D} = \dfrac{17}{16}$의 경우, $\dot{Z}_{01}, \dot{Z}_{02}$은 각각 얼마인가.

$\dot{Z}_{01} = \sqrt{\dfrac{(17/4)(9000/16)}{(1/160)(17/16)}} = 600$ [Ω], $\dot{Z}_{02} = \sqrt{\dfrac{(17/16)(9000/16)}{(1/160)(17/4)}} = 150$ [Ω]

② 그림에서 $\dot{Z}_1 = 9950$[Ω], $\dot{Z}_2 = 50$[Ω], $\dot{Z}_3 = 550$[Ω] 이라고 한다., $\dot{Z}_{01}, \dot{Z}_{02}$는 얼마인가.

$\dot{A} = \dfrac{\dot{Z}_1 + \dot{Z}_2}{\dot{Z}_2} = \dfrac{9950 + 50}{50} = 200$

$\dot{B} = \dfrac{\dot{Z}_1\dot{Z}_2 + \dot{Z}_2\dot{Z}_3 + \dot{Z}_3\dot{Z}_1}{\dot{Z}_2} = \dfrac{9950 \times 50 + 50 \times 550 + 550 \times 9950}{50} = 119950$ [Ω]

$\dot{C} = \dfrac{1}{\dot{Z}_2} = \dfrac{1}{50}$ [S], $\dot{D} = \dfrac{\dot{Z}_2 + \dot{Z}_3}{\dot{Z}_2} = \dfrac{50 + 550}{50} = 12$

$\dot{Z}_{01} = \sqrt{\dfrac{200 \times 119950}{(1/50) \times 12}} = 10000$ [Ω] $\dot{Z}_{02} = \sqrt{\dfrac{12 \times 119950}{(1/50) \times 200}} = 600$ [Ω]

98. 3상교류전압

$$v_a = \sqrt{2}\,V\sin\omega t \quad [V]$$
$$v_b = \sqrt{2}\,V\sin\left(\omega t - \frac{2}{3}\pi\right) \quad [V]$$
$$v_c = \sqrt{2}\,V\sin\left(\omega t - \frac{4}{3}\pi\right) \quad [V]$$

v_a, v_b, v_c : 각 상의 전압의 순시치[V]

V : 전압의 실효치[V]

대칭 3상교류전압을 순시식으로 표시하면 위의 식과 같이 된다. 그림(a)는 3상전압의 파형이고, 그림(b)는 벡터도이다. (보통 상의 순서는 a, b, c)

활용예

① 3상교류전압을 복소수를 사용하여 표시하여라.

$$\dot{V}_a = V(\cos 0° + j\sin 0°) = V \quad [V]$$

$$\dot{V}_b = -\left(V\cos\frac{\pi}{3}\right) - j\left(V\sin\frac{\pi}{3}\right)$$
$$= V\left(-\frac{1}{2} - j\frac{\sqrt{3}}{2}\right) \quad [V]$$

$$\dot{V}_c = -\left(V\cos\frac{\pi}{3}\right) + j\left(V\sin\frac{\pi}{3}\right)$$
$$= V\left(-\frac{1}{2} + j\frac{\sqrt{3}}{2}\right) \quad [V]$$

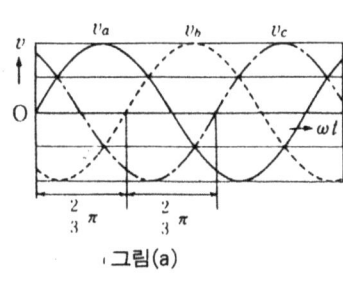

그림(a)

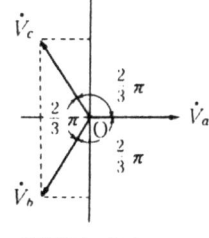

그림(b) 벡터도

② 대칭 3상교류전압을 극좌표로 표시하여라.

$$\dot{V}_a = V\underline{/0} \quad [V]$$
$$\dot{V}_b = V\underline{/-\frac{2}{3}\pi} \quad [V]$$
$$\dot{V}_c = V\underline{/-\frac{4}{3}\pi} \quad [V]$$

③ 대칭 3상교류전압의 순방향 합성전압은 0인 것을 증명하여라.

$$V_0 = \dot{V}_a + \dot{V}_b + \dot{V}_c = V + V\left(-\frac{1}{2} - j\frac{\sqrt{3}}{2}\right) + V\left(-\frac{1}{2} + j\frac{\sqrt{3}}{2}\right)$$
$$= V - \frac{1}{2}V - j\frac{\sqrt{3}}{2}V - \frac{1}{2}V + j\frac{\sqrt{3}}{2} = 0$$

99. Y결선의 전압

$V_l = \sqrt{3}\ V_p$ [V] V_l : 선간전압[V] ($V_{ab}=V_{bc}=V_{ca}=V_l$)
(V_l의 위상은 V_p보다 30° 앞선다.) V_p : 상전압[V] ($V_a=V_b=V_c=V_p$)

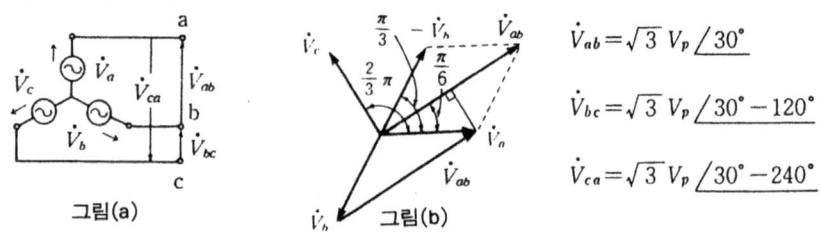

$\dot{V}_{ab} = \sqrt{3}\ V_p \underline{/30°}$

$\dot{V}_{bc} = \sqrt{3}\ V_p \underline{/30°-120°}$

$\dot{V}_{ca} = \sqrt{3}\ V_p \underline{/30°-240°}$

그림(a) 그림(b)

Y회로의 선간전압은 그림(b)에서 알 수 있듯이, 상전압(相電壓) V_p의 $\sqrt{3}$배이고, V_l의 위상은 V_p보다 30° 앞서 있다.

활용예

① 그림(a)에서, 상전압이 100[V]라고 한다. 선간전압의 크기 V_l은 얼마인가.

$$V_l = \sqrt{3}\ V_p = \sqrt{3} \times 100 = 173.2\ [V]$$

② 그림에서 선간전압의 크기가 200[V]이다. 상전압의 크기는 얼마인가.

$$V_p = \frac{V_l}{\sqrt{3}} = \frac{200}{\sqrt{3}} = 115.5\ [V]$$

③ 그림에서, $\dot{V}_a = 200\underline{/0°}$, $\dot{V}_b = 200\underline{/-120°}$, $\dot{V}_c = 200\underline{/-240°}$이다. 각 선간전압 $\dot{V}_{ab}$, $\dot{V}_{bc}$ 및 $\dot{V}_{ca}$를 극좌표로 표시하여라.

$\dot{V}_a = 200, \quad \dot{V}_b = 200\left(-\dfrac{1}{2} - j\dfrac{\sqrt{3}}{2}\right), \quad \dot{V}_c = 200\left(-\dfrac{1}{2} + j\dfrac{\sqrt{3}}{2}\right)$

$\dot{V}_{ab} = \dot{V}_a - \dot{V}_b = 200 - 200\left(-\dfrac{1}{2} - j\dfrac{\sqrt{3}}{2}\right) = 200\sqrt{3}\left(\dfrac{\sqrt{3}}{2} + j\dfrac{1}{2}\right)$

$\qquad = 200\sqrt{3}\ \tan^{-1}\dfrac{1}{\sqrt{3}} = 200\sqrt{3}\underline{/30°}\ [V]$

$\dot{V}_{bc} = \dot{V}_b - \dot{V}_c = 200\left(-\dfrac{1}{2} - j\dfrac{\sqrt{3}}{2}\right) - 200\left(-\dfrac{1}{2} + j\dfrac{\sqrt{3}}{2}\right) = 200\sqrt{3}\underline{/-90°}\ [V]$

$\dot{V}_{ca} = \dot{V}_c - \dot{V}_a = 200\left(-\dfrac{1}{2} + j\dfrac{\sqrt{3}}{2}\right) - 200 = 200\sqrt{3}\underline{/-210°}$

100. Y-Y 결선회로

$$\dot{I}_a = \frac{\dot{V}_a}{\dot{Z}} = \frac{V_p \angle 0}{Z \angle \theta} = \frac{V_p}{Z} \angle -\theta \quad \text{(A)}$$

$$\dot{I}_b = \frac{\dot{V}_b}{\dot{Z}} = \frac{V_p \angle -120°}{Z \angle \theta} = \frac{V_p}{Z} \angle -120° - \theta \quad \text{(A)}$$

$$\dot{I}_c = \frac{\dot{V}_c}{\dot{Z}} = \frac{V_p \angle -240°}{Z \angle \theta} = \frac{V_p}{Z} \angle -240° - \theta \quad \text{(A)}$$

$V_a = V_b = V_c = V_p$: 상전압

$\dot{Z}$: 부하의 임피던스

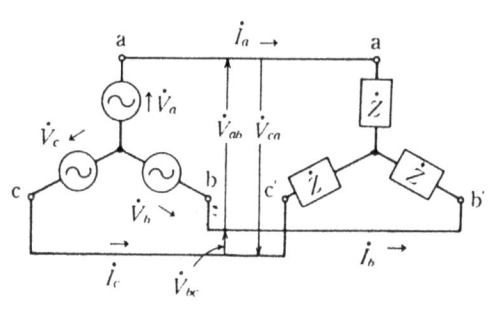

|활용예|

① 그림에서, 선간전압의 크기 100[V], $\dot{Z} = 16 + j12$ [Ω]이다. 흐르는 전류의 크기는 얼마인가.

$Z = \sqrt{16^2 + 12^2} = 20$ [Ω]

$$I = \frac{V/\sqrt{3}}{Z} = \frac{100}{20\sqrt{3}} = \frac{5}{\sqrt{3}}$$

$= 2.89$ [A]

② 그림에서 $\dot{V}_a = 100 \angle 0°$, $\dot{V}_b = 100 \angle -120°$, $\dot{V}_c = 100 \angle -240°$ [V]이고, 부하는 $\dot{Z} = 3 + j4$ [Ω]이다. 각 선전류는 각각 얼마인가.

$\dot{Z} = \sqrt{3^2 + 4^2} = 5$, $\theta = \tan^{-1}\frac{4}{3} = 53.1°$ ∴ $Z = 5 \angle 53.1°$ [Ω]

$\dot{I}_a = \dfrac{100 \angle 0°}{5 \angle 53.1°} = 20 \angle -53.1°$ [A]

$\dot{I}_b = \dfrac{100 \angle -120°}{5 \angle 53.1°} = 20 \angle -173.1°$ [A]

$\dot{I}_c = \dfrac{100 \angle 240°}{5 \angle 53.1°} = 20 \angle -293.1°$ [A]

101. △결선의 전류

$$I_l = \sqrt{3}\, I_p$$
(I_c는 I_p보다 30° 느리다)

I_l : 선전류의 크기[A]
I_p : 상전류($I_{ab}=I_{bc}=I_{ca}=I_p$)

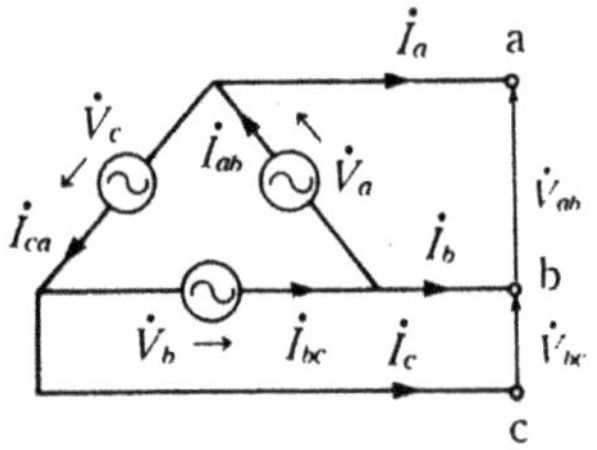

$\dot{I}_a = \dot{I}_{ab} - \dot{I}_{ca} = \sqrt{3}\, I_p \underline{/-30°}$ [A]
$\dot{I}_b = \dot{I}_{bc} - \dot{I}_{ab} = \sqrt{3}\, I_p \underline{/-30°-120°}$ [A]
$\dot{I}_c = \dot{I}_{ca} - \dot{I}_{bc} = \sqrt{3}\, I_p \underline{/-30°-240°}$ [A]

$\begin{pmatrix} I_a = I_b = I_c = I_l & \cdots \text{선전류} \\ I_{ab}=I_{bc}=I_{ca}=I_p & \cdots \text{상전류} \end{pmatrix}$

그림과 같이 각 상을 흐르는 전류 $\dot{I}_{ab}$, $\dot{I}_{bc}$ 및 $\dot{I}_{ca}$을 상전류라 한다. 또, 각 선을 흐르는 전류 $\dot{I}_a$, $\dot{I}_b$, $\dot{I}_c$을 선전류라 하고, 위의 식이 성립한다.

활용예

① 그림에서 선전류의 크기가 20[A]라고 한다. 상전류의 크기는 얼마인가.

$$I_l = \sqrt{3}\, I_p \quad \therefore \quad I_p = \frac{I_l}{\sqrt{3}} = \frac{20}{\sqrt{3}} = 11.5 \ [A]$$

② 그림에서 $\dot{I}_{ab} = 20\underline{/0°}$[A], $\dot{I}_{bc} = 20\underline{/-120°}$[A], $\dot{I}_{ca} = 20\underline{/-240°}$일 때, 각 선전류를 복소수로 표시하여라.

각 전류를 복소수로 표시하면, 다음과 같이 된다.

$\dot{I}_{ab} = 20$ [A], $\dot{I}_{bc} = 20\left(-\frac{1}{2} - j\frac{\sqrt{3}}{2}\right)$ [A], $\dot{I}_{ca} = 20\left(-\frac{1}{2} + j\frac{\sqrt{3}}{2}\right)$ [A]

$\dot{I}_a = \dot{I}_{ab} - \dot{I}_{ca} = 20 - 20\left(-\frac{1}{2} + j\frac{\sqrt{3}}{2}\right) = 30 - j10\sqrt{3} = 20\sqrt{3}\underline{/-30°}$ [A]

$\dot{I}_b = \dot{I}_{bc} - \dot{I}_{ab} = 20\left(-\frac{1}{2} - j\frac{\sqrt{3}}{2}\right) - 20 = -30 - j10\sqrt{3} = 20\sqrt{3}\underline{/-150°}$ [A]

$\dot{I}_c = \dot{I}_{ca} - \dot{I}_{bc} = 20\left(-\frac{1}{2} + j\frac{\sqrt{3}}{2}\right) - 20\left(-\frac{1}{2} - j\frac{\sqrt{3}}{2}\right) = j20\sqrt{3}$

$\qquad\qquad\qquad\qquad = 20\sqrt{3}\underline{/-270°}$ [A]

102. △-△ 결선회로

$$\dot{I}_{ab} = \frac{\dot{V}_a}{\dot{Z}} = \frac{V_p \underline{/0°}}{Z\underline{/\theta}} = \frac{V_p}{Z}\underline{/-\theta}$$

$$\dot{I}_{bc} = \frac{\dot{V}_b}{\dot{Z}} = \frac{V_p \underline{/-120°}}{Z\underline{/\theta}} = \frac{V_p}{Z}\underline{/-120°-\theta}$$

$$\dot{I}_{ca} = \frac{\dot{V}_c}{\dot{Z}} = \frac{V_p \underline{/-240°}}{Z\underline{/\theta}} = \frac{V_p}{Z}\underline{/-240°-\theta}$$

$\dot{I}_{ab}$, $\dot{I}_{bc}$, $\dot{I}_{ca}$: 상전류
$\dot{Z}$: 부하의 임피던스
V_p : 상전압

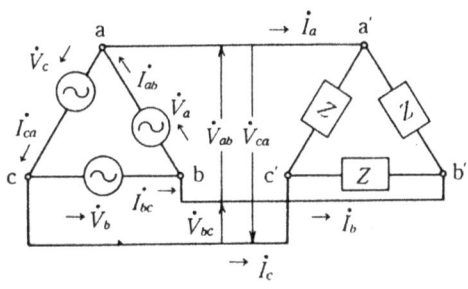

그림의 △-△결선에서는, 상전압과 선간전압은 같지만, 선전류는 상전류보다 커진다. 또, 부하의 임피던스 및 위상각은 다음 식으로 구해진다.

$$\left. \begin{array}{l} Z = \sqrt{R^2 + X^2} \\ \theta = \tan^{-1}\frac{X}{R} \end{array} \right\} \dot{Z} = Z\underline{/\theta}$$

[활용예]

① 그림에서 선간 전압은 100[V], 부하의 임피던스가 $\dot{Z}=16+j\,12[\Omega]$이라 한다. 상전류 및 선전류의 크기는 얼마인가.

$\dot{Z} = \sqrt{16^2 + 12^2} = 20\;[\Omega]$

$I_p = \dfrac{V_p}{Z} = \dfrac{100}{20} = 5\;[A]$ ∴ $I_l = \sqrt{3}\,I_p = \sqrt{3} \times 5 = 8.7\;[A]$

② 그림의 회로에서, $\dot{V}_{ab} = 200\underline{/0°}$, $\dot{V}_{bc} = 200\underline{/-120°}$, $\dot{V}_{ca} = 200\underline{/-240°}$ 이고, $\dot{Z} = 10 + j\,10[\Omega]$이다. 각 상전류는 얼마인가.

$Z = \sqrt{10^2 + 10^2} = 10\sqrt{2} = 14.1\;[A]$ $\theta = \tan^{-1}\dfrac{10}{10} = 45°$

$\dot{I}_{ab} = \dfrac{200}{14.1\underline{/45°}} = 14.2\underline{/-45°}\;[A]$, $\dot{I}_{bc} = \dfrac{200\underline{/-120°}}{14.1\underline{/45°}} = 14.2\underline{/-165°}\;[A]$,

$\dot{I}_{ca} = \dfrac{200\underline{/-240°}}{14.1\underline{/45°}} = 14.2\underline{/-285°}\;[A]$

103. 3상 회로의 전력

(전력)	$P=\sqrt{3}\ V_l I_l \cos\theta$	V_l : 선간전압[V]
(무효전력)	$Q=\sqrt{3}\ V_l I_l \sin\theta$	I_l : 선전류[A]
(피상전력)	$S=\sqrt{3}\ V_l I_l$	θ : 상전압과 상전류의 위상각

(Y결선 부하)　　　$V_l=\sqrt{3}\ V_p,\ I_p=I_l$　　　$P=3 \times$ (1상 전력)

　　　　　　$= 3 \cdot V_p \cdot I_p \cos\theta = \sqrt{3} \cdot (\sqrt{3}\ V_p) I_l \cos\theta = \sqrt{3}\ V_l I_l \cos\theta$ [W]

(△결선 부하)　　　$V_l=V_p,\ I_l=\sqrt{3}\ I_p$　　　$P=3 \times$ (1상 전력)

　　　　　　$= 3 \cdot V_p I_p \cos\theta = \sqrt{3} \cdot V_l \cdot (\sqrt{3}\ I_p) \cos\theta = \sqrt{3}\ V_l I_l \cos\theta$ [W]

이와 같이, 3상전력은 부하의 결선에 관계 없이 위의 식으로 나타낼 수 있다.

[활용예]

① 역률 80[%]의 평형 3상 부하에 100[V]의 대칭 3상교류를 가했더니, 10[A]의 전류가 흘렀다. 이 부하의 전력, 무효전력은 얼마인가.

$P=\sqrt{3} \times 100 \times 10 \times 0.8 = 1386$ [W] $\fallingdotseq 1.39$ [kW]

$Q=\sqrt{3} \times 100 \times 10 \times \sqrt{(1-0.8^2)} = 1039$ [Var] $= 1.04$ [kVar]

② 평형 3상 부하에 선간전압 200[V]를 가했을 때, 40[A]의 전류가 흐르고, 소비전력은 11[kW]였다. 이 부하의 역률은 얼마인가. 또, 이 부하의 무효율 및 무효전력은 얼마인가.

$\cos\theta = \dfrac{11 \times 10^3}{\sqrt{3} \times 200 \times 40} = 0.79$, $\sin\theta = \sqrt{1-\cos^2\theta} = \sqrt{1-0.79^2} = 0.61$

$Q=\sqrt{3} \times 200 \times 40 \times 0.61 = 8452$ [VA] $= 8.45$ [kVar]

③ 1상의 임피던스가 $20+j\ 10$[Ω], 선간전압이 200[V]인 3상 △회로가 있다. 3상 전력은 얼마인가.

$I_p = \dfrac{200}{\sqrt{20^2+10^2}} = \dfrac{200}{22.4} = 8.9$ [A]　　$I_l = \sqrt{3}\ I_p = \sqrt{3} \times 8.9 = 15.4$ [A]

$\cos\theta = \dfrac{R}{Z} = \dfrac{20}{22.4} = 0.89$　　$P=\sqrt{3} \times 200 \times 15.4 \times 0.89 = 4748$ [W] $= 4.75$ [kW]

104. 왜곡파 교류

$$v = V_0 + \sqrt{2}\,V_1 \sin(\omega t + \theta_1) + \sqrt{2}\,V_2 \sin(2\omega t + \theta_2)$$
$$+ \sqrt{2}\,V_3 \sin(3\omega t + \theta_3) + \cdots\cdots + \sqrt{2}\,V_n \sin(n\omega t + \theta_n)$$

왜곡파는 위의 식과 같이 주파수가 다른 사인파 교류의 집합이다.

V_0를 직류분, $\sin \omega t$의 항을 기본파, $\sin 2\omega t$, $\sin 3\omega t$ 등은 고조파라 하며, 주파수가 기본파의 2배, 3배....., n배의 것을 각각 제2조파, 제3조파...., 제n조파라 한다.

|활용예|

① 50[Hz]의 교류에 포함되어 있는 제3조파 및 제5조파의 주파수는 각각 얼마인가.

제3조파 $\quad f_3 = 3 \times f_1 = 3 \times 50 = 150$ [Hz]
제5조파 $\quad f_5 = 5 \times f_1 = 5 \times 50 = 250$ [Hz]

② $v = 30 \sin \omega t + 10 \sin 3\omega t$의 파형을 그려라.

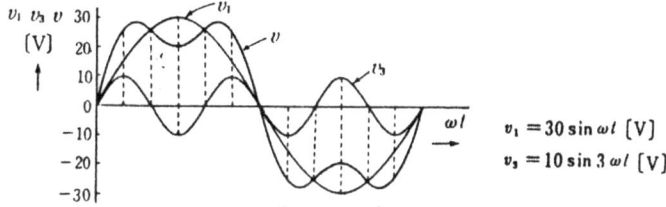

$v_1 = 30 \sin \omega t$ [V]
$v_3 = 10 \sin 3\omega t$ [V]

③ $v = 30 \sin \omega t + 10 \sin \left(3\omega t - \dfrac{\pi}{2}\right)$의 파형을 그려라.

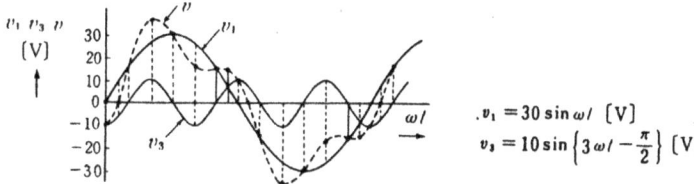

$v_1 = 30 \sin \omega t$ [V]
$v_3 = 10 \sin \left\{3\omega t - \dfrac{\pi}{2}\right\}$ [V]

④ 20[ms]의 주기로 변화하는 왜곡파 교류의 기본파 및 제3조파의 주파수는 각각 얼마인가.

$$f_1 = \frac{1}{T} = \frac{1}{20 \times 10^{-3}} = 50 \text{ [Hz]} \qquad f_3 = 3 \times 50 = 150 \text{ [Hz]}$$

105. 왜곡파 교류의 실효치

$$V=\sqrt{V_0^2 + V_1^2 + V_2^2 + V_3^2 + \cdots + V_n^2} \quad [V]$$

V_0 : 직류분 [V]
$V_1, V_2, V_3 \ldots V_n$: 각 조파의 실효치 [V]

왜곡파 교류의 실효치도 사인파 교류와 같이, 순시치의 제곱의 평균치의 제곱근으로 나타내며, 위의 식과 같이 된다.

또, 전류에 대해서도 같으며, $I=\sqrt{I_0^2+I_1^2+I_2^2\ldots I_n^2}$ 이 된다.

활용예

① $v=100\sqrt{2}\sin 100\pi t + 20\sqrt{2}\sin \pi t + 8\sqrt{2}\sin 300\pi t$ [V]로 표시되는 왜곡파 교류전압의 실효치는 어느 정도인가.

$$V=\sqrt{100^2+20^2+8^2}=102.3 \ [V]$$

② $v=100\sin 100\pi t + 50\sin 2000\pi t + 20\sin 300\pi t$ [V]의 왜곡파 교류에 대해서 다음의 각 물음에 답하여라.

(1) 기본파만의 실효치는 얼마인가.
(2) 고조파만의 실효치는 얼마인가.
(3) 왜곡파의 실효치는 어느 정도인가.

(1) $V_1=\dfrac{100}{\sqrt{2}}=70.7$ [V]   (2) $V_h=\sqrt{\left(\dfrac{50}{\sqrt{2}}\right)^2+\left(\dfrac{20}{\sqrt{2}}\right)^2}=38$ [V]

(3) $V=\sqrt{\left(\dfrac{100}{\sqrt{2}}\right)^2+\left(\dfrac{50}{\sqrt{2}}\right)^2+\left(\dfrac{20}{\sqrt{2}}\right)^2}=80.3$ [V]

③ $i=40\sin\left(\omega t-\dfrac{\pi}{6}\right)+20\sin\left(2\omega t-\dfrac{\pi}{6}\right)+10\sin\left(3\omega t-\dfrac{\pi}{3}\right)$ [A]의 왜곡파 교류의 실효치는 얼마인가.

$$I=\sqrt{\left(\dfrac{40}{\sqrt{2}}\right)^2+\left(\dfrac{20}{\sqrt{2}}\right)^2+\left(\dfrac{10}{\sqrt{2}}\right)^2}=32.4 \ [A]$$

④ $v=60+100\sqrt{2}\sin\omega t+30\sqrt{2}\sin 3\omega t$ [V]의 왜곡파 교류의 실효치는 얼마인가.

$$V=\sqrt{60^2+100^2+30^2}=120.4 \ [V]$$

106. 왜 곡 률

$$k = \frac{V_k}{V_1} \times 100 \quad [\%]$$

V_k : 고조파만의 실효치[V]
V_1 : 기본파의 실효치[V]

윗식의 k가 왜곡률이라고 하는 것으로, 왜곡파 교류가 사인파 교류에 비해, 어느 정도 왜곡되어 있는가의 표준이 되고 있다.

활용예

① $i = 4\sqrt{2} \sin \omega t + 3\sqrt{2} \sin 3\omega t$ [A]의 실효치 및 왜곡률은 얼마인가.

$$I = \sqrt{4^2 + 3^2} = 5 \text{ [A]}, \quad k = \frac{3}{4} \times 100 = 75 \text{ [\%]}$$

② $v = 200\sqrt{2} \sin 100\pi t + 100\sqrt{2} \sin 200\pi t + 40\sqrt{2} \sin\left(300\pi t + \frac{\pi}{3}\right)$ [V]의 왜곡파 교류에 대해서 다음 물음에 답하여라.

(1) 기본파의 실효치는 얼마인가.
(2) 고조파만의 실표치는 얼마인가.
(3) 이 왜곡파 교류의 왜곡률은 얼마인가.

(1) $V_1 = \dfrac{200\sqrt{2}}{\sqrt{2}} = 200$ [V]

(2) $V_k = \sqrt{\left(\dfrac{100\sqrt{2}}{\sqrt{2}}\right)^2 + \left(\dfrac{40\sqrt{2}}{\sqrt{2}}\right)^2} = 107.7$ [V]

(3) $k = \dfrac{107.7}{200} \times 100 = 53.9$ [%]

③ $v = 100 \sin \omega t + 50 \sin 2\omega t + 20 \sin 3\omega t$ [V]의 왜곡파 교류의 왜곡률은 얼마인가.

$$k = \frac{\sqrt{\left(\dfrac{50}{\sqrt{2}}\right)^2 + \left(\dfrac{20}{\sqrt{2}}\right)^2}}{\dfrac{100}{\sqrt{2}}} \times 100 = \frac{38}{70.7} \times 100 = 53.7 \text{ [\%]}$$

④ $i = 4 + 20 \sin \omega t + 10 \sin 3\omega t + 5 \sin 5\omega t$ [A]의 왜곡파 교류의 실효치는 얼마인가.

$$I = \sqrt{4^2 + \left(\dfrac{20}{\sqrt{2}}\right)^2 + \left(\dfrac{10}{\sqrt{2}}\right)^2 + \left(\dfrac{5}{\sqrt{2}}\right)^2} = 16.7 \text{ [A]}$$

107. 왜곡파 교류 회로의 임피던스와 전류

$$Z_n = \sqrt{R^2 + \left(n\omega L - \frac{1}{n\omega C}\right)^2}$$

Z_n : 제n조파의 임피던스

$$\theta_n = \tan^{-1} \frac{n\omega L - \frac{1}{n\omega C}}{R}$$

θ_n : 제n조파의 위상각

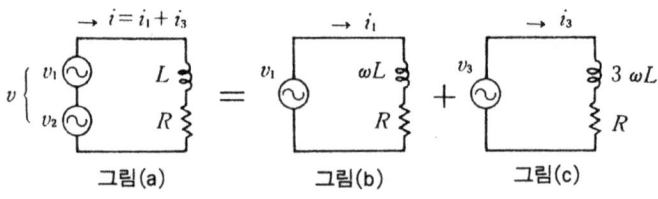

그림(a)　　　그림(b)　　　그림(c)

그림(a)의 왜곡파 전압이 가해지는 회로는 그림(b)의 기본파 전압 v_1이 가해지는 회로와, 그림(c)의 제3조파의 전압 v_3이 가해지는 회로를 합성한 것으로 생각하고 취급한다.

[활용예]

① 그림(a)의 회로에서, 저항 R가 4[Ω], 유도 리액턴스 ωL이 3[Ω]이다. $v = 100\sqrt{2}\sin\omega t + 50\sqrt{2}\sin 3\omega t$[V]를 가했을 때, 기본파 및 고조파에 대한 임피던스의 크기와 그 위상각은 얼마인가.

$$Z_1 = \sqrt{4^2 + 3^2} = 5 \ [\Omega] \qquad \theta_1 = \tan^{-1}\frac{3}{4} = 36.9°$$

$$Z_3 = \sqrt{4^2 + (3\times 3)^2} = \sqrt{4^2 + 9^2} = 9.8 \ [\Omega] \qquad \theta_3 = \tan^{-1}\frac{9}{4} = 66°$$

② $R = 4$ [Ω], $\omega L = 3$ [Ω], $\dfrac{1}{\omega C} = 27$[Ω]의 직렬회로에, ①의 왜곡파 교류 전압을 가했을 때, 이 회로에 흐르는 왜곡파 전류의 순시치를 구하여라.

$$Z_1 = \sqrt{4^2 + (3-27)^2} = 24.3 \ [\Omega] \qquad Z_3 = \sqrt{4^2 + \left(9 - \frac{27}{3}\right)^2} = 4 \ [\Omega]$$

$$\theta_1 = \tan^{-1}\frac{-24}{4} = -80.5° \qquad \theta_3 = \tan^{-1}\frac{9-9}{4} = 0°$$

$$i = i_1 + i_3 = \frac{100\sqrt{2}}{24.3}\sin(\omega t + 80.5°) + \frac{50\sqrt{2}}{4}\sin 3\omega t$$

$$= 4.1\sqrt{2}\sin(\omega t + 80.5°) + 12.5\sqrt{2}\sin 3\omega t \ [A]$$

108. 왜곡파 교류의 전력과 역률

$$P = V_1 I_1 \cos \theta_1 + V_2 I_2 \cos \theta_2 + V_3 I_3 \cos \theta_3$$
$$+ \cdots + V_n I_n \cos \theta_n \ [W] \qquad V, I : \text{각 조파의 실효치}$$
$$\cos \theta = \frac{P}{VI} = \frac{P}{\sqrt{V_1^2 + V_2^2 + V_3^2 + \cdots} \sqrt{I_1^2 + I_2^2 + I_3^2 + \cdots}}$$

왜곡파 교류의 전력은 각 조파의 전력의 합이 된다.

활용예

① 어떤 회로에 $v = 100\sqrt{2} \sin \omega t + 50\sqrt{2} \sin(3\omega t + 30°) + 10\sqrt{2} \sin(5\omega t - 30°)$ [V]의 전압을 가했더니 $i = 4.1\sqrt{2} \sin(\omega t + 80°) + 12.5\sqrt{2} \sin(3\omega t + 30°) + 0.96\sqrt{2} \sin(5\omega t - 97°)$ [A]의 전류가 흘렀다고 한다. 이 회로의 전력 및 역률은 얼마인가.

$P = 100 \times 4.1 \cos 80° + 50 \times 12.5 \times \cos 0° + 10 \times 0.96 \cos 67°$

$= 71.2 + 625 + 3.8 = 700$ [W]

$$\cos \theta = \frac{700}{\sqrt{100^2 + 50^2 + 10^2} \times \sqrt{4.1^2 + 12.5^2 + 0.96^2}} = \frac{700}{112.2 \times 13.2} = 0.47$$

② RC 직렬회로에서, $R = 50$ [Ω], $\frac{1}{\omega C} = 60$ [Ω]이다. 이 회로에 $v = 100\sqrt{2} \sin \omega t + 40\sqrt{2} \sin(3\omega t - 30°)$의 왜곡파교류전압을 가했을 때, 이 회로의 전력 및 역률은 각각 얼마인가. 전력 역률

$Z_1 = \sqrt{50^2 + 60^2} = 78.1$ [Ω] $\qquad \theta_1 = \tan^{-1} \frac{-60}{50} = -50°$

$Z_3 = \sqrt{50^2 + \left(\frac{60}{3}\right)^2} = 53.9$ [Ω] $\qquad \theta_3 = \tan^{-1} \frac{-20}{50} = -22°$

$I_1 = \frac{V_1}{Z_1} = \frac{100}{78.1} = 1.28$ [A], $\qquad I_3 = \frac{V_3}{Z_3} = \frac{40}{53.9} = 0.74$ [A]

전력: $P = 100 \times 1.28 \times \cos 50° + 40 \times 0.74 \times \cos 22° = 109.7$ [W]

역률: $\cos \theta = \frac{P}{VI} = \frac{109.7}{159.4} = 0.69$

109. RL 직렬 회로의 과도 현상

$$L\frac{di}{dt} + Ri = V \quad (1)$$

$$i = \frac{V}{R}\left(1 - \varepsilon^{-\frac{t}{T}}\right) \quad (2)$$

L : 인덕턴스[H]
R : 저항[Ω]
V : 직류의 전원전압[V]
T : 시상수[s]

또한, ε는 자연 로그의 밑이며, 2.718이다.

t : 시간[s]
i : 회로를 흐르는 전류[A]

위의 식(1)을 풀면 식(2)가 얻어진다. 식(2)의 T는 시상수라고 하는 것으로, $T=L/R$[s]로 표시된다. 또, R 및 L의 단자전압 v_R 및 v_L은 다음과 같이 된다.

$$v_R = R \cdot i = R \cdot \frac{V}{R}\left(1 - \varepsilon^{-\frac{t}{T}}\right) = V\left(1 - \varepsilon^{-\frac{t}{T}}\right), \quad v_L = V - v_R = V\varepsilon^{-\frac{t}{T}}$$

활용예

① 그림에서, $R=10$[Ω], $L=20$[mH]일 때, 시상수는 얼마인가.

$$T = \frac{L}{R} = \frac{20 \times 10^{-3}}{10} = 2 \times 10^{-3} [s] = 2 \text{ [ms]}$$

② 그림에서, $R=50$[Ω], $L=100$[mH], $V=10$[V]라고 한다. $t=1$[ms]일 때의 전류 및 v_R, v_L은 각각 얼마인가.

$$T = \frac{L}{R} = \frac{100 \times 10^{-3}}{50} = 2 \times 10^{-3} \text{ [s]} = 2 \text{ [ms]}$$

$$i = \frac{10}{50}\left(1 - \varepsilon^{-\frac{1}{2}}\right) = \frac{1}{5}(1 - 0.607) = 78.6 \text{ [mA]}$$

$$v_R = 10\left(1 - \varepsilon^{-\frac{1}{2}}\right) = 3.93 \text{ [V]}, \quad v_L = 100 - 3.93 = 6.07 \text{ [V]}$$

③ 그림에서, $R=4$[Ω], $L=2$[H], $V=100$[V]일 때, 전류 i가 정상전류의 90[%]에 달할 때까지의 시간은 어느 정도인가.

$$\frac{i}{I} = 1 - \varepsilon^{-\frac{t}{T}}, \quad 0.9 = 1 - \varepsilon^{-\frac{2t}{1}}, \quad \varepsilon^{-2t} = 0.1$$

$$-2t \log_{10} \varepsilon = \log_{10}\left(\frac{1}{10}\right) = -1 \quad t = \frac{1}{2\log_{10}\varepsilon} = \frac{1}{2 \times 0.434} = 1.15 \text{ [s]}$$

110. RC 직렬회로의 과도 현상

$$R\frac{di}{dt} + \frac{q}{C} = V \quad (1)$$

$$i = \frac{V}{R}\varepsilon^{-\frac{t}{T}} \quad (2)$$

R : 저항[R]
q : 전하[C]
C : 정전용량[F]
i : 전류[A]
T : 시상수[s]

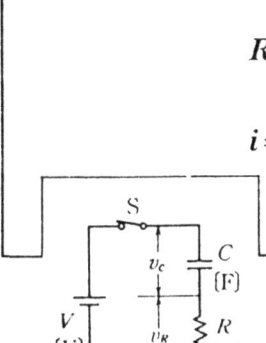

위의 식(1)을 풀면 식(2)가 얻어진다. 식(2)의 T 는 시상수로서, $T=CR$[s] 로 나타낸다.
또, v_R, v_c는 다음 식으로 나타낸다.

$$v_R = R \cdot i = R \cdot \frac{V}{R}\varepsilon^{-\frac{t}{T}} = V\varepsilon^{-\frac{t}{T}}, \quad v_c = V - v_R = V\left(1 - \varepsilon^{-\frac{t}{T}}\right)$$

활용예

① 그림에서, $R=100$[kΩ], $C=10$[μF]일 때의 시상수는 얼마인가.
$$T = 10 \times 10^{-6} \times 100 \times 10^3 = 1 \; (s)$$

② 그림에서, $R=1$[MΩ], $C=10$[μF], $V=100$[V]라 한다. $t=10$[s]일 때의 전류 및 v_R, v_C는 각각 얼마인가.

$$T = 10 \times 10^{-6} \times 1 \times 10^6 = 10 \; (s)$$

$$i = \frac{100}{10^6} \varepsilon^{-\frac{10}{10}} = 100 \times 10^{-6} \times \frac{1}{\varepsilon} = 36.8 \times 10^{-6} (A) = 36.8 \; (\mu A)$$

$$v_R = R \cdot i = 1 \times 10^6 \times 36.8 \times 10^{-6} = 36.8 \; (V)$$

$$v_c = V - v_R = 100 - 36.8 = 63.2 \; (V)$$

③ 그림에서, $R=500$[kΩ], $C=40$[μF], $V=100$[V]이다. $t=10$[s]일 때의 전류는 얼마인가. 또, 이때의 전압 v_R, v_C는 몇 볼트인가.

$$i = \frac{100}{500 \times 10^3} \varepsilon^{-\frac{10}{20}} = 0.2 \times 10^{-3} \varepsilon^{-\frac{1}{2}} = 0.2 \times 10^{-3} \times \frac{1}{\sqrt{\varepsilon}}$$

$$\fallingdotseq 0.121 \times 10^{-3} = 121 \; (\mu A)$$

$$v_R = V\varepsilon^{-\frac{t}{T}} = 100 \varepsilon^{-\frac{1}{2}} = \frac{100}{\sqrt{\varepsilon}} = 60.7 \; (V) \quad v_c = V - v_R = 100 - 60.7 = 39.3 \; (V)$$

제2편
전기 기술

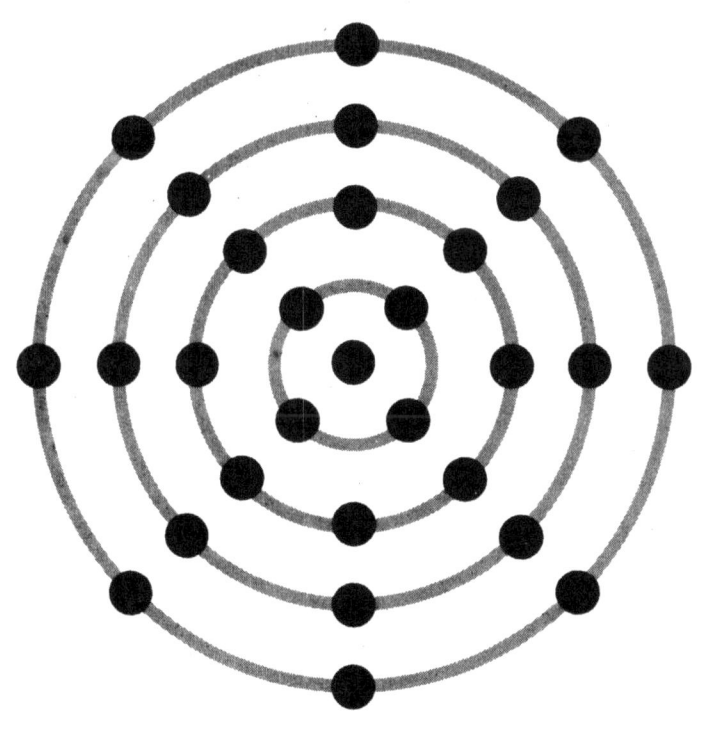

1. 직류 기기

1. 직류 발전기의 발생 전압의 크기

$$V' = \frac{Z}{a} Bl \cdot \frac{2\pi rn}{60} \quad (V)$$

V' : 발생 전압[V]　　　Z : 전기자 도체수[개]
B : 평균자속밀도[T]　　a : 병렬회로의 수 $\begin{cases} \text{겹쳐 감기 } a=p \\ \text{파동 감기 } a=2 \end{cases}$
r : 전기자 반지름[m]　　n : 회전속도[rpm]
l : 전기자 도체의 길이[m]

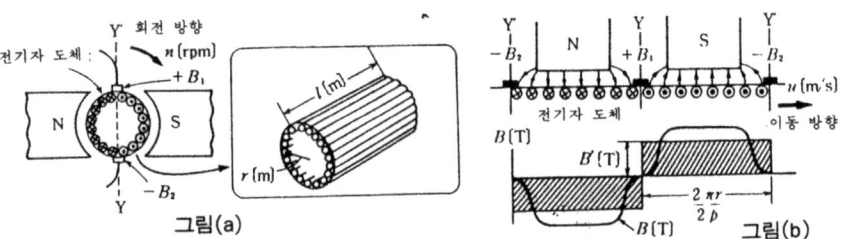

그림(a)　　　　　　　　　　　　　　　　　그림(b)

자극수가 p이고, 매극의 자속을 Φ[Wb]라 하면, 발생전압은 다음의 식으로 표시된다.

$$V' = \frac{Z}{a} p\Phi \frac{n}{60} = K\Phi n \qquad \text{단, } K = \frac{pZ}{60a} \begin{pmatrix} \text{구조에 의해 결} \\ \text{정되는 상수} \end{pmatrix}$$

활용예

① 전기자 코일의 수가 24개, 1개의 코일의 권수가 20인 발전기의 전기자 도체수는 얼마인가.　　$Z = 24 \times 20 \times 2 = 960$ [개]

② 극수 4, 겹쳐감은 직류 발전기가 있다. 자속밀도 0.2[T], 전기자 도체의 길이 30[cm], 전기자의 반지름 15[cm], 전기자 도체수 960[개]이다. 이 발전기를 1000[rpm]로 회전시켰을 때의 발생전압은 얼마인가.
$$V' = \frac{960}{4} \times 0.2 \times 0.3 \times \frac{2\pi \times 0.15 \times 1000}{60} = 226 \text{ (V)}$$

③ 4극, 겹쳐감기, 전기자 도체수 960[개], 매극의 자속이 0.01[Wb]인 직류 발전기를 매분 1000회전시켰을 때의 발생 전압은 얼마인가.
$$V' = \frac{960}{4} \times 4 \times 0.01 \times \frac{1000}{60} = 160 \text{ (V)}$$

2. 타려(他勵) 발전기의 단자전압과 부하전류

$$V = V' - IR_a \quad \text{(V)}$$

V : 단자 전압[V]
V' : 발생 전압[V]
R_a : 전기자 저항[Ω]
I : 부하전류[A]

그림과 같은 타려 발전기의 단자 전압은 위의 식으로 나타낸다. 또한, 전기자 전류 I_a와 부하전류 I는 같다.

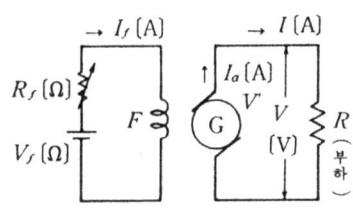

활용예

① 무부하로 110[V]의 전압을 발생하고 있는 타려 발전기가 있다. 부하를 접속하니 20[A]의 전류가 흘렀다고 한다. 이 발전기의 단자 전압은 얼마인가. 단, 전기자 저항은 0.5[Ω]이다.

$$V = 110 - 20 \times 0.5 = 100 \text{ (V)}$$

② 전기자 저항 0.4[Ω], 단자 전압 100[V], 부하전류 25[A]의 타려 발전기가 있다. 이 발전기의 발생전압은 얼마인가.

$$V' = V + IR_a$$
$$= 100 + (25 \times 0.4) = 110 \text{ (V)}$$

③ 무부하전압 120[V]를 발생하고 있는 타려 발전기에 있어서, 부하를 가했더니 단자 전압은 105[V]로 저하했다. 이 경우, 흐르고 있는 부하전류는 얼마인가. 단, 전기자 저항은 0.3[Ω]이다.

$$IR = V' - V$$
$$\therefore I = \frac{V' - V}{R}$$
$$= \frac{120 - 105}{0.3} = 50 \text{ (A)}$$

3. 분권 발전기의 단자 전압

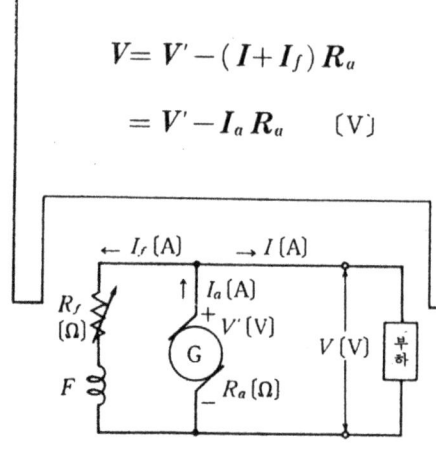

$$V = V' - (I + I_f) R_a$$
$$\quad = V' - I_a R_a \quad [V]$$

V : 단자 전압[V]
V' : 발생전압[V]
I : 부하전류[A]
I_f : 계자전류[A]
R_a : 전기자 저항[Ω]
I_a : 전기자 전류[A]

그림은, 분권 발전기의 회로도이다. 전기자 전류 I_a는 부하전류와 계자전류의 합이다. 또한 I_f는 V / R_f이다.

|활용예|

① 그림의 회로에서, 정격출력 2.2[kW], 정격전압 110[V], 전기자 저항 0.3[Ω]이고 계자전류는 1.5[A]이다. 다음 각 물음에 답하여라.
  1) 정격전류   2) 계자저항   3) 전기자 전류   4) 발생전압

$$I = \frac{P}{V} = \frac{2200}{110} = 20 \;[A] \qquad R_f = \frac{V}{I_f} = \frac{110}{1.5} = 73 \;[Ω]$$

$$I_a = I + I_f = 20 + 1.5 = 21.5 \;[A] \qquad V' = 110 + (21.5 \times 0.3) = 116.45 \;[V]$$

② 정격출력 5[kW], 정격전압 100[V]의 분권 발전기가 전부하로 운전하고 있을 때의 발생전압은 얼마인가. 단, 전기자 저항은 0.2[Ω], 계자저항은 40[Ω]으로 한다.

$$I_f = \frac{100}{40} = 2.5 \;[A], \qquad I = \frac{P}{V} = \frac{5000}{100} = 50 \;[A]$$

$$V' = V + (I + I_f) R_a = 100 + (50 + 2.5) \times 0.2 = 110.5 \;[V]$$

③ 그림에서, 무부하전압 213[V], 정격전압 200[V], 정격출력 50[kW], 계자저항 25[Ω], 전부하일 때의 전기자 저항은 얼마인가.

$$I_f = \frac{200}{25} = 8 \;[A], \qquad I = \frac{50000}{200} = 250 \;[A]$$

$$I_a = 250 + 8 = 258 \;[A] \qquad R_a = \frac{V' - V}{I_a} = \frac{213 - 200}{258} = 0.05 \;[Ω]$$

4. 직권(直捲) 발전기의 단자 전압

$$V = V' - I(R_a + R_d) \quad [\text{V}]$$

V : 단자 전압[V]
V' : 발생전압[V]
I : 부하전류[A]
R_a : 전기자 저항[Ω]
R_d : 직권계자저항[Ω]

그림은, 직권 발전기의 회로도이다. 그림에서 알 수 있듯이, 전기자를 흐르는 전류가 부하전류이다.

활용예

① 그림에서, 부하전류 50[A]일 때, 단자 전압은 100[V]이다. 전기자 저항 0.08[Ω], 직권 계자저항 0.12[Ω]일 때 발생전압은 얼마인가.

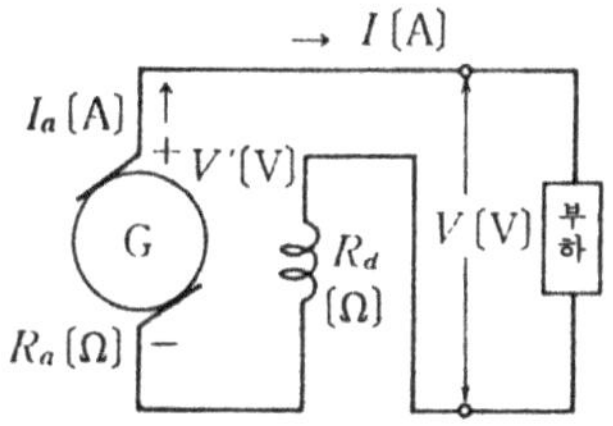

$$V' = V + I(R_a + R_d)$$
$$= 100 + 50(0.08 + 0.12)$$
$$= 110 \ [\text{V}]$$

② 직류 직권 발전기가 있다. 부하전류 40[A]일 때, 단자 전압 100[V] 이다. 부하전류 50[A]일 때의 단자 전압은 얼마인가. 단, 전기자 저항 및 직권 계자 저항은 각각 0.1[Ω]이며, 자로는 미포화이고, 전기자 반작용을 무시한다.

$$V'_{40} = 100 + 40(0.1 + 0.1) = 108 \ [\text{V}]$$

자로가 미포화일 때, 발생전압의 크기는 부하전류에 정비례하므로 다음 식이 성립한다.

$$\frac{V'_{50}}{V'_{40}} = \frac{I_{50}}{I_{40}} \qquad \frac{V'_{50}}{V'_{40}} = \frac{50}{40}$$

$$V'_{50} = \frac{5}{4} V'_{40} = \frac{5}{4} \times 108 = 135 \ [\text{V}]$$

$$V_{50} = V'_{50} - I_{50}(R_a + R_d) = 135 - 50(0.1 + 0.1) = 125 \ [\text{V}]$$

5. 복권 발전기의 단자 전압(內分捲)

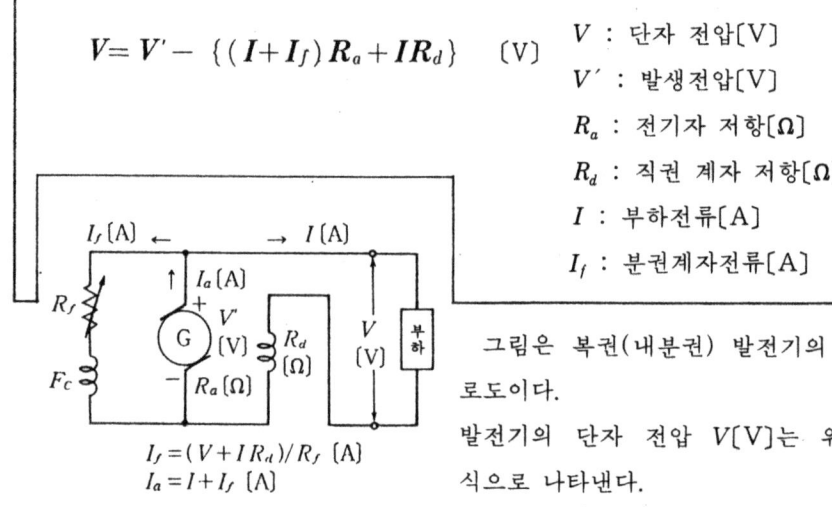

$$V = V' - \{(I + I_f)R_a + IR_d\} \quad [V]$$

V : 단자 전압[V]
V' : 발생전압[V]
R_a : 전기자 저항[Ω]
R_d : 직권 계자 저항[Ω]
I : 부하전류[A]
I_f : 분권계자전류[A]

$I_f = (V + IR_d)/R_f$ [A]
$I_a = I + I_f$ [A]

그림은 복권(내분권) 발전기의 회로도이다.

발전기의 단자 전압 $V[V]$는 위의 식으로 나타낸다.

활용예

① 그림의 내분권 복권 발전기의 발생전압은 220[V]이다. 전기자 권선의 저항 0.1[Ω], 직권 계자권선의 저항 0.08[Ω], 분권 계자회로의 저항은 50[Ω]이다. 전기자 전류가 100[A]일 때의 단자 전압은 얼마인가.

$$I_f = \frac{V' - R_a I_a}{R_f} = \frac{220 - 0.1 \times 100}{50} = 4.2 \ [A]$$

$$I = I_a - I_f = 100 - 4.2 = 95.8 \ [A]$$

$$V = 220 - \{(100 \times 0.1) + (95.8 \times 0.08)\} \fallingdotseq 202.3 \ [V]$$

② 정격전압 200[V], 전기자 저항 0.1[Ω], 직권 계자권선 저항 0.05[Ω], 분권계자 회로의 저항 55[Ω]의 내분권 복권 발전기가 있다. 정격전압으로 부하전류 40[A]일 때의 발생 전압은 얼마인가. 단, 전기자 반작용은 무시한다.

$$I_f = \frac{V + IR_d}{R_f} = \frac{220 + (40 \times 0.05)}{55} = 4 \ [A]$$

$$I_a = I_f + I = 4 + 40 = 44 \ [A]$$

$$V' = V + \{(I + I_f)R_a + IR_d\}$$
$$= 220 + \{(44 \times 0.1) + (40 \times 0.05)\} = 226.4 \ [V]$$

6. 복권 발전기의 단자 전압(外分捲)

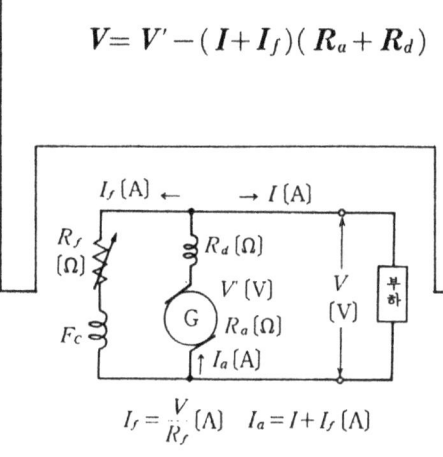

$$V = V' - (I + I_f)(R_a + R_d) \quad [V]$$

V : 단자 전압[V]
V' : 발생전압[V]
I : 부하전류[A]
I_f : 계자전류[A]
R_a : 전기자 저항[Ω]
R_d : 직권계자저항[Ω]

$$I_f = \frac{V}{R_f} [A] \quad I_a = I + I_f [A]$$

그림은, 복권(외분권) 발전기의 회로도이다.

발전기의 단자 전압 V[V]는 위의 식으로 표시된다.

활용예

① 정격전압 100[V], 정격출력 2[kW]의 외분권 발전기에서, 정격 출력 때의 분권계자 회로의 저항은 55.5[Ω]이다. 이 발전기의 발생전압은 얼마인가. 단, 전기자 권선의 저항은 0.3[Ω], 직권계자 권선의 저항은 0.16[Ω]이다.

$$I_f = \frac{V}{R_f} = \frac{100}{55.5} = 1.8 \;[A], \quad I = \frac{P}{V} = \frac{2000}{100} = 20 \;[A]$$

$$V' = V + (I + I_f)(R_a + R_d) = 100 + (20 + 1.8)(0.3 + 0.16) = 110 \;[V]$$

② 정격전압 220[V], 정격전류 100[A]의 외분권 발전기가 있다. 정격출력일 때의 분권 계자 전류는 5[A]이고, 발생전압은 240[V]이다. 전기자 권선저항, 직권 계자 권선 및 분권 계자 권선의 각 저항치는 각각 얼마인가. 또, 이 발전기의 출력은 얼마인가. 단, 전기자 권선 저항과 직권 계자 권선의 크기는 같은 것으로 한다.

$$R_f = \frac{V}{I_f} = \frac{220}{5} = 44 \;[Ω] \quad I_a = 100 + 5 = 105 \;[A]$$

$$R_a + R_d = \frac{V' - V}{I_a} = \frac{240 - 220}{105} = \frac{20}{105} = 0.19 \;[Ω]$$

$$R_a = R_d = \frac{0.19}{2} = 0.095 \;[Ω] \quad P = VI = 220 \times 100 = 22 \;[kW]$$

7. 효 율

$$\eta = \frac{출력}{입력} \times 100 = \frac{출력}{출력 + 손실} \times 100$$

발전기 내부의 손실은, 전기자 권선과 계자 권선에 흐르는 전류에 의한 줄열 즉 동손(銅損), 철심 중의 손실 즉 와전류손과 히스테리시스손으로 되어있는 철손, 베어링 등의 기계손, 브러시에 의한 손실 등이 있다. 그림은 직류발전기의 손실의 예이다. 이 손실을 측정해서, 위의 식으로 구하는 효율을 규약 효율이라 한다.

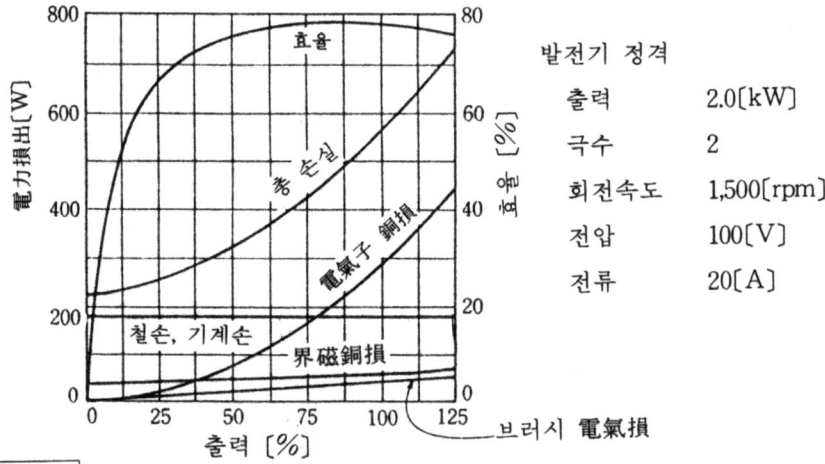

발전기 정격	
출력	2.0[kW]
극수	2
회전속도	1,500[rpm]
전압	100[V]
전류	20[A]

|활용예|

① 정격출력 2[kW], 정격시의 총손실이 0.65[kW]인 직류 발전기의 효율은 얼마인가.

$$\eta = \frac{2}{2 + 0.65} \times 100 = 75.5 \ [\%]$$

② 정격출력 10[kW]인 직류발전기의 효율이 95[%]이다. 입력은 얼마인가.

$$입력 = \frac{출력}{효율} = \frac{10000}{0.95} = 10526 \ [W] = 10.53 \ [kW]$$

③ 그림에서, 출력 125% 및 75%일 때의 대략의 효율을 구하여라.

$$\eta_{125} = \frac{2500}{2500 + 730} \times 100 = 77.4\%, \quad \eta_{75} = \frac{1500}{1500 + 430} \times 100 = 77.7\%$$

8. 전압 변동률

$$\varepsilon = \frac{V_0 - V_n}{V_n} \times 100$$

ε : 전압 변동률[%]
V_0 : 무부하일 때의 전압[V]
V_n : 정격부하일 때의 전압[V]

발전기의 단자 전압은 부하의 증감에 따라 변동하므로, 그 비율을 전압 변동률로 표시한다. 즉, 발전기를 정격 회전 속도, 정격출력에 있어서 정격전압 V_n을 발생하도록 계자전류를 조정해 놓고, 그대로의 상태로 무부하로 했을 때의 전압 V_0로 하면, 위에 표시한 식으로 전압 변동률이 구해진다.

활용예

① 정격부하로 운전중인 발전기의 단자전압이 110[V]이다. 계자전류 및 회전속도를 그대로의 상태로 하고, 발전기를 무부하로 했더니 단자 전압이 118[V]로 되었다. 전압 변동률은 얼마인가.

$$\varepsilon = \frac{118-110}{110} \times 100 = 7.3 \ [\%]$$

② 정격전압 100[V], 20[kW]의 직류분권 발전기의 전압 변동률이 4[%]이다. 이 발전기의 무부하시의 단자 전압은 얼마인가.
또, 무부하시와 정격 부하시의 단자 전압의 차는 얼마인가.

$$\varepsilon = \frac{V_0 - V_n}{V_n} \times 100 \quad \frac{\varepsilon}{100} V_n = V_0 - V_n \quad \therefore \ V_0 = V_n\left(1 + \frac{\varepsilon}{100}\right)$$

$$\therefore \ V_0 = 100\left(1 + \frac{4}{100}\right) = 100 \times 1.04 = 104 \ [V]$$

$$V_0 - V_n = 104 - 100 = 4 \ [V]$$

③ 정격전압 200[V], 정격출력 5[kW]의 타려 발전기가 있다. 지금 전기자의 저항을 0.2[Ω]로 했을 때, 무부하시의 전압은 얼마인가. 또, 전압 변동률은 얼마로 되는가.

$$V_0 = V + IR_a = 200 + \frac{5000}{200} \times 0.2 = 205 \ [V]$$

$$\varepsilon = \frac{205 - 200}{200} \times 100 = 2.5 \ [\%]$$

9. 직류 전동기의 토크

$$T=\frac{pZ}{2\pi a}\Phi I_a \quad [\text{N·m}]$$

T : 토크[N·m]
p : 극수
Z : 전기자 도체수[개]
Φ : 1극당의 자속[Wb]
I_a : 전기자 전류[A]
a : 병렬회로수 (겹쳐감기 $a=p$, 파동감기 $a=2$이다)

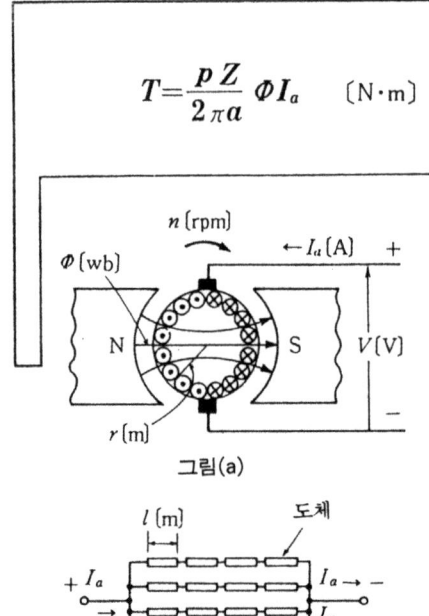

그림(a)

그림(b)

그림과 같이 자계중의 전기자 권선에 전류가 흐르면, 전기자에 위의 식으로 표시한 토크가 발생한다. 또한, 1kg=9.8[N]이다.

활용예

① 전기자 도체수 360, 6극, 파동감기의 직류 전동기가 있다. 전기자 전류 50[A]일 때의 토크는 얼마인가. 단, 1극당의 자속은 0.06[Wb]로 한다.

$$T=\frac{6\times 360}{2\pi\times 2}\times 0.06\times 50=515.7 \ [\text{N·m}]$$

② 6극, 겹쳐감기 직류 분권 전동기가 있고, 전기자 전류 40[A]일 때 6[kg·m]의 토크를 발생한다고 한다. 이 전동기의 전기자 도체수는 얼마인가. 단, 1극당의 자속수는 0.05[Wb]로 한다.

$$T=\frac{1}{9.8}\times\frac{pZ}{2\pi a}\Phi I_a \qquad Z=\frac{9.8T 2\pi a}{p\Phi I_a}=\frac{9.8\times 6\times 2\pi\times 6}{6\times 0.05\times 40}=185$$

③ 전기자 도체수 360, 6극, 겹쳐감기 직류 전동기가 있다. 전기자 전류 60[A], 발생 토크는 205.8[N·m]이다. 1극당의 자속수는 얼마인가.

$$\Phi=\frac{2\pi aT}{pZI_a}=\frac{2\pi\times 6\times 205.8}{6\times 360\times 60}=0.06 \ [\text{Wb}]$$

10. 발생전압과 전기자 전류

$$I_a = \frac{V-V'}{R_a} \quad [A]$$

I_a : 전기자 전류[A]
V : 공급 전압[V]
V' : 발생전압[V]
R_a : 전기자 저항[Ω]

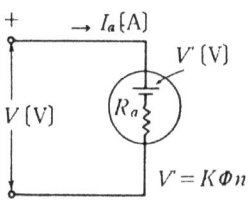

그림과 같이, 가하는 전압과 발생전압의 방향은 반대이므로, 전기자 권선에 가해지는 전압은 $V-V'$[V]로 되어 위의 식이 성립한다.
또, 위의 식을 변형하면, 다음과 같이 표시된다.

$$V = V' + I_a R_a, \quad V' = V - I_a R_a$$

[활용예]

① 정격전압 220[V], 정격회전수 1,200[rpm], 전기자 권선 저항 0.15[Ω]의 분권 전동기가 정격운전하고 있을 때의 전기자 전류는 얼마인가. 단, 발생전압은 212.5[V]로 한다.

$$I_a = \frac{220-212.5}{0.15} = 50 \; [A]$$

② 직류전동기가 단자 전압 220[V], 전기자 전류 100[A]로 회전하고 있을 때의 발생전압은 얼마인가. 단, 전기자 저항은 0.06[Ω]이다.

$$V' = V - I_a R_a = 220 - (100 \times 0.06) = 214 \; [V]$$

③ 정격전압 120[V], 전기자 도체수 84, 4극, 겹쳐감기로 1극당의 자속수 0.06[Wb]인 직류분권전동기가 있다. 매분 1300회전일 때, 전기자 전류는 얼마인가. 단, 전기자 저항은 0.1[Ω]으로 한다.

$$V' = \frac{p}{a} Z\Phi \frac{n}{60} = \frac{4}{4} \times 84 \times 0.06 \times \frac{1300}{60} = 109.2 \; [V]$$

$$I_a = \frac{120-109.2}{0.1} = 108 \; [A]$$

11. 회전 속도

$$n = \frac{V - I_a R_a}{K\Phi} \quad \text{[rpm]}$$

- n : 회전속도[rpm]
- V : 공급전압[V]
- I_a : 전기자 전류[A]
- R_a : 전지가 저항[Ω]
- Φ : 자속[Wb]

$V' = K\Phi_n$ 및 $V' = V - I_a R_a$의 관계에서, 전기자의 회전속도는 다음의 식으로 표시된다.

$$n = \frac{V'}{K\Phi} = \frac{V - I_a R_a}{K\Phi}$$

활용예

① 전기자 도체수 84, 4극, 파형감기의 직류전동기가 있다. 정격전압 100 [V]일 때의 무부하 속도는 얼마인가. 단, 1극당의 자속은 0.06[Wb]로 한다.

$$V' = \frac{4}{2} \times 84 \times 0.06 \times \frac{N}{60} = 0.168\, N$$

무부하일 때 $V' = V = 100$[V]이므로

$$100 = 0.168\, N \quad \therefore\ N = \frac{100}{0.168} = 595\ \text{[rpm]}$$

② 직류분권 전동기가 있다. 분권 계자 회로의 저항을 조정해서 그 여자 전류의 크기를 10[%] 증가시키면, 전동기의 속도는 얼마만큼 감소하는가. 단, 자기회로는 포화하지 않은 것으로 한다.

(처음의 속도)

$$n = \frac{V'}{K\Phi} \qquad ①$$

여자 전류를 10[%] 증가하면 자속도 10[%] 증가한다. 이때의 속도를 n'로 하면,

$$n' = \frac{V'}{K \times (1.1\Phi)} \qquad ②$$

식 ①, ②에서

$$\frac{n'}{n} = \frac{V'/K \times (1.1\Phi)}{V'/K\Phi} = \frac{1}{1.1}$$

$$\therefore\ n' = \frac{1}{1.1} n = 0.91 n$$

즉, 원래의 속도의 91[%]로 감소한다.

12. 출 력

$$P_m = 2\pi \frac{n}{60} T \quad [\text{W}]$$

P_m : 출력[W]
n : 회전속도[rpm]
T : 토크[N·m]

전동기의 출력 P_m은 위의 식으로 표시되지만, 다음과 같이도 표시된다.

$$P_m = 2\pi \frac{n}{60} T = 2\pi \frac{n}{60} \left(\frac{pZ}{2\pi a}\right) \Phi I_a = \frac{p}{a} Z\Phi \frac{n}{60} \times I_a = V'I_a$$

또, $V' = V - I_a R_a$ 이므로, P_m은 다음과 같이 나타낼 수도 있다.

$$P_m = V'I_a = (V - I_a R_a)I_a = VI_a - I_a^2 R_a$$

윗식의 VI_a는 입력이고, $I_a^2 R_a$는 전기자의 저항손이다.

|활용예|

① 어떤 직류 전동기가 1,500[rpm]으로 회전할 때, 토크는 20[N·m]을 발생하고 있다고 하면, 이때의 출력은 몇[kW]인가.

$$P_m = 2\pi \times \frac{1500}{60} \times 20 = 3.1 \ [\text{kW}]$$

② 정격출력 10[kW]의 직류직권 전동기가 정격 운전했을 때 79.6[N·m]의 토크를 발생했다고 한다. 이때의 회전수는 얼마인가.

$$n = \frac{60 P_m}{2\pi T} = \frac{60 \times 10000}{2\pi \times 79.6} = 1200 \ [\text{rpm}]$$

③ 정격전압 110[V], 7.5[kW]의 분권전동기가 있다. 전기자 전류 60[A]일 때의 출력은 얼마인가. 단, 전기자 권선의 저항은 0.2[Ω]으로 한다.

$$P_m = (V - I_a R_a)I_a = \{110 - (60 \times 0.2)\} \times 60 = 5880 \ [\text{W}]$$

④ 전기자 도체수 84, 4극, 파형감기의 전동기가 있다. 전기자 전류 80[A]일 때의 회전수는 1,200[rpm]이다. 1극당의 자속수가 0.06[Wb]이라 하면, 출력은 얼마인가.

$$V' = \frac{p}{a} Z\Phi \frac{n}{60} = \frac{4}{2} \times 84 \times 0.06 \times \frac{1200}{60} = 201.6 \ [\text{V}]$$

$$P_m = V'I_a = 201.6 \times 80 = 16.1 \ [\text{kW}]$$

13. 분권 전동기의 특성

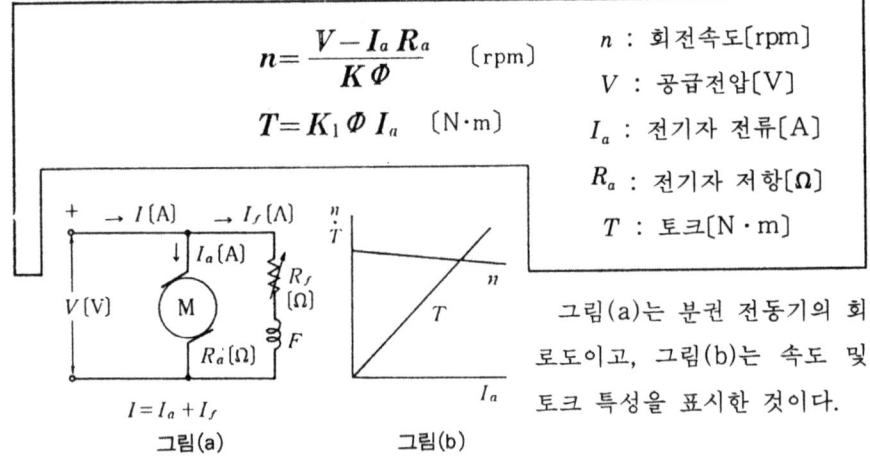

$$n = \frac{V - I_a R_a}{K\Phi} \quad \text{(rpm)}$$

$$T = K_1 \Phi I_a \quad \text{(N·m)}$$

n : 회전속도[rpm]
V : 공급전압[V]
I_a : 전기자 전류[A]
R_a : 전기자 저항[Ω]
T : 토크[N·m]

그림(a)는 분권 전동기의 회로도이고, 그림(b)는 속도 및 토크 특성을 표시한 것이다.

|활용예|

① 그림의 분권전동기에 있어서, 정격전압 200[V], 전기자 전류 50[A]일 때 회전속도는 1,200[rpm]이었다. 이 전동기의 부하가 증가하여, 전기자 전류가 100[A]로 되었을 때의 회전속도는 얼마인가. 단, 전기자 저항은 0.15[Ω]으로 한다.

$$1200 = \frac{1}{K\Phi}(200 - 50 \times 0.15) \qquad \frac{1}{K\Phi} = \frac{1200}{200 - 7.5} = 6.23$$

$$n = 6.23(200 - 100 \times 0.15) = 1153 \text{ (rpm)}$$

② 220[V], 10[kW]의 직류분권 전동기가 있다. 이 전동기의 유입 전류가 10[A]일 때, 반생 토크는 6[N·m]이다. 부하가 증가하여, 유입전류가 50[A]로 되었을 때의 토크는 얼마인가. 단, 전기자 저항은 0.1[Ω], 계자 회로의 저항은 44[Ω]으로 한다.

$$I_f = \frac{V}{R_f} = \frac{220}{44} = 5 \text{ (A)}$$

$I_1 = 10$[A]일 때의 I_{a1}은 $\quad I_{a1} = I - I_f = 10 - 5 = 5$ [A]

$I_2 = 50$[A]일 때의 I_{a2}는 $\quad I_{a2} = 50 - 5 = 45$ [A]

$$K_1 \Phi = \frac{T_1}{I_{a1}} = \frac{6}{5} = 1.2 \qquad T_2 = K_1 \Phi I_{a2} = 1.2 \times 45 = 54 \text{ (N·m)}$$

14. 직권 전동기의 특성

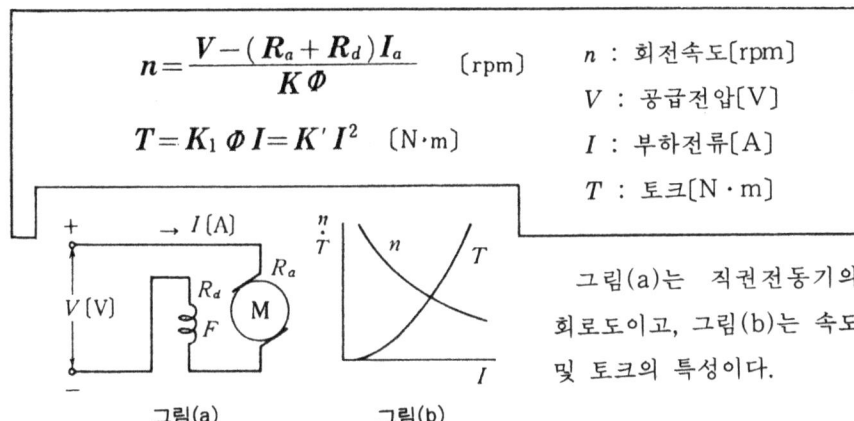

$$n = \frac{V-(R_a+R_d)I_a}{K\Phi} \quad \text{(rpm)}$$

$$T = K_1 \Phi I = K' I^2 \quad \text{(N·m)}$$

n : 회전속도[rpm]
V : 공급전압[V]
I : 부하전류[A]
T : 토크[N·m]

그림(a)는 직권전동기의 회로도이고, 그림(b)는 속도 및 토크의 특성이다.

그림(a)   그림(b)

활용예

① 정격회전수 1,200[rpm]의 직권 전동기가 있다. 정격전압하에 4/5부하로 운전하면, 회전수는 대략 얼마로 되는가. 단, 자기포화 및 전동기의 저항은 무시한다.

$$1200 K\Phi = \frac{4}{5} K\Phi N \quad \therefore N = \frac{5}{4} \times 1200 = 1500 \text{ (rpm)}$$

② 그림의 직권 전동기에 있어서, 부하전류 80[A]일 때, 1,000[rpm]으로 100[N·m]의 토크를 발생한다. 부하가 감소하고 유입전류가 40[A]로 되었을 때의 토크는 몇 [N·m]인가. 또, 몇 [kg·m]인가.

$$\frac{T_{80}}{T_{40}} = \left(\frac{80}{40}\right)^2 = 4 \quad \therefore T_{40} = \frac{1}{4} T_{80} = \frac{1}{4} \times 100 = 25 \text{ (N·m)}$$

$$T'_{40} = \frac{1}{9.8} \times 25 = 2.55 \text{ (kg·m)}$$

③ 그림의 직권 전동기에서, 부하전류가 25[A]일 때, 1,200[rpm]으로 8[kg·m]의 토크를 발생했다. 부하전류가 60[A]일 때의 토크는 몇 [N·m]인가.

$$T_{60} = \left(\frac{60}{25}\right)^2 T_{20} = 5.76 \times 8 = 46.08 \text{(kg·m)}$$

$$\therefore T = 46.08 \times 9.8 = 451.6 \text{(N·m)}$$

15. 직류 전동기의 효율

$$\eta = \frac{입력 - 손실}{입력} \times 100$$

전기 기기의 경우, 출력과 입력의 비를 효율이라고 한다. 출력=입력-손실, 또는 입력=출력+손실의 관계가 있다. 따라서 효율은 다음 식으로도 표시된다.

$$효율 = \frac{출력}{입력} \times 100 = \frac{출력}{출력+손실} \times 100 = \frac{입력-손실}{입력} \times 100 [\%]$$

일반적으로, 입력이 전력의 형태로 되어 있는 전동기에서는, 출력=입력-손실로 표시하는 위의 식을 사용한다. 또한, 손실을 측정해서, 위의 식으로 구하는 효율을 규약 효율이라 한다.

|활용예|

① 정격전압 200[V]로 50[A]의 전류가 유입되고 있는 직류 전동기의 전손실이 1,350[W]이라 한다. 효율은 얼마인가.

$$\eta = \frac{200 \times 50 - 1350}{200 \times 50} \times 100 = 86.5 \,[\%]$$

② 분권 전동기의 전압 100[V], 전기자 저항 0.2[Ω], 계자회로의 저항 250[Ω], 무부하 전류 0.8[A]이다. 공급 전류 20[A]일 때의 효율은 얼마인가.

무부하 손실 $= 100 \times 0.8 = 80$ [W]

전기자 동손 $= (I - I_f)^2 R_a = (20 - 0.4)^2 \times 0.2 = 76.8$ [W]

$$\eta = \frac{(100 \times 20) - (80 + 76.8)}{100 \times 20} \times 100 = 92.2 \,[\%]$$

③ 100[V], 7.5[kW]의 직류분권 전동기가 있다. 전부하에서의 입력 및 전기자 전류는 얼마인가. 단, 효율은 85[%], 여자 전류는 2[A]이다.

$$\eta = \frac{P_2}{P_1} \times 100 \quad \therefore \quad P_1 = \frac{100 P_2}{\eta} = \frac{100 \times 7500}{85} = 8824 \,[W]$$

$$I = \frac{P_1}{V} = \frac{8824}{100} = 88.24 \,[A]$$

$$\therefore \quad I_a = I - I_f = 88.24 - 2 = 86.24 \,[A]$$

2. 교류 기기

16. 권수비(捲數比)

$$a = \frac{V_1'}{V_2'} = \frac{N_1}{N_2}$$

N_1, N_2 : 1차, 2차 권선의 권수
V_1', V_2' : 1차, 2차 권선의 발생전압
a : 권수비

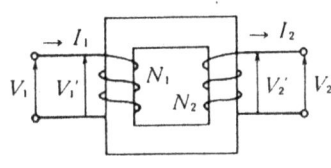

그림은 변압기의 원리도이다. 권수비 a는 위의 식으로 표시된다.

권선의 전압 강하를 무시하면, 1차, 2차의 전압비는 다음 식으로 표시된다.

$$a = \frac{V_1'}{V_2'} = \frac{N_1}{N_2} = \frac{V_1}{V_2}$$

또, 변압기의 손실을 무시하면, 1차, 2차의 전류비는 다음과 같이 된다.

$$\frac{I_1}{I_2} = \frac{V_2}{V_1} = \frac{N_2}{N_1} = \frac{1}{a}$$

활용예

① 1차 및 2차 권선의 권수가 1,200회 및 100회이다. 이 변압기의 권수비는 얼마인가. 또 1차에 360[V]를 가하면 2차 전압은 얼마인가.

$$a = \frac{N_1}{N_2} = \frac{1200}{100} = 12 \quad V_2 = \frac{V_1}{a} = \frac{360}{12} = 30 \text{ [V]}$$

② 권수비 30인 변압기의 2차측에 역률 80[%], 20[kW]의 부하가 연결되어 있다. 1차에 3000[V]의 전압을 가했을 때, (1) 2차전압 (2) 2차전류, (3) 1차전류는 각각 얼마인가. 단, 권선의 전압 강하는 무시한다.

(1) $V_2 = \dfrac{V_1}{a} = \dfrac{3000}{30} = 100 \text{ [V]}$

(2) $I_2 = \dfrac{P}{V_2 \cos\theta} = \dfrac{20000}{100 \times 0.8} = 250 \text{ [A]}$

(3) $I_1 = \dfrac{I_2}{a} = \dfrac{250}{30} = 8.33 \text{ [A]}$

17. 변압기의 여자회로의 전류와 애드미턴스

$$I_{0\omega} = \frac{P_i}{V_1} \quad [A]$$

$$I_{0l} = \sqrt{I_0^2 - I_{0\omega}^2} \quad [A]$$

$$\dot{Y}_0 = g_0 - jb_0 \quad [S]$$

$I_{o\omega}$: 철손(鐵損) 전류[A]
P_i : 철손(鐵損)[W]
V_1 : 1차 전압($V_1' \fallingdotseq V_1$)[V]
I_α : 자화 전류[A]
I_0 : 여자 전류[A]

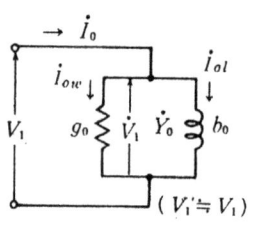
($V_1' \fallingdotseq V_1$)

그림은 변압기의 여자회로의 등가회로이다. 여자 애드미턴스 $\dot{Y}_0$ 및 여자 콘덕턴스 g_0, 여자 서셉턴스 b_0는 다음과 같이 표시된다. 무효 전력

$$\dot{Y}_0 = g_0 - jb_0 = \frac{\dot{I}_0}{V_1}$$

$$g_0 = \frac{I_{0\omega}}{V_1} = \frac{P_i}{(V_1)^2}, \quad b_0 = \frac{I_{0l}}{V_1} = \frac{\text{무효 전력}}{(V_1)^2}$$

활용예

① 3000 / 100[V]의 변압기의 철손이 120[W], 여자 전류 0.2[A]일 때, 이 변압기의 철손 전류 및 자화 전류의 크기는 얼마인가.

$$I_{0\omega} = \frac{120}{3000} = 0.04 \ [A], \quad I_{0l} = \sqrt{0.2^2 - 0.04^2} = 0.196 \ [A]$$

② 1차전압 3,300[V], 여자전류 0.5[A], 철손 250[W]의 변압기가 있다. 철손 전류, 자화 전류, 여자 콘덕턴스 및 여자 서셉턴스는 얼마인가.

$$I_{0\omega} = \frac{250}{3300} = 0.076 \ [A], \quad I_{0l} = \sqrt{0.5^2 - 0.076^2} = 0.49 \ [A]$$

$$g_0 = \frac{0.076}{3300} = 2.3 \times 10^{-5} \ [S], \quad b_0 = \frac{0.49}{3300} = 1.48 \times 10^{-4} \ [S]$$

③ $V_1' \fallingdotseq 6,000$[V], $g_0 = 18 \times 10^{-6}$[S], $b_0 = 20 \times 10^{-5}$[S]일 때, 철손전류, 자화전류 및 여자전류는 각각 얼마인가.

$$I_{0\omega} = g_0 V_1' = 18 \times 10^{-6} \times 6000 = 0.108 \ [A]$$

$$I_{0l} = b_0 V_1' = 20 \times 10^{-5} \times 6000 = 1.2 \ [A]$$

$$I_0 = \sqrt{0.108^2 + 1.2^2} = 1.2 \ [A]$$

18. 전압·전류·임피던스의 환산(1)(2차를 1차로 환산)

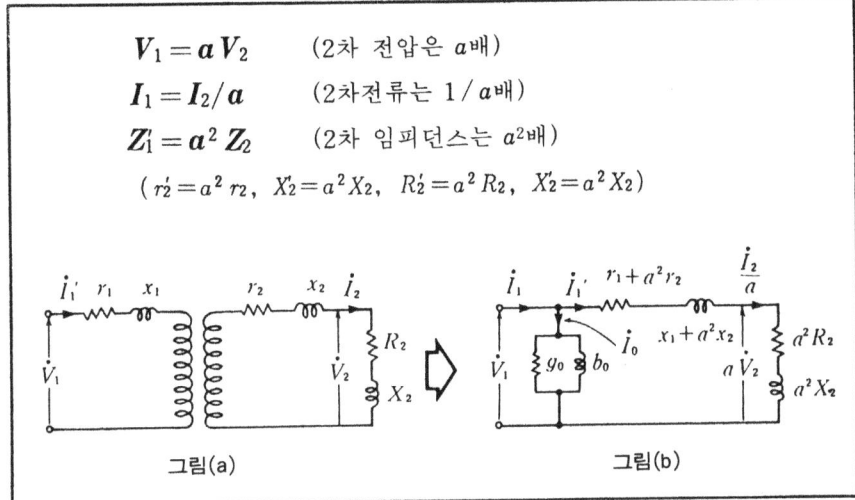

$V_1 = aV_2$ (2차 전압은 a배)
$I_1 = I_2/a$ (2차전류는 $1/a$배)
$Z_1' = a^2 Z_2$ (2차 임피던스는 a^2배)
($r_2' = a^2 r_2$, $X_2' = a^2 X_2$, $R_2' = a^2 R_2$, $X_2' = a^2 X_2$)

그림(a)　　　그림(b)

변압기의 전류와 효율 등의 계산에는 그림(b)와 같은 등가회로를 사용하면 편리하다. 그림(b)는 그림(a)의 2차측을 1차측으로 환산한 것이다.

활용예

① 그림(a)에서, 1차 권선의 저항 50[Ω], 2차 권선의 저항 0.1[Ω], 1차 리액턴스 80[Ω], 2차 리액턴스 0.12[Ω]이다. 이 변압기의 저항 및 리액턴스의 1차 환산치는 얼마인가. 단, 권수비는 30으로 한다.

$$r_{12} = r_1 + a^2 r_2 = 50 + 30^2 \times 0.1 = 140 \ [\Omega]$$

$$x_{12} = x_1 + a^2 x_2 = 80 + 30^2 \times 0.12 = 188 \ [\Omega]$$

② 20[kVA], 6,000/100[V]의 변압기가 있다. r_1=30[Ω], r_2=0.007[Ω], x_1=35[Ω], x_2=0.009[Ω], g_0=4×10⁻⁶[S], b_0=8×10⁻⁶[S]일 때, 이 변압기의 2차를 1차로 환산하여라. 또, 여자전류의 크기는 얼마인가.

$$a = \frac{6000}{100} = 60$$

$$r_{12} = 30 + 60^2 \times 0.007 = 55.2 \ [\Omega]$$

$$x_{12} = 35 + 60^2 \times 0.009 = 67.4 \ [\Omega]$$

$$Y_0 = \sqrt{(4 \times 10^{-6})^2 + (8 \times 10^{-6})^2} = 8.94 \times 10^{-6} \ [S]$$

$$I_0 = Y_0 V_1 = 8.94 \times 10^{-6} \times 6000 = 0.054 \ [A]$$

19. 전압·전류·임피던스의 환산(2)(1차를 2차로 환산)

$V_2 = V_1/a$ (1차 전압은 $1/a$배)

$I_2 = aI_1$, $I_0' = aI_0$ (1차 전류는 a배)

$Z_2' = Z_1/a^2$ ($r_2' = r_1/a^2$, $x_2' = x_1/a^2$) (1차 임피던스는 $1/a^2$배)

$Y_0' = a^2 Y_0$ ($g_0' = a^2 g$, $b_0' = a^2 b_0$) (1차 애드미턴스는 a^2배)

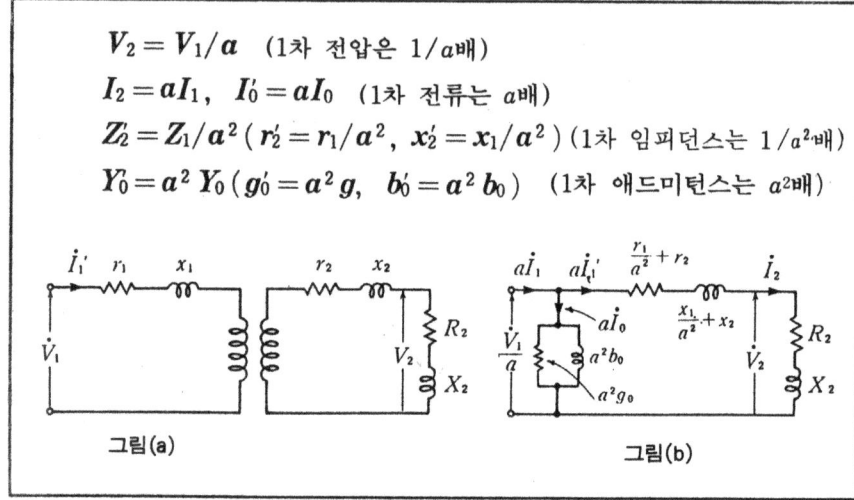

그림(a)　　　　　　　　　　　　　　그림(b)

그림(b)는 그림(a)의 변압기의 1차측을 2차로 환산한 등가회로이다.

[활용예]

① 그림에서, 1차 권선의 저항 50[Ω], 2차권선의 저항 0.1[Ω], 1차 리액턴스 80[Ω], 2차 리액턴스 0.12[Ω]이다. 이 변압기의 저항 및 리액턴스의 2차 환산치는 얼마인가. 단, 권수비는 30으로 한다.

$$r_{21} = \frac{r_1}{a^2} + r_2 = \frac{50}{30^2} + 0.1 = 0.156 \ [\Omega]$$

$$x_{21} = \frac{x_1}{a^2} + x_2 = \frac{80}{30^2} + 0.12 = 0.209 \ [\Omega]$$

② 6000/100[V]의 변압기가 있다. $r_1=30[\Omega]$, $r_2=0.007[\Omega]$, $x_1=35[\Omega]$, $x_2=0.009[\Omega]$, $g_0=4\times10^{-6}[S]$, $b_0=8\times10^{-6}[S]$일 때, 이것을 2차로 환산한 저항, 리액턴스 및 애드미턴스는 얼마인가.

$$a = \frac{6000}{100} = 60$$

$$r_{21} = \frac{30}{60^2} + 0.007 = 0.015 \ [\Omega]$$

$$x_{21} = \frac{35}{60^2} + 0.009 = 0.019 \ [\Omega]$$

$$g_0' = a^2 g = 60^2 \times 4 \times 10^{-6} = 0.0144 \ [S]$$

$$b_0' = a^2 b_0 = 60^2 \times 8 \times 10^{-6} = 0.0288 \ [S]$$

$$Y_0' = \sqrt{0.0144^2 + 0.0288^2} = 0.0322 \ [S]$$

$$I_0 = Y_0' V_2 = 0.0322 \times 100 = 3.22 \ [A]$$

20. 변압기의 전압 변동률

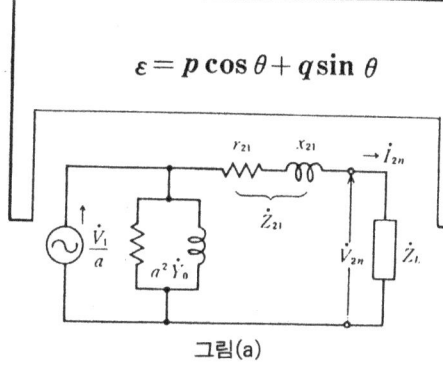

$$\varepsilon = p\cos\theta + q\sin\theta$$

ε : 전압 변동률[%]
p : 백분율 저항 강하[%]
q : 백분율 리액턴스 강하
θ : 전압과 전류의 위상각

그림(a)

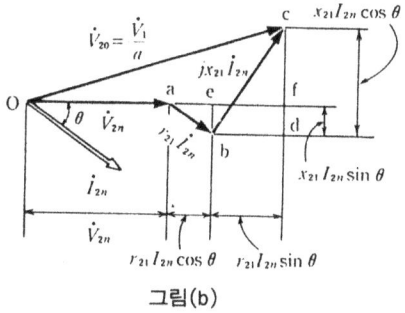

그림(b)

그림(b)의 벡터도에서, 다음 식이 얻어진다.

$$V_{20} \fallingdotseq V_{2n} + r_{21}I_{2n}\cos\theta + x_{21}I_{2n}\sin\theta$$

이것으로부터 전압 변동률 ε [%]는 다음과 같이 된다. 단, r_{21}, x_{21}은 2차측으로 환산한 저항, 리액턴스이다.

$$\varepsilon = \frac{V_{20} - V_{2n}}{V_{2n}} \times 100 = \frac{r_{21}I_{2n}\cos\theta}{V_{2n}} \times 100 + \frac{x_{21}I_{2n}\sin\theta}{V_{2n}} \times 100$$

여기서, $p = \frac{r_{21}I_{2n}}{V_{2n}} \times 100$, $q = \frac{x_{21}I_{2n}}{V_{2n}} \times 100$ 로 하면 위의 식이 성립한다.

[활용예]

① $p=3.5[\%]$, $q=5[\%]$의 변압기에서, 역률이 0.8 및 1.0일 때의 전압변동률은 얼마인가.

$$\varepsilon_{80} = 3.5 \times 0.8 + 5 \times (\sqrt{1 - 0.8^2}) = 5.8 \ [\%]$$

$$\varepsilon_{100} = 3.5 \times 1.0 + 5 \times 0 = 3.5 \ [\%]$$

② 정격출력 15[kVA], 2000/200[V], 2차로 환산한 저항 0.11[Ω], 리액턴스 0.6[Ω]의 변압기가 있다. 이 변압기의 백분율 저항 강하, 백분율 리액턴스 강하 및 백분율 임피던스 강하는 얼마인가.

$$I_{2n} = \frac{P}{V_{2n}} = \frac{15 \times 10^3}{200} = 75 \ [\text{A}]$$

$$p = \frac{0.11 \times 75}{200} \times 100 = 4.125 \ [\%]$$

$$q = \frac{0.16 \times 75}{200} \times 100 = 6 \ [\%]$$

$$Z = \sqrt{4.125^2 + 6^2} = 7.28 \ [\%]$$

21. 효 율

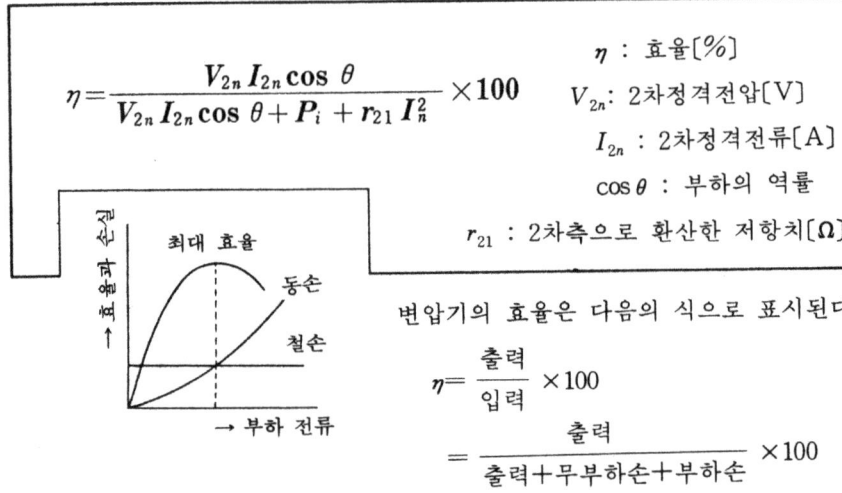

$$\eta = \frac{V_{2n} I_{2n} \cos\theta}{V_{2n} I_{2n} \cos\theta + P_i + r_{21} I_n^2} \times 100$$

η : 효율[%]
V_{2n} : 2차정격전압[V]
I_{2n} : 2차정격전류[A]
$\cos\theta$: 부하의 역률
r_{21} : 2차측으로 환산한 저항치[Ω]

변압기의 효율은 다음의 식으로 표시된다.

$$\eta = \frac{출력}{입력} \times 100$$

$$= \frac{출력}{출력 + 무부하손 + 부하손} \times 100$$

또, 그림에 나타낸 최대 효율은 철손과 동손이 같은 부하일 때에 생긴다.

활용예

① 출력 10[kVA], 무부하손 120[W], 동손 210[W]의 단상 변압기가 있다. 역률 1.0에서의 전부하시의 효율은 얼마인가.

$$\eta = \frac{(10000 \times 1)}{(10000 \times 1) + 120 + 210} \times 100 = 96.8 \ (\%)$$

② 출력 20[kVA], 철손 180[W], 전부하 동손 360[W]의 단상 변압기가 있다. 이 변압기의 무유도 부하에 대한 전부하 효율, 최대 효율을 발생하는 부하의 크기 및 최대 효율은 얼마인가.

$$\eta = \frac{(20000 \times 1)}{(20000 \times 1) + 180 + 360} \times 100 = 97.37 \ (\%)$$

$P_c = P_i$ 일 때 최대 효율 η_m로 된다. 따라서 $P_c = 180[W] = P_i$로 되는 부하를 구하면 된다. 전부하 전류 I_{2n}일 때의 동손을 P_{cn}, 최대 효율이 되는 부하전류를 I_{2m}, 동손을 P_{cm}로 하면,

$$P_{cn} = I_{2n}^2 r = 360 \ (W), \quad P_{cm} = I_{2m}^2 r = 180 \ (W)$$

$$\frac{I_{2m}}{I_{2n}} = \sqrt{\frac{180}{360}} = 0.707 \quad P_m = 0.707 P_n = 0.707 \times 20000 = 14140 \ (W)$$

$$\eta_m = \frac{14140}{14140 + 2 \times 180} \times 100 = 97.52 \ (\%)$$

22. V-V결선의 출력비

$$\text{출력비} = \frac{V의\ 출력}{\triangle 결선의\ 출력} = \frac{\sqrt{3}\,V_2 I_2}{3\,V_2 I_2} = 0.577 \quad \begin{array}{l} V_2 : 2차\ 단자\ 전압[V] \\ I_2 : 2차\ 전류[A] \end{array}$$

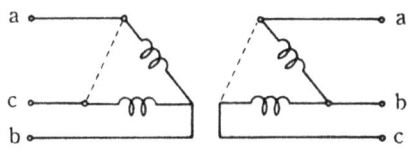

그림은 V-V결선이며, △-△결선에 있어서 1개의 단상변압기가 고장인 경우 등에 사용하는 방식이다.

그림에서의 출력비는 위의 식에 표시한 것과 같이 $1/\sqrt{3}=0.577$이다. 또, 2차측의 전출력과 변압기의 전용량과의 비를 이용률이라 하고, 다음 식으로 표시된다.

$$\text{이용률} = \frac{\sqrt{3}\,V_n I_n}{2\,V_n I_n} = \frac{\sqrt{3}}{2} = 0.866$$

활용예

① 10[kVA]의 단상변압기 3대를 △결선했을 때의 3상 출력은 얼마인가. 또, 1대가 소손했으므로, V결선으로 변경했다. 출력은 얼마인가.

$$P_\triangle = 3 \times 10 = 30\ [\text{kVA}]$$
$$P_V = \sqrt{3} \times 10 = 17.3\ [\text{kVA}]$$

② 50[kVA]의 단상변압기 2대를 사용해서 V결선으로 했을 때, 접속할 수 있는 최대 부하는 얼마인가. 단, 부하의 역률은 80[%]로 한다.

$$P = 2 \times 50 \times 0.866 \times 0.8 = 69\ [\text{kW}]$$

③ 단상변압기 2대를 사용해서 V결선으로 하고, 100[kW], 역률 0.8의 부하에 전력을 공급하고 있는 변전소가 있다. 이 변압기 1대의 용량은 얼마인가.

$$\text{kVA 용량} = \frac{P}{\cos\theta} = \frac{100}{0.8} = 125\ [\text{kVA}]$$

1대의 용량 P_0[kVA]는

$$P_0 = \frac{125}{\sqrt{3}} = 72\ [\text{kVA}]$$

23. 단권 변압기의 자기 용량과 부하 용량

$$P_s = (V_2 - V_1)I_2 = (1-a)V_2 I_2$$
$$P_l = V_2 I_2$$

P_s : 자기 용량[VA]
P_l : 부하 용량[VA]
V_1, V_2 : 1차 및 2차 전압[V]
I_1, I_2 : 1차 및 2차 전류[A]

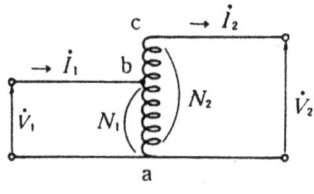

(권선의 공통 부분 ab : 분로 권선)
(공통이 아닌 부분 bc : 직렬 권선)

그림에서, 다음의 관계가 성립한다.

$$\frac{V_1}{V_2} = \frac{N_1}{N_2} = a \quad (권수비)$$

권선의 여자전류를 무시하면, $\dot{I}_1$과 $\dot{I}_2$의 사이에는 다음의 관계가 성립한다.

$$N_1(\dot{I}_1 - \dot{I}_2) = (N_2 - N_1)\dot{I}_2 \quad \therefore \frac{I_1}{I_2} = \frac{N_2}{N_1} = \frac{1}{a}$$

활용예

① 그림의 단권 변압기에서, 3000[V]를 3300[V]로 승압하고, 1차측에 33 [A]를 공급한다고 하면, 변압기의 자기 용량은 얼마인가. 단, 여자전류는 무시한다.

$$I_2 = \frac{N_1}{N_2}I_1 = \frac{3000}{3300} \times 33 = 30 \text{ [A]}$$

$$P_s = (V_2 - V_1)I_2 = (3300 - 3000) \times 30 = 9000 \text{[VA]} = 9 \text{ [kVA]}$$

② 3,000 / 3,300[V], 자기용량 50[kVA]의 단권변압기가 있다. 부하용량은 얼마인가. 또, 각 권선의 전류는 각각 얼마인가.

$$I_2 = \frac{P_s}{V_2 - V_1} = \frac{50000}{3300 - 3000} = \frac{50000}{300} = 166.7 \text{ [A]}$$

$$P_l = V_2 I_2 = 3300 \times 166.7 = 550 \text{ [kVA]}$$

$$I_1 = \frac{N_2}{N_1} \cdot I_2 = \frac{3300}{3000} \times 166.7 = 183.4 \text{ [A]}$$

$$I = I_1 - I_2 = 183.4 - 166.7 = 16.7 \text{ [A]}$$

24. 동기 속도

$$n_s = \frac{120}{p} f \quad \text{(rpm)} \qquad \begin{aligned} n_s &: \text{동기속도[rpm]} \\ f &: \text{주파수[Hz]} \\ p &: \text{극수} \end{aligned}$$

회전 자계의 회전 속도는 위의 식으로 표시된다. 이와 같이 극수 p와 주파수 f로 결정되는 n_s를 동기 속도라 한다.

활용예

① 주파수 50[Hz]일 때, 6극 전동기의 회전 자계의 회전 속도는 매분 얼마인가.

$$n_s = \frac{120}{6} \times 50 = 1000 \text{ (rpm)}$$

② 주파수 60[Hz]일 때, 6극 전동기의 회전 자계의 회전 속도는 매분 얼마인가. 또, 매초 얼마인가.

$$n_s = \frac{120}{6} \times 60 = 1200 \text{ (rpm)}$$

$$n_s' = \frac{1200}{60} = 20 \text{ (rps)}$$

③ 주파수 60[Hz]일 때, 회전 자계의 회전 속도가 매분 900이라고 한다. 이 전동기의 극수는 얼마인가.

$$p = \frac{120}{n_s} f = \frac{120}{900} \times 60 = 8$$

④ 4극 전동기의 회전 자계의 회전 속도가 1,500[rpm]이라 한다. 이 경우의 주파수는 얼마인가.

$$f = \frac{n_s \cdot p}{120} = \frac{1500 \times 4}{120} = 50 \text{ (Hz)}$$

25. 미끄럼

$$s = \frac{n_s - n}{n_s} \times 100$$

s : 미끄럼[%]
n_s : 동기 속도[rpm]
n : 회전자 속도[rpm]

미끄럼 s는 전동기가 정지하고 있을 때를 100[%]로 해서, 전부하에서의 값은 5~10[%]이다. 또한 위의 식을 변형하면, n_s와 n은 다음 식으로 표시할 수 있다.

$$s \cdot n_s = n_s - n \quad \therefore \quad n = n_s - n_s \cdot s = n_s(1-s)$$

n의 식을 변형해서 n_s를 구하면,

$$n_s = \frac{n}{1-s}$$

|활용예|

① 동기 속도 1,500[rpm], 회전자 속도 1,425[rpm]인 유도전동기의 미끄럼은 얼마인가.

$$s = \frac{1500 - 1425}{1500} \times 100 = 5 \; [\%]$$

② 6극, 50[Hz]의 유도전동기의 미끄럼이 4[%]라 한다. 회전자의 속도는 얼마인가.

$$n = n_s(1-s) = \frac{120}{p}f(1-s) = \frac{120 \times 50}{6}(1-0.04) = 960 \; [\text{rpm}]$$

③ 전부하 회전수가 1,140[rpm], 극수 6, 미끄럼이 5%인 유도전동기가 있다. 이 경우의 전원의 주파수는 얼마인가.

$$n_s = \frac{n}{1-s} = \frac{1140}{1-0.05} = 1200$$

$$n_s = \frac{120}{p}f \quad \therefore \quad f = \frac{n_s \cdot p}{120} = \frac{1200 \times 6}{120} = 60 \; [\text{Hz}]$$

26. 미끄럼 주파수

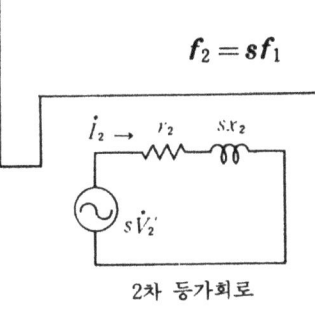

2차 등가회로

$$f_2 = sf_1 \quad \text{[Hz]}$$

f_2 : 미끄럼 주파수[Hz]
f_1 : 1차 주파수[Hz]
s : 유도전동기 미끄럼

유도전동기의 운전중의 2차 유도전압 $\dot{V}_2''$는 다음식으로 표시된다. ($\dot{V}_2'$는 회전자가 정지중의 2차 유도 전압)

$$\dot{V}_2'' = s\dot{V}_2' = 4.44 k_2 \omega_2 sf_1 \phi \quad \text{[V]}$$

이 식 중의 sf_1은 2차 주파수로서, 미끄럼 주파수라 한다. 따라서, 유도전동기의 2차 권선의 임피던스를 $Z_{2s}'[\Omega]$이라 하면, 2차 전류 $I_2[A]$는 그림에서 다음과 같이 된다.

$$I_2 = \frac{sV_2'}{Z_{2s}'} = \frac{sV_2'}{\sqrt{r^2 + (sx_2)^2}} = \frac{V_2'}{\sqrt{(r_2/s)^2 + (x_2)^2}}$$

활용예

① 전원의 주파수 60[Hz], 4극 유도전동기의 회전 속도가 1,710[rpm]일 때, 미끄럼 주파수는 얼마인가.

$$n_s = \frac{120}{p}f = \frac{120 \times 60}{4} = 1800 \text{ [rpm]}, \quad s = \frac{1800 - 1710}{1800} \times 100 = 5 \text{ [\%]}$$

$$f_2 = sf_1 = 0.05 \times 60 = 3 \text{ [Hz]}$$

② 6극, 50[Hz]의 3상 유도전동기의 미끄럼 주파수가 2[Hz]일 때, 미끄럼은 몇 [%]인가.

$$s = \frac{f_2}{f_1} = \frac{2}{50} = 0.04 \quad 4 \text{ [\%]}$$

③ 권선형 3상 유도전동기에서, 2차 1상의 저항이 0.008[Ω], $s=1$에서의 2차 1상의 리액턴스는 0.12[Ω]이다. 미끄럼 5[%]로 운전중의 2차전류와 2차 역률은 얼마인가. 단, 2차 상전압은 50[V]로 한다.

$$I_2 = \frac{50}{\sqrt{(0.008/0.05)^2 + 0.12^2}} = 250 \quad \cos\theta = \frac{0.008/0.05}{\sqrt{(0.008/0.05)^2 + 0.12^2}} = 0.8$$

27. 2차 입력·출력

$$P_0 = P_2 - P_{C2} = P_2(1-s) \quad (W)$$
$$P_{C2} = sP_2 \quad (W)$$

P_0 : 2차 출력(기계출력)[W]
P_2 : 2차 입력[W]
P_{c2} : 2차 동손[W]

2차 출력은, 2차 입력에서 2차의 손실(주로 銅損)을 뺀 값이 된다. 2차 동손은 2차권선의 저항손이며, 위의 식으로 표시할 수 있다.
또한, 2차 효율 η_2는 다음 식으로 표시된다.

$$\eta_2 = \frac{P_0}{P_2} \times 100 = \frac{P_2(1-s)}{P_2} \times 100 = (1-s) \times 100$$

활용예

① 2차입력 10[kW], 전압 200[V], 주파수 50[Hz], 극수 4, 회전속도 1440[rpm]의 3상 유도전동기가 있다. 동기속도, 전부하시의 미끄럼, 2차 효율 및 2차 동손은 각각 얼마인가.

$$n_s = \frac{120f}{p} = \frac{120}{4} \times 50 = 1500 \text{ (rpm)}$$

$$s = \frac{n_s - n}{n_s} \times 100 = \frac{1500-1440}{1500} \times 100 = 4 \text{ (\%)}$$

$$P_{C2} = sP_2 = 0.04 \times 10 \times 10^3 = 400 \text{ (W)}$$

$$\eta_2 = 1 - s = (1-0.04) \times 100 = 96 \text{ (\%)}$$

② 6극, 60[Hz], 출력 15[kW]의 3상 유도전동기가 있다. 전부하시의 회전속도가 1,140[rpm]이다. 2차 입력 및 2차 동손은 각각 얼마인가.

$$n_s = \frac{120}{p}f = \frac{120}{6} \times 60 = 1200 \text{ (rpm)}$$

$$s = \frac{n_s - n}{n_s} \times 100 = \frac{1200-1140}{1200} \times 100 = 5 \text{ (\%)}$$

$$P_2 = \frac{P_0}{1-s} = \frac{15 \times 10^3}{1-0.05} = 15.79 \text{ (kW)}$$

$$P_{C2} = sP_2 = 0.05 \times 15.79 = 0.79 \text{ (kW)}$$

[별해]
$$P_{C2} = P_2 - P_0 = 15.79 - 15$$
$$= 0.79 \text{ (kW)}$$

28. 동기 와트

$$P_2 = 2\pi \frac{n_s}{60} T \quad (\text{W})$$

P_2 : 동기 와트[W]
n_s : 동기 속도[rpm]
T : 토크[N·m]

전동기가 토크 T[N·m]를 발생해서, 회전 속도가 n[rpm]일 때의 2차 출력(기계적 출력) P_0[W]는 다음과 같이 된다.

$$P_0 = 2\pi \frac{n}{60} T \quad \therefore \quad T = \frac{60 P_0}{2\pi n}$$

이 T의 식에 $P_0 = P_2(1-s)$, $n = n_s(1-s)$를 대입하면, P_2는 위의 식과 같이 된다. 이 P_2는 동기 속도로 회전하고 있을 때의 출력 전력을 나타내고 있고, 이것을 동기 와트라 하며, 2차입력과 같다.

활용예

① 8극, 60[Hz]의 3상 유도전동기가 있다. 회전 속도 850[rpm]으로 토크는 50[N·m]이다. 동기 와트 및 기계 출력은 얼마인가.

$$n_s = \frac{120}{p} f = \frac{120}{8} \times 60 = 900 \text{ (rpm)}, \quad P_2 = 2\pi \frac{900}{60} \times 50 = 4712 \text{ (W)}$$

$$P_0 = 2\pi \times \frac{850}{60} \times 50 = 4450 \text{ (W)}$$

② 출력 10[kW], 60[Hz], 12극의 권선형 3상 유도전동기를 전부하로 운전했을 때의 미끄럼 주파수는 3.0[Hz]였다. 이 때의 2차 입력, 토크 및 2차 동손은 각각 얼마인가.

$$s = \frac{f_2}{f_1} = \frac{3}{60} = 0.05, \quad n = n_s(1-s) = \frac{120}{12} \times 60(1-0.05) = 570 \text{ (rpm)}$$

$P_0 = P_2(1-s)$에서

$$P_2 = \frac{P_0}{1-s} = \frac{10000}{1-0.05} = 10526 \text{ (W)}$$

$$T = \frac{60 P_0}{2\pi n} = \frac{60 \times 10000}{2\pi \times 570} = 167.5 \text{ (N·m)}$$

$$P_{C2} = s P_2 = 0.05 \times 10526 = 526 \text{ (W)}$$

29. 비례추이(比例推移)

$$\frac{r_2'}{s} = \frac{r_{21}'}{s_1} = \frac{r_{22}'}{s_2}$$

r_2' : 2차 1상분의 저항[Ω]
r_{21}', r_{22}' : 외부 저항을 포함한 2차 1상분의 저항[Ω]
s, s_1, s_2 : 미끄럼

2차 저항 r_2를 m배 하면, 같은 크기의 토크 T를 발생하는 미끄럼도 m배의 점으로 이동한다. 이것을 토크의 비례추이라 한다.

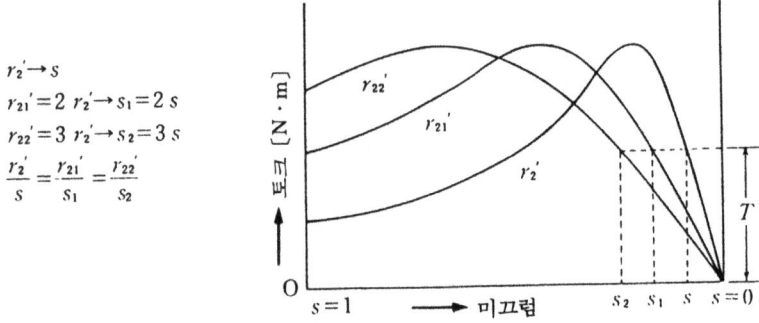

$r_2' \to s$
$r_{21}' = 2\, r_2' \to s_1 = 2s$
$r_{22}' = 3\, r_2' \to s_2 = 3s$
$\dfrac{r_2'}{s} = \dfrac{r_{21}'}{s_1} = \dfrac{r_{22}'}{s_2}$

[활용예]

① 미끄럼이 5[%]로 최대 토크를 발생하는 유도전동기가 있다. 2차 저항을 3배로 하면 미끄럼이 몇 %일 때 최대 토크가 발생하는가.

$\dfrac{r_2}{s} = \dfrac{mr_2}{ms}$ 에서 $ms = \dfrac{s}{r_2} \cdot mr_2 = \dfrac{5.0}{r_2} \cdot 3\, r_2 = 15\ [\%]$

② 4극, 60[Hz]의 권선형 3상유도전동기가 있다. 회전속도 1710[rpm], 2차 회로는 Y결선으로 각 상의 권선저항은 0.02[Ω]이다. 동일 토크 그대로 회전 속도를 1620[rpm]으로 하는 데에 필요한 2차 1상분의 전저항 및 2차 회로에 삽입하는 저항치는 얼마인가.

동기속도 : $n_s = \dfrac{120}{p} f = \dfrac{120}{4} \times 60 = 1800\ [\text{rpm}]$

미끄럼: $s = \dfrac{n_s - n}{n_s} = \dfrac{1800 - 1710}{1800} = 0.05,\quad s_1 = \dfrac{1800 - 1620}{1800} = 0.1$

$\dfrac{r_2}{s} = \dfrac{r_{21}}{s_1}\qquad r_{21} = \dfrac{s_1}{s} r_2 = \dfrac{0.1}{0.05} \times 0.02 = 0.04\ [\Omega]$

$r_{21} = r_2 + R \quad \therefore\ R = r_{21} - r_2 = 0.04 - 0.02 = 0.02\ [\Omega]$

30. 효 율

$$\eta = \frac{P_0}{P_1} \times 100 \quad [\%]$$

η : 효율[%]
P_0 : 출력(2차)[W]
P_1 : 입력(1차)[W]

3상 유도전동기에 있어서, 단자 전압 $V[V]$, 입력 전류 $I[A]$, 역률을 $\cos\theta$로 하면, 3상 입력 $P_1[W]$은 다음 식으로 표시된다.

$$P_1 = \sqrt{3}\, VI\cos\theta \quad [W]$$

[활용예]

① 정격전압 200[V], 정격출력 7.5[kW]의 3상 유도전동기가 있다. 전부하에 있어서, 효율이 89[%]이다. 입력은 얼마인가.

$$P_1 = \frac{P_0}{\eta} \times 100 = \frac{7500}{95} \times 100 = 7895 [W] = 7.9 \ [kW]$$

② 단자 전압 200[V], 1차 입력 10[kW], 역률 85[%]의 3상 유도전동기가 있다. 전부하시의 유입 전류는 얼마인가.

$$P_1 = \sqrt{3}\, VI\cos\theta \text{ 에서 } I = \frac{P_1}{\sqrt{3}\, V\cos\theta} = \frac{10000}{\sqrt{3} \times 200 \times 0.85} = 34 \ [A]$$

③ 단자전압 200[V], 전류 30[A], 역률 87[%], 효율 92[%]의 3상유도전동기의 출력은 얼마인가.

$$P_0 = \eta P_1 = 0.92 \times \sqrt{3} \times 200 \times 30 \times 0.87 = 8.32 \ [kW]$$

④ 3상유도 전동기에 직결하는 펌프가 있다. 펌프의 출력 20[kW], 효율 75[%]이다. 전동기의 출력은 얼마인가. 또, 전동기의 효율을 80[%]로 하면 전동기의 입력은 얼마인가.

전동기의 출력은 펌프의 입력과 같다. 따라서 다음과 같이 된다.

$$P_0 = \frac{20 \times 10^3}{0.75} = 26.7 \ [kW]$$

$$P_1 = \frac{P_0}{\eta} = \frac{26.7 \times 10^3}{0.8} = 33.4 \ [kW]$$

31. 동기 발전기의 유도전압과 주파수

$$f = \frac{pn_s}{120} \ \text{[Hz]}$$

$$V' = 4.44 K \Phi \omega f \ \text{[V]}$$

f : 주파수[Hz]
n_s : 동기 속도[rpm]
V' : 유도전압(1상당)[V]
K : 권선계수(분포계수×단절계수)
ω : 1상의 권선수(코일수×권수)
Φ : 1극당의 자속[Wb]

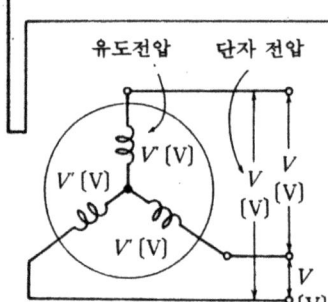

그림과 같이 유도전압 V'[V]는 1상분의 권선 전압이다. 3상 동기발전기의 전기자 권선은 Y결선되어 있으므로, 단자 전압 V[V]는 다음의 식으로 표시된다.

$$V = \sqrt{3} \, V' = \sqrt{3} \times 4.44 \times K \Phi \omega f \ \text{[V]}$$

활용예

① 3,000[rpm]로 운전되고 있는 2극 3상동기발전기의 주파수는 얼마인가.

$$f = \frac{2 \times 3000}{120} = 50 \ \text{[Hz]}$$

② 10극, 50[Hz]의 동기발전기의 매분의 회전 속도는 얼마인가.

$$n_s = \frac{120f}{p} = \frac{120 \times 50}{10} = 600 \ \text{[rpm]}$$

③ 동기발전기의 주파수 50[Hz], 1상의 코일수 30, 1코일의 권수 3, 권선계수 0.95, 1극당의 자속 0.15[Wb]로 했을 때, 유도전압은 얼마인가.

$$V' = 4.44 \times 0.95 \times 0.15 \times 30 \times 3 \times 50 = 2847 \ \text{[V]}$$

④ 극수 16, 회전속도 450[rpm], 코일 총수 105, 1코일의 권수 4, 권선계수 0.94, Y결선, 1극당의 자속 0.165[Wb]의 3상 동기발전기의 유도전압 및 단자전압은 각각 얼마인가.

$$f = \frac{16 \times 450}{120} = 60 \ \text{[Hz]} \quad 1상분의 \ 전코일의 \ 권수 \ \omega = \frac{105}{3} \times 4 = 140$$

$$V' = 4.44 \times 0.94 \times 0.165 \times 140 \times 60 = 5785 \ \text{[V]}$$

$$V = \sqrt{3} \, V' = \sqrt{3} \times 5785 = 10020 \ \text{[V]}$$

32. 동기발전기의 특성

$$Z_s = \frac{V_n}{\sqrt{3}\, I_s} \quad [\Omega]$$

$$K_s = \frac{I_s}{I_n} = \frac{100}{z_s}$$

$$P_n = \sqrt{3}\, V_n I_n \times 10^{-3} \quad [kW]$$

Z_s : 동기 임피던스[Ω]
V_n : 정격전압[V]
I_n : 정격전류[A]
I_s : 단락전류[A]
K_s : 단락비
z_s : 백분율 동기 임피던스[%]
P_n : 정격출력[W]

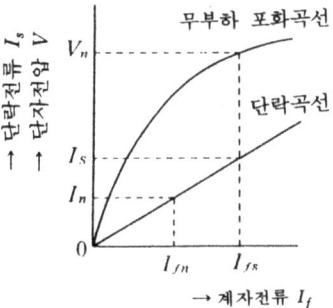
→ 계자전류 I_f

그림은 동기 발전기의 특성곡선이며, 이 그림에서 Z_s, K_s, z_s 등을 구할 수 있다. 또한 Z_s를 Ω으로 표시하는 대신에 %로 표시한 것을 백분율(%) 동기 임피던스 z_s라고 하고, 다음 식으로 나타낸다.

$$z_s = \frac{Z_s I_n}{V_n/\sqrt{3}} \times 100 = \frac{I_n}{I_s} \times 100 \quad [\%]$$

활용예

① 그림에 있어서 $I_{fs}=144[A]$, $I_{fn}=120[A]$, $V_n=6600[V]$의 3상동기발전기가 있다. 정격전류 400[A]일 때, 단락비, 백분율 동기 임피던스 및 동기 임피던스는 각각 얼마인가.

$$K_s = \frac{I_s}{I_n} = \frac{I_{fs}}{I_{fn}} = \frac{144}{120} = 1.2, \quad z_s = \frac{100}{K_s} = \frac{100}{1.2} = 83.3 \; [\%]$$

$$Z_s = \frac{V_n}{\sqrt{3}\, I_s}, \quad I_s = K_s \cdot I_n \quad \therefore \; Z_s = \frac{V_n}{\sqrt{3}\, K_s \cdot I_n} = \frac{6600}{\sqrt{3} \times 1.2 \times 400} = 7.94 [\Omega]$$

② 정격출력 5,000[kVA], 정격전압 6,600[V], 단락비 1.2의 3상 동기발전기의 동기 임피던스는 얼마인가.

$$I_n = \frac{P_n \times 10^3}{\sqrt{3}\, V_n} = \frac{5000 \times 10^3}{\sqrt{3} \times 6600} = 437 \; [A]$$

$$I_s = K_s I_n = 1.2 \times 437 = 524.4 \; [A]$$

$$Z_s = \frac{V_n}{\sqrt{3}\, I_s} = \frac{6600}{\sqrt{3} \times 524.4} = 7.26 \; [\Omega]$$

3. 발송배전(發送配電)

33. 베르누이의 정리

$$h + \frac{v^2}{2g} + \frac{p}{1000g} = 일정)$$

h : 위치수두[m]
v : 유속[m/s]
g : 중력가속도로 9.8[m/s²]
p : 압력[Pa]

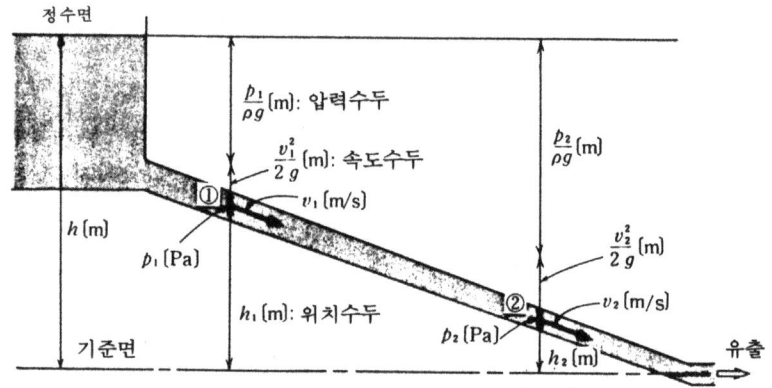

그림과 같이 관 속을 충만하여 흐르는 물은, 위의 식으로 표시되는 에너지를 보유하고 있다. 또, 각 수두의 총합은 어느 점에 있어서도 일정하다. 또한 h는 위치수두, $\frac{v^2}{2g}$ 은 속도수두, $\frac{p}{1000g}$ 는 압력수두라 한다.

활용예

① 그림에서, 수관 안의 점 ②의 유속이 5[m/s], 압력이 5×10⁵[Pa]였다. 이 곳을 흐르고 있는 물 1[m³]가 가지고 있는 운동 에너지, 압력에 의한 에너지는 얼마인가. 또, 이 점의 속도수두, 압력수두는 얼마인가.

(운동 에너지)　　$\frac{1}{2}mv^2 = \frac{1}{2} \times 1000 \times 5^2 = 12500 (J) = 12.5 \ (kJ)$

(압력에 의한 에너지)　　$pV = 5 \times 10^5 \times 1 = 5 \times 10^5 (J) = 500 \ (kJ)$

속도수두 : $\dfrac{5^2}{2 \times 9.8} = 1.28 \ (m)$　　　압력수두 : $\dfrac{5 \times 10^5}{1000 \times 9.8} = 51 \ (m)$

34. 이론수력(理論水力)

$$P_0 = 9.8QH \quad [kW]$$

P_0 : 이론수력[kW]
H : 유효낙차[m]
Q : 유량[m³/s]

유량 $Q[m^3/s]$, 유효낙차 $H[m]$일 때 수차에 작용하는 동력 P_0는 위의 식으로 표시된다. 이것을 이론수력이라 한다. 실제 발전소의 출력 $P[kW]$는 수차 효율 η_w나 발전기 효율 η_g을 고려해서 다음 식으로 표시된다.

$$P = \eta_w \eta_g P_0 = 9.8QH\eta_w\eta_g \quad [kW]$$

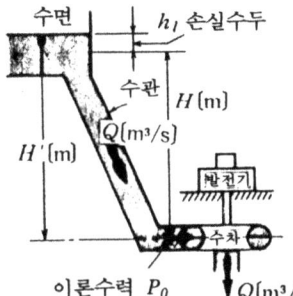

|활용예|

① 유량 6[m³/s], 유효낙차 150[m]인 발전소의 이론수력은 얼마인가.

$$P_0 = 9.8 \times 6 \times 150 = 8820 \ [kW]$$

② 유효낙차 200[m], 유량 20[m³/s]의 수력발전소가 있다. 이 발전소의 출력은 얼마인가. 단, 발전기의 효율을 90[%], 수차의 효율을 86[%]로 한다.

$$P_0 = 9.8 \times 20 \times 200 \times 0.9 \times 0.86 = 30340 \ [kW]$$

③ 유효낙차 120[m], 출력 43000[kW]의 수차 발전기가 전부하로 운전하고 있다. 이때의 유량은 얼마인가. 또, 1시간당의 사용 수량은 얼마인가. 단, 수차 및 발전기의 효율은 90[%] 및 92[%]이다.

$P = 9.8QH\eta_w\eta_g$ 에서

$$Q = \frac{P}{9.8 \times H \times \eta_w \eta_g} = \frac{43000}{9.8 \times 120 \times 0.9 \times 0.92} = 44.2 \ [m^3/s]$$

사용 수량 $Q'[m^3] = Q \times 60 \times 60$
$= 44.2 \times 60 \times 60 = 159120 \ [m^3]$

35. 증기 터빈의 효율

$$\eta_t = \frac{3600P}{z(h_1 - h_2)} \times 100 \quad [\%]$$

$$\eta_h = \frac{3600P}{z(h_1 - h_3)} \times 100 \quad [\%]$$

η_t : 유효 효율[%]
P : 터빈의 출력[kW]
z : 사용 증기량[kg/h]
h_1 : 터빈 입구의 증기가 가진 엔탈피[kJ/kg]
h_2 : 복수기 입구의 증기가 가진 엔탈피[kJ/kg]
h_3 : 복수(復水)의 엔탈피[kJ/kg]
η_h : 터빈의 열효율[%]

증기량 z [kg/h]
증기 엔탈피 h_1 [kJ/kg]
터빈
출력 P [kW]
복수기
증기엔탈피 h_2 [kJ/kg]
복수 엔탈피 h_3 [kJ/kg]

유효 효율이란, 증기 터빈에서 열에너지가 유효하게 기계 에너지로 변환되는 비율을 나타낸다.

활용예

① 증기 터빈의 출력 50000[kW], 사용 증기량이 180[t/h], 터빈 입구에서의 증기의 엔탈피가 3450[kJ/kg], 복수기 입구의 증기의 엔탈피는 2400[kJ/kg], 복수의 엔탈피가 134.4[kF/kg]이다. 이 증기 터빈의 유효 효율 및 열효율은 얼마인가.

$$\eta_t = \frac{3600 \times 50000}{180 \times 10^3 \times (3450 - 2400)} \times 100 = 95.2 \ [\%]$$

$$\eta_h = \frac{3600 \times 50000}{180 \times 10^3 \times (3450 - 134.4)} \times 100 = 30.2 \ [\%]$$

② 엔탈피 3200[kJ/kg]의 증기를 1시간당 43[t] 사용하는 터빈이 있다. 터빈 출구의 증기의 엔탈피는 2,100[kJ/kg]이다. 이 터빈의 출력은 얼마인가. 단, 터빈의 유효 효율은 0.8로 한다.

$$\eta_t = \frac{3600P}{z(h_1 - h_2)} \text{에서} \quad P = \frac{z(h_1 - h_2)\eta_t}{3600} \text{로 된다}$$

$$\therefore P = \frac{43 \times 10^3 (3200 - 2100) \times 0.8}{3600} = 10511 \ [kW]$$

36. 기력(汽力) 발전소의 열효율

$$\eta = \frac{P_h \times 3600}{WH} \times 100 \quad (\%)$$

η : 발전소의 열효율[%]
P_h : 송전단의 전력량[kW·h]
W : 연료 소비량[kg]
H : 연료의 발열량[kJ/kg]

기력발전소의 열효율은 송전단(送電端)의 전력량과 소비한 연료의 전발열량과의 비이며, 위의 식으로 표시된다.

또한, 윗식의 P_h(송전단 전력량)란, 터빈 발전기의 발전 전력량에서 발전소 내에서 사용하는 소비 전력량을 뺀 값, 즉 정미 송전 전력량을 말한다.

[활용예]

① 21000[kJ/kg]의 석탄을 사용해서 석탄 1[t]당 1200[kWh]를 발전하고 있는 기력 발전소의 총합 효율은 얼마인가.

$$\eta = \frac{1200 \times 3600}{10^3 \times 21000} \times 100 = 20.6 \; (\%)$$

② 최대 출력 5000[kW], 일부하율 60[%]의 발전소에서, 발열량 20900 [kJ/kg]의 석탄 2500[t]를 사용해서 30일간 운전했다고 하면, 발전소의 열효율은 얼마인가.

$$\eta = \frac{5000 \times 0.6 \times 30 \times 24 \times 3600}{2500 \times 10^3 \times 20900} \times 100 = 14.9 \; (\%)$$

③ 80000[MWh]의 전력량을 발생하고 있는 기력 발전소가 있다. 발열량 21000[kJ/kg]의 석탄을 사용했다고 하면, 연료의 사용량은 대략 얼마인가. 단, 발전소의 효율은 34[%]로 한다.

$$\eta = \frac{P_h \times 3600}{W \cdot H} \text{ 에서}$$

$$W = \frac{P_h \times 3600}{\eta \cdot H} = \frac{80000 \times 10^3 \times 3600}{0.34 \times 21000} = 40336 \; (t)$$

37. 송전 효율

$$송전 효율 = \frac{P}{P+P_l}$$

P : 수전단(受電端) 전력[W]
P_l : 선로의 전저항손[W]

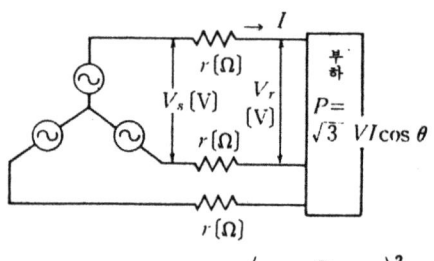

그림에서의 전선의 전저항손 P_l [W]는 다음 식으로 표시된다.

$$P_l = 3 I^2 r$$

여기서, 수전단 전력 $P = \sqrt{3} V_r I \cos \theta$ 이므로, P_l은 다음과 같이 된다.

$$P_l = 3 r \left(\frac{P}{\sqrt{3} V_r \cos \theta}\right)^2 = \frac{rP^2}{V_r^2 \cos^2 \theta}$$

$\frac{P_l}{P} = p$를 송전 손실률이라 한다. 또, $P+P_l$은 송전단 전력이다.

활용예

① 어떤 송전선로의 전저항손이 400[kW], 수전단 전력이 4,800[kW]라고 한다. 송전단 전력 및 송전 손실률은 각각 얼마인가.

송전단 전력 $P + P_l = 4800 + 400 = 5200$ [kW]

송전 손실률 $p = \dfrac{P_l}{P} = \dfrac{400}{4800} = 0.083$

송전 효율 $\dfrac{P}{P+P_l} = \dfrac{4800}{5200} = 0.923$

② 수전단 전압 30[kV], 수전단 전력 6,000[kW], 역률 0.8의 3상 부하에 공급하는 송전선로가 있다. 전저항손, 송전단 전력, 송전 손실률 및 송전 효율은 각각 얼마인가. 단, 전선 1줄의 저항은 19[Ω]으로 한다.

전저항손 $P_l = \dfrac{(6000 \times 10^3)^2 \times 19}{(30 \times 10^3)^2 \times 0.8^2} = 1188$ [kW]

송전단 전력 $P + P_l = 6000 + 1188 = 7188$ [kW]

송전 손실률 $p = \dfrac{1188}{6000} = 0.198$,   송전 효율 $\dfrac{P}{P+P_l} = \dfrac{6000}{7188} = 0.83$

38. 선로상수

$$R = \rho \frac{l}{A} \quad (\Omega/km) \qquad C = \frac{0.024}{\log_{10}\frac{D}{r}} \quad (\mu H/km)$$

$$L = 0.46 \log_{10} \frac{D}{r} + 0.05 \quad (mH/km)$$

R : 저항(Ω/km)
L : 인덕턴스(mH/km)
C : 정전용량$(\mu F/km)$
D : 선간 거리(m)
r : 전선의 반지름(m)

R, L, C는 각각 전선 1줄의 값이며, L 및 C를 작용 인덕턴스, 작용 정전 용량이라고 한다.

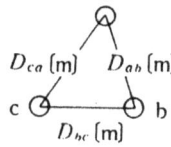

또한, 3상 3선식일 때 3선간의 거리가 그림과 같이 같지 않은 경우는 그 평균치로서 다음의 식을 사용한다.

$$D_e = \sqrt[3]{D_{ab} \cdot D_{bc} \cdot D_{ca}}$$

활용예

① 단면적 150(mm^2)의 경동 연선 1(km)의 전기저항은 얼마인가.

$$R = \frac{1}{55} \times \frac{1000}{150} = 0.12 \ (\Omega)$$

② 단면적 150(mm^2)의 경동(硬銅)연선을 선간 거리 3(m)로 가선(架線)했을 때의 인덕턴스 및 정전용량은 얼마인가.

$$A = \pi r^2 \quad \therefore \quad r = \sqrt{A/\pi} = \sqrt{150/\pi} = 6.9 \ (mm)$$

$$L = 0.46 \log_{10} \frac{3000}{6.9} + 0.05 = 1.26 \ (mH/km)$$

$$C = \frac{0.024}{\log_{10} \frac{3000}{6.9}} = 0.0091 \ (\mu F/km)$$

③ 공칭단면적 55(mm^2)(바깥지름 9.6mm)의 경동 연선을 그림과 같이 배치한 송전선로가 있다. 작용 인덕턴스 및 정전 용량을 구하여라. 단, $D_{ab} = 3(m)$, $D_{bc} = 3.5(m)$, $D_{ca} = 4(m)$로 한다.

$$D_e = \sqrt[3]{3 \times 3.5 \times 4} = 3.48 \ (m) \quad C = \frac{0.024}{\log_{10} \frac{3480}{4.8}} = 0.0084 \ (\mu F/km)$$

$$L = 0.46 \log \frac{3480}{4.8} + 0.05 = 1.37 \ (mH/km)$$

39. 전압 강하율

$$\varepsilon = \frac{V_s - V_r}{V_r} \times 100 \quad (\%)$$

ε : 전압 강하율[%]
V_s : 송전단(送電端) 전압[V]
V_r : 수전단 전압[V]

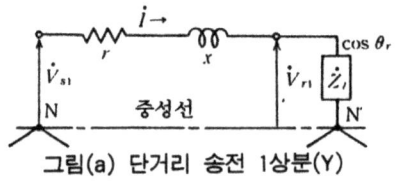

그림(a) 단거리 송전 1상분(Y)

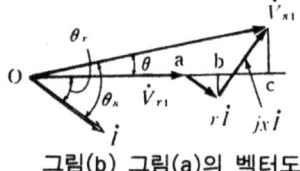

그림(b) 그림(a)의 벡터도

그림에서 상전압 V_s[V]는 다음과 같이 된다.

$$V_{s1} = V_{r1} + (r\cos\theta_r + x\sin\theta_r)I$$

송전단의 선간전압 V_s[V], 수전단의 선간전압을 V_r[V]로 하면, 윗식에서,

$$V_s = V_r + \sqrt{3}(r\cos\theta_r + x\sin\theta_r)I$$

|활용예|

① 어떤 송전선로에서, 송전단 전압이 2,2000[V], 수전단 전압이 2,1000 [V]일 때, 전압 강하율은 얼마인가.

$$\varepsilon = \frac{22000 - 21000}{21000} \times 100 = 4.76 \ (\%)$$

② 3상 3선식 배전선로의 수전단에 전압 3000[V], 역률 0.8(지연), 520[kW]의 부하가 있다. 이 전선로의 송전단 전압 및 전압 강하율은 얼마인가. 단, 전선 1줄의 저항은 1[Ω], 리액턴스는 2.5[Ω]이다.

$$P = \sqrt{3}\,V_r I\cos\theta_r \text{ 에서 } I = \frac{P}{\sqrt{3}\,V_r\cos\theta_r} = \frac{520 \times 10^3}{\sqrt{3} \times 3000 \times 0.8} = 125 \ (A)$$

$$V_s = 3000 + \sqrt{3}(1 \times 0.8 + 2.5 \times \sqrt{1 - 0.8^2}) \times 125 = 3498 \ (V)$$

$$\varepsilon = \frac{3498 - 3000}{3000} \times 100 = 16.6 \ (\%)$$

③ 저항 0.07[Ω/km], 리액턴스 0.46[Ω/km]의 전선을 사용한 길이 50 [km]의 3상3선식 송전선에서, 수전전압 60[kV], 역률 0.8, 12000[kW] 의 부하에 전력을 공급할 경우의 전압 강하는 몇 볼트인가.

$$I = \frac{12000 \times 10^3}{\sqrt{3} \times 60 \times 10^3 \times 0.8} = 144 \ (A)$$

$$v = \sqrt{3}(0.07 \times 50 \times 0.8 + 0.46 \times 50 \times 0.6) \times 144 = 4140 \ (V)$$

40. 전선의 처짐

$$D = \frac{WS^2}{8T} \quad [W]$$

D : 처짐[m]
W : 전선 1[m]당의 중량 [kg/m]
S : 경간(徑間)[m]
T : 수평장력[kg]

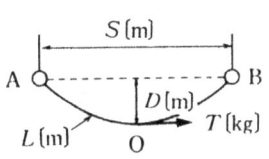

지지물 A, B, 경간 S[m], 전선 1[m]당의 중량을 W[kg], O점에서의 전선의 수평장력을 T[kg]로 하면, 처짐 P[m]는 위의 식으로 표시된다. 또한, 전선의 실길이 L[m]은 다음 식과 같이 된다.

$$L = S + \frac{8D^2}{3S}$$

활용예

① 경간 100[m]의 가공 전선로가 있다. 전선 1[m]의 중량이 0.5[kg/m], 풍압가중(風壓加重)은 없고, 전선의 수평장력이 270[kg]이다. 전선의 처짐은 얼마인가.

$$D = \frac{0.5 \times 100^2}{8 \times 270} = 2.31 \ [m]$$

② 경간이 200[m]의 전선로에 있어서, 처짐이 1.6[m]라고 한다. 이 전선로의 전선의 실길이는 얼마인가.

$$L = 200 + \frac{8 \times 1.6^2}{3 \times 200} = 200.03 \ [m]$$

③ 경간 120[m]에 실길이 120.12[m]의 전선을 가선(架線)했을 때의 처짐은 얼마인가.

$$L = S + \frac{8D^2}{3S} \text{에서} \quad D = \sqrt{\frac{3}{8}S(L-S)} = \sqrt{\frac{3}{8} \times 120(120.12 - 120)}$$
$$\fallingdotseq 2.32 \ [m]$$

④ 경간 200[m]의 철탑에 가선할 때, 전선의 중량 1.2[kg], 전선의 허용 인장하중 7,700[kg], 안전율 2.5로 하면, 처짐은 얼마인가.

$$T = \frac{7700}{2.5} = 3080 [kg] \quad \therefore \quad D = \frac{1.2 \times 200^2}{8 \times 3080} = 1.95 \ [m]$$

41. 수 요 율

$$수요율 = \frac{최대 \; 수요 \; 전력[kW]}{설비 \; 용량[kW]} \times 100 \, [\%]$$

수요가의 전원설비용량을 결정하는 기준을 표시하는 것으로서, 수요가의 최대 수요 전력과 설비 용량의 비이며, 위의 식으로 표시된다.

수요율을 알면, 설비 용량에 대한 최대 수요 전력이 산출되고, 이것으로부터 공급 설비의 크기(변압기의 용량)를 알 수 있다.

|활용예|

① 어떤 공장의 부하 설비 용량이 370[kW], 최대 수요 전력이 220[kW] 였다고 한다. 수요율은 얼마인가.

$$수요율 = \frac{220}{370} \times 100 = 59.5 \, [\%]$$

② 4[kW], 2[kW], 10[kW] 및 15[kW]의 부하 설비가 있다. 수요율이 54[%]일 때, 최대 수요 전력은 얼마인가.

$$최대 \; 수요 \; 전력 = (4 + 2 + 10 + 15) \times 0.54 = 16.74 \, [kW]$$

③ 수요율 57.4[%]인 수요가에서, 최대 수요 전력이 120[kW]였다고 한다. 이 수요가의 설비 용량은 얼마인가.

$$설비용량 = \frac{최대 \; 수요 \; 전력}{수요율} = \frac{120}{0.574} = 209[kW]$$

④ 어떤 공장에 설비되어 있는 전기설비의 내역은, 전등부하 25[kW], 전열부하 50[kW], 동력부하가 750[kW]이고 총합 역률이 0.85이다. 이것에 전력을 공급하는데 필요한 주변압기의 용량은 얼마인가. 단, 수요율은 65[%]로 하고, 변압기 용량을 20[%] 여유를 예상하고 산출하여라.

설비 용량의 합계 25+50+750=825[kW]

최대 수요 전력=설비 용량의 합계×수요율=825×0.65=536.25[kW]

역률이 0.85이므로, 변압기 용량은

$$T = \frac{최대 \; 수요 \; 전력}{역률} = \frac{536.25}{0.85} = 630[kVA]$$

20%의 여유를 예상하면, $T_n = 630 \times 1.2 = 756[kVA]$

42. 부등률(不等率)

$$부등률 = \frac{수요가 개개의 최대 수요 전력의 총합}{합성 최대 수요 전력}$$

개개의 수요가 최대 수요 전력은 같은 시각에 일어나는 것이 아니고, 시간적인 차가 있으므로, 이것에 전력을 공급하는 변전소에서의 최대 수요 전력은 각 수요가의 최대 수요 전력의 합계보다 작다. 따라서, 부등률은 1보다 큰 값이 된다.

[활용예]

① 각 수요가의 최대 수요 전력이 각각 4[kW], 4.5[kW], 4.8[kW] 및 6[kW]이고, 그 합성 최대 수요 전력은 13.3[kW]였다. 이 경우의 부등률은 얼마인가.

$$부등률 = \frac{4+4.5+4.8+6}{13.3} = 1.45$$

② 그림과 같이 전주위의 변압기에서 4집의 수요가에 전력을 공급하고 있다. 변압기의 용량은 얼마이면 좋은가. 단, 각 수요가의 최대 수요 전력은 그림과 같으며, 수요가 상호간의 부등률은 1.35로 한다.

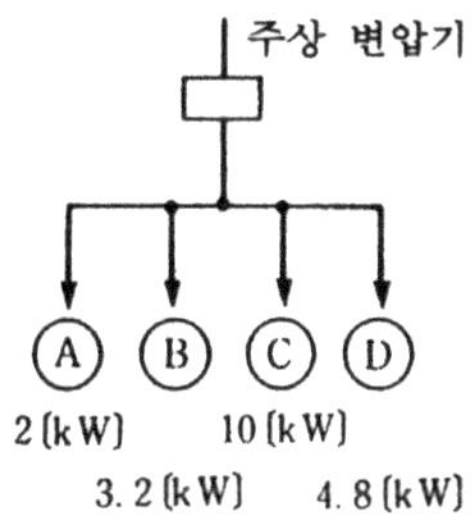

주상 변압기

Ⓐ Ⓑ Ⓒ Ⓓ
2[kW] 10[kW]
　3.2[kW]　4.8[kW]

$$합성 최대 수요 전력 = \frac{2+3.2+10+4.8}{1.35} ≒ 15 \text{[kW]}$$

전등부하이므로 역률이 1이며, 15[kW]=15[kVA]
변압기 용량 = 합성 최대 수요 전력 = 15[kVA]

③ 위의 그림에서, 각 수요가의 부하의 내역은 다음과 같다.

Ⓐ : 설비용량 22[kW], 수요율 60[%], Ⓑ는 10[kW], 65[%], Ⓒ는 15[kW], 40[%], Ⓓ는 18[kW], 50[%]이다. 또, 역률은 1로, 수요가 상호간의 부등률은 1.45이다. 변압기의 용량은 얼마인가.

각 수요가의 최대 수요 전력은 다음과 같이 된다.

Ⓐ = 22×0.6 = 13.2 [kW]　Ⓑ = 10×0.65 = 6.5 [kW]
Ⓒ = 15×0.4 = 6· [kW]　Ⓓ = 18×0.5 = 9 [kW]

$$합성 최대 수요 전력 = \frac{(13.2+6.5+6+9)}{1.45} ≒ 24 \text{[kW]} = 24 \text{[kVA]}$$

43. 부 하 율

$$부하율 = \frac{평균 \ 전력}{최대 \ 수요 \ 전력} \times 100$$

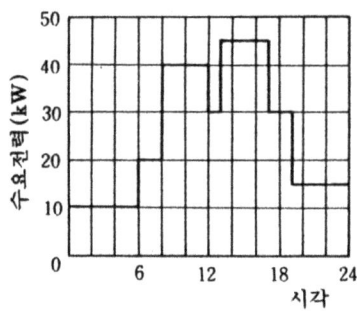

그림과 같이, 전력의 수요는 시각에 따라, 계절에 따라 다르다. 그래서, 위의 식을 사용해서 부하율을 구하여, 공급설비의 사용 방법의 기준으로 한다.

기간을 잡는 법에 따라, 일부하율, 월부하율 및 연부하율 등이 있다.

활용예

① 어떤 공장에서의 1개월의 최대 수요 전력이 600[kW], 월간의 소비 전력량이 158400[kwh]였다. 월부하율은 얼마인가.

$$월평균 \ 전력 = \frac{158400}{30 \times 24} = 220 \ [kW], \quad 월부하율 = \frac{220}{600} \times 100 = 36.7 \ [\%]$$

② 10[kW], 200[V]의 3상유도전동기가 있다. 1일의 사용 전력량 60[kwh], 1일의 최대 수요 전력 8[kW], 최대 수요 전력의 경우의 전류가 30[A]였다. 1일의 부하율 및 최대 공급 전력일 때의 역률은 얼마인가.

$$평균전력 = \frac{60}{24} = 2.5 \ [kW] \quad 일부하율 = \frac{2.5}{8} \times 100 = 31.25 \ [\%]$$

$$P = \sqrt{3} \ VI \cos \theta \ 에서 \quad \cos \theta = \frac{8 \times 10^3}{\sqrt{3} \times 200 \times 30} = 0.77$$

③ 그림에 있어서 다음의 것을 구하여라.
    (1) 최대 수요 전력   (2) 평균 전력   (3) 일부하율
    (1)   45 [kW]

    (2) $\dfrac{(10 \times 6) + (20 \times 2) + (40 \times 4) + (30 \times 3) + (45 \times 4) + (15 \times 5)}{24} = 25.2 \ [kW]$

    (3)   일부하율 $= \dfrac{25.2}{45} \times 100 = 56 \ [\%]$

44. 배전선로의 전압 강하율과 전압 변동률

전압 강하율 = $\dfrac{V_s - V_r}{V_r} \times 100$ (%)

전압 변동률 = $\dfrac{V_{0r} - V_r}{V_r} \times 100$ (%)

V_s : 전부하시의 송전단 전압[V]
V_r : 전부하시의 수전단 전압[V]
V_{0r} : 무부하시의 수전단 전압[V]

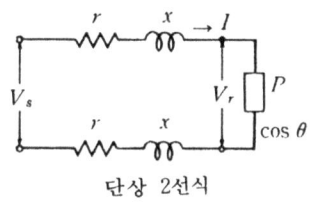

단상 2선식

그림에서, 전선 1줄의 저항을 r[Ω], 리액턴스를 x[Ω], 전류를 I[A], 부하의 역률을 $\cos\theta$라 하면, 송전단 전압 V_s[V] 다음과 같이 표시된다.

$$V_s = V_r + 2I(r\cos\theta + x\sin\theta)$$

여기서, 전압 강하 v[V]는, $v = V_s - V_r = 2I(r\cos\theta + x\sin\theta)$로 된다. 따라서

전압 강하율 = $\dfrac{2I(r\cos\theta + x\sin\theta)}{V_r} \times 100$ (%)

|활용예|

① 배전선로의 전부하시의 송전단 전압 6,600[V], 수전단 전압 6,300[V]이고, 무부하인 경우의 수전단 전압은 6,500[V]라고 한다. 전압강하율 및 전압 변동률은 얼마인가.

전압 강하율 = $\dfrac{6600 - 6300}{6300} \times 100 = 4.8$ (%)

전압 변동률 = $\dfrac{6500 - 6300}{6300} \times 100 = 3.2$ (%)

② 단상 2선식 배전선에 있어서, 수전단 전압 6,000[V], 부하용량 360[kW], 역률 0.9이다. 전선 1줄의 저항 1[Ω], 리액턴스 1.5[Ω]일 때, 송전단 전압 및 전압 강하율은 얼마인가.

$P = VI\cos\theta$ 에서 $I = \dfrac{P}{V\cos\theta} = \dfrac{360 \times 10^3}{6000 \times 0.9} = 66.7$ (A)

$V_s = 6000 + 2 \times 66.7(1 \times 0.9 + 1.5 \times \sqrt{1 - 0.9^2}) = 6207$ (V)

전압 강하율 = $\dfrac{6207 - 6000}{6000} \times 100 = 3.5$ (%)

45. 다수 부하의 전전압 강하

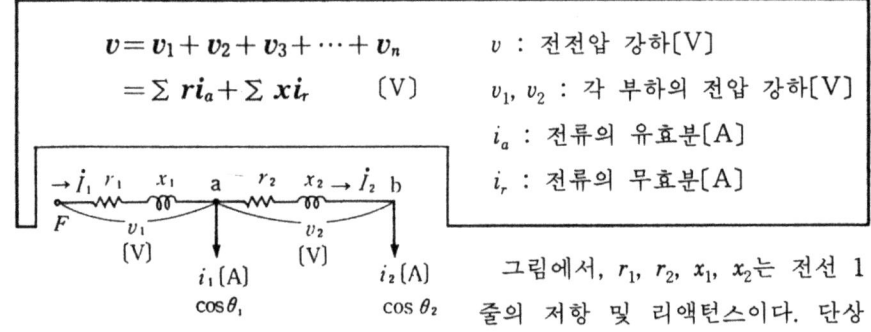

$$v = v_1 + v_2 + v_3 + \cdots + v_n$$
$$= \sum r i_a + \sum x i_r \quad [V]$$

v : 전전압 강하[V]
v_1, v_2 : 각 부하의 전압 강하[V]
i_a : 전류의 유효분[A]
i_r : 전류의 무효분[A]

그림에서, r_1, r_2, x_1, x_2는 전선 1줄의 저항 및 리액턴스이다. 단상 2선식의 경우, 정전압 강하는 다음과 같이 된다.

$$v = v_1 + v_2 = 2 \{r_1(i_1\cos\theta_1 + i_2\cos\theta_2) + x_1(i_1\sin\theta_1 + i_2\sin\theta_2)\}$$
$$+ 2 \{r_2 i_2 \cos\theta_2 + x_2 i_2 \sin\theta_2\}$$

3상3선식의 경우에는 2 대신에 $\sqrt{3}$을 사용한다.

활용예

① 그림에서, $r_1=0.05[\Omega]$, $r_2=0.03[\Omega]$, $x_1=0.025[\Omega]$, $x_2=0.015[\Omega]$, $i_1=50$ [A], $\cos\theta_1=0.8$, $i_2=20[A]$, $\cos\theta_2=0.6$이다. v_{Fa}, v_{ab} 및 전전압 강하 v는 얼마인가. 단, 전로는 단상 2선식이다.

$$v_{Fa} = 2 \{0.05(50\times0.8 + 20\times0.6) + 0.025(50\times0.6 + 20\times0.8)\} = 7.5[V]$$
$$v_{ab} = 2 \{0.03(20\times0.6) + 0.015(20\times0.8)\} = 1.2 [V]$$
$$v = v_1 + v_2 = 7.5 + 1.2 = 8.7 [V]$$

② 그림에서, Fa사이는 200[m], ab 사이는 100[m]이고, $i_1=80[A]$, $\cos\theta_1=0.8$, $i_2=60[A]$, $\cos\theta_2=0.7$이다. v_{Fa}, v_{ab} 및 v는 얼마인가. 단, 전로는 3상3선식이고, 선로저항은 0.4[Ω/km], 리액턴스는 0.3[Ω/km]이다.

$$r_1 = 0.4 \times \frac{200}{1000} = 0.08 [\Omega] \quad r_2 = 0.04[\Omega], \; x_1 = 0.06[\Omega], \; x_2 = 0.03[\Omega]$$

$$v_{Fa} = \sqrt{3} \{0.08(80\times0.8 + 60\times0.7) + 0.06(80\times0.6 + 60\times0.71)\}$$
$$= 24.1 [V]$$
$$v_{ab} = \sqrt{3} \{(0.04\times60\times0.7) + (0.03\times60\times0.71)\} = 5.12 [V]$$
$$v = 24.1 + 5.12 = 29.22 [V]$$

46. 콘덴서의 kVA용량

단상회로	$Q = 2\pi f C V^2$	Q : kVA용량
3상△결선	$Q_d = 6\pi f C_d V^2$	V : 선간전압[V]
3상Y결선	$Q_s = 2\pi f C_s V^2$	C : 콘덴서 1개의 정전용량[F]
		f : 주파수[Hz]

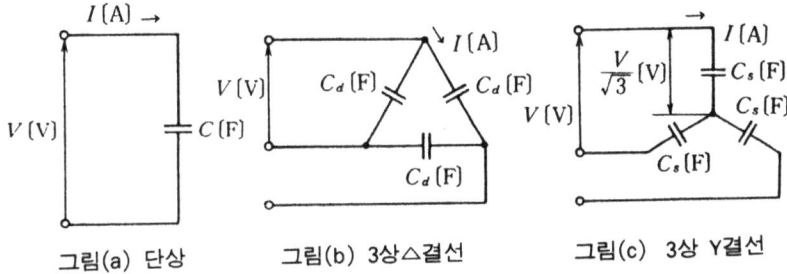

그림(a) 단상   그림(b) 3상△결선   그림(c) 3상 Y결선

또한, Q_d와 Q_s가 동일하게 되는 C_d와 C_s의 관계는 다음과 같이 된다.

$$C_d = \frac{1}{3} C_s \quad \begin{pmatrix} \text{이것으로부터, 3상회로에서는 △결} \\ \text{선으로 해서 사용하는 일이 많다} \end{pmatrix}$$

활용예

① 100[μF]의 콘덴서를 단상 200[V], 60[Hz]의 전선로에 사용하고 있다. kVA용량은 어느 정도인가.

$$Q = 2\pi \times 60 \times 100 \times 10^{-6} \times 200^2 = 1.5 \text{ [kVA]}$$

② 100[μF]의 콘덴서 3개를 △결선으로 해서, 200[V], 50[Hz]의 3상회로에 사용할 때, kVA용량은 얼마인가.

$$Q = 6\pi \times 50 \times 100 \times 10^{-6} \times 200^2 ≒ 3.8 \text{ [kVA]}$$

③ 어떤 공장의 3상부하에 10[kVA]의 콘덴서가 접속되어 있다. 콘덴서가 △결선되어 있는 경우와 Y결선되어 있는 경우의 정전용량은 각각 얼마인가. 단, 회로의 전압은 200[V], 주파수는 50[Hz]이다.

$$Q_d = 6\pi f C_d V^2 \text{ 에서 } C_d = \frac{Q_d}{6\pi f V^2} = \frac{10 \times 10^3}{6\pi \times 50 \times 200^2} = 265 \text{ [μF]}$$

$$C_s = 3C_d = 3 \times 265 = 795 \text{ [μF]}$$

47. 역률 개선에 요하는 콘덴서 용량

$$Q = P(\tan\theta - \tan\theta_0) \quad [kVA]$$
(부하 전력이 일정한 경우)

Q : 콘덴서 용량[kVA]
P : 부하 전력[kW]
θ : 최초의 위상각
θ_0 : 개선 후의 위상각

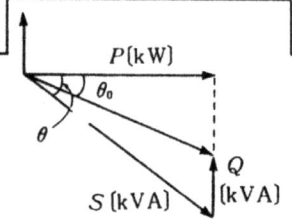

역률 $\cos\theta$, 유효전력 $P[kW]$의 부하에 콘덴서를 병렬로 접속하고, 합성역률을 $\cos\theta_0$로 개선하는데 필요한 콘덴서의 kVA용량은, 벡터도에서 위의 식으로 표시된다.

[활용예]

① 출력 1400[kW]의 변전소가 있고, 전출력시의 부하의 역률은 70[%](지연)이다. 이것에 콘덴서를 접속하여, 변전소에서의 역률을 90[%]로 개선하려 한다. 이것에 필요한 콘덴서의 용량은 얼마인가.

$\cos\theta = 0.7$일 때 $\sin\theta = \sqrt{1-0.7^2} = 0.71$

$$\therefore \quad \tan\theta = \sin\theta/\cos\theta = \frac{0.71}{0.7} = 1.01$$

$\cos\theta_0 = 0.9$일 때 $\sin\theta_0 = \sqrt{1-0.9^2} = 0.44$

$$\therefore \quad \tan\theta_0 = 0.44/0.9 = 0.49$$

$P = 1400(1.01 - 0.49) = 728 \ [kVA]$

② 500[kW], 역률 80[%]의 부하에 전력을 공급하는 변전소에 콘덴서 220[kVA]를 설치한다면, 역률은 얼마로 개선되는가.

콘덴서 설치 전의 피상전력은,

$$S = \frac{P}{\cos\theta} = \frac{500}{0.8} = 625 \ [kVA]$$

무효전력 Q'는

$Q' = S \cdot \sin\theta = 625 \times \sqrt{1-0.8^2}$
$\quad = 375 \ [kVA]$

콘덴서 설치 후의 무효전력 Q'는

$Q_0 = Q' - Q = 375 - 220$
$\quad = 155 \ [kVA]$

$$\cos\theta_0 = \frac{P}{S_0} = \frac{500}{\sqrt{500^2 + 155^2}}$$
$$= 0.96$$

48. 옥내배선의 간선의 허용전류

$I_M \leq I_H$ 일 때 $I_A \geq I_M + I_H$ I_M : 전동기의 전류[A]

$I_M > I_H$ 일 때 I_H : 전등 및 전열기의

$I_M \leq 50[A]$ 일 때 $I_A \geq 1.25 I_M + I_H$ 전류[A]

$I_M \geq 50[A]$ 일 때 $I_A \geq 1.1 I_M + I_H$ I_A : 간선의 허용전류[A]

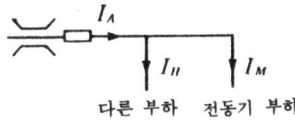
다른 부하   전동기 부하

전기설비 기술기준에는 간선의 허용전류에 대하여 위의 식과 같은 규정이 있다.

|활용예|

① 그림에서, $I_H = 30[A]$, $I_M = 30[A]$일 때, 간선의 허용전류는 얼마이어야만 하는가.

     $I_H > I_M$ ∴ $I_A \geq I_M + I_H = 20 + 30 = 50$ [A]

② 정격전류 10[A]와 20[A]의 전동기 및 전등 기타 부하에 20[A]의 전력을 공급하는 간선의 허용전류는 몇 암페아 이상이어야 하나.

     $I_M = 10 + 20 = 30[A]$, $I_H = 20[A]$ ∴ $I_M > I_H$ 또한 $I_M < 50[A]$

   ∴ $I_A \geq 1.25 I_M + I_H = 1.25 \times 30 + 20 = 57.5$ [A]

③ 정격전류 45[A] 및 15[A]의 전동기와 전등 기타 부하에 40[A]의 전력을 공급하고 있는 간선이 있다. 이 간선의 허용전류는 몇 암페아 이상이어야 되나.

     $I_M = 45 + 15 = 60$ [A] $I_H = 40$ ∴ $I_M > I_H$

     $I_M \geq 50$의 경우이므로

     $I_A \geq 1.1 I_M + I_H = 1.1 \times 60 + 40 = 106$ [A]

④ $I_M = 48[A]$, $I_H = 42[A]$일 때, 간선의 허용전류는 얼마인가.

     $I_M > I_H$

     $I_M \leq 50[A]$이므로

     $I_A \geq 1.25 I_M + I_H = 1.25 \times 48 + 42 = 102$ [A]

4 전기 응용

49. 광도(光度)

$$I = \frac{\Delta F}{\Delta \omega} \quad [cd]$$

I : 광도[cd]
ΔF : 광속[lm]
$\Delta \omega$: 입체각[sr]

광원의 어떤 방향에 대해서, 입체각 $\Delta\omega$[sr]로 ΔF[lm]의 광속이 나오고 있을 경우, 광도 I[cd]는 위의 식으로 나타낸다.

또한, 입체각이란, 그림(a)와 같이 점 O에서 본 공간의 퍼짐의 정도를 나타내는데 사용한다.

반지름 R[m]의 구면상(球面上)의 면적이 A[m²]라면, $\omega = A / R^2$이 된다. 따라서 구 전체의 입체각은 4π[sr]이다.

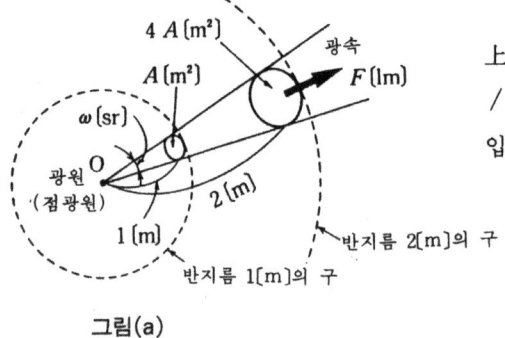
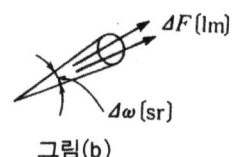

그림(a)　　　　　　　　　그림(b)

활용예

① 광원의 어떤 방향에 대해서, 입체각 0.1[sr]로 2[lm]의 광속이 나오고 있을 때의 광도는 얼마인가.

$$I = \frac{\Delta F}{\Delta \omega} = \frac{2}{0.1} = 20 \; [cd]$$

② 모든 방향에 대해서 I[cd]의 광도를 가진 점광원의 전광속은 얼마인가.

$$F = \omega I = 4\pi I \; [lm]$$

③ 100[cd]의 점광원의 전광속은 얼마인가.

$$F = 100 \times 4\pi = 1256 \; [lm]$$

50. 조도(照度)

$$E = \frac{F}{A} \quad [lx]$$

E : 조도[lx]
F : 광속[lm]
A : 면적[m²]

피조면(被照面)에 입사하는 단위면적당의 광속의 비율을 조도라 한다. 그림에서, 피조면의 면적 $A[m^2]$, 고르게 입사하는 광속을 $F[lm]$라 하면, 그

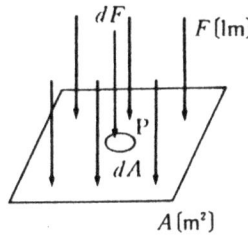

면 위의 조도는 위의 식으로 나타낸다.

또, 그 면 위의 P점에 미소면적 dA를 취하고, 거기에 입사하는 광속이 dF라 하면, P점의 조도 E_P는 다음 식으로 표시된다.

$$E_P = \frac{dF}{dA} \quad [lx]$$

[활용예]

① 어떤 면의 5[m²]에 2000[lm]의 광속이 입사하고 있다. 이 면의 조도는 얼마인가.

$$E = \frac{F}{A} = \frac{2000}{5} = 400 \quad [lx]$$

② 어떤 면의 80[m²]에 12[lm]의 광속이 입사하고 있다. 이 면의 조도는 얼마인가.

$$E = \frac{F}{A} = \frac{12}{80 \times 10^{-4}} = 1500 \quad [lx]$$

③ 15[m²]의 면의 평균 조도가 200[lx]일 때, 입사광속은 얼마인가.
$$F = EA = 200 \times 15 = 3000 \quad [lm]$$

④ 평균 조도가 300[lx]인 방의 입사광속이 2700[lm]이었다고 한다. 이 방의 면적은 얼마인가.

$$A = \frac{F}{E} = \frac{2700}{300} = 9 \quad [m^2]$$

51. 거리의 역제곱의 법칙

$$E = \frac{I}{l^2} \quad [\text{lx}]$$

E : 조도[lx]
I : 광도[cd]
l : 광원으로부터의 거리[m]

그림과 같이, 광도 I[cd]인 균일 점광원을 중심으로 하는 반지름 l[m]의 구면 위의 조도를 구하여 본다. 점광원에서 모든 방향으로 방사되는 전광속 F는 $4\pi I$[lm]이고, 구의 표면적 A는 $4\pi l^2$[m²]이므로, 조도는 다음 식과 같이 된다.

$$E = \frac{F}{A} = \frac{4\pi I}{4\pi l^2} = \frac{I}{l^2} \quad [\text{lx}]$$

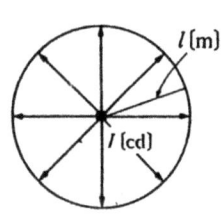

활용예

① 광도 150[cd]의 점광원에서, 2[m] 떨어진 점의 조도는 얼마인가.

$$E = \frac{I}{l^2} = \frac{150}{2^2} = \frac{150}{4} = 37.5 \; [\text{lx}]$$

② 어떤 점광원에서 2[m] 떨어진 점의 조도가 100[lx]일 때, 광원의 광도는 얼마인가. 또, 4[m] 떨어진 점의 조도는 얼마인가.

$$I = l^2 E = 2^2 \times 100 = 400 \; [\text{cd}]$$

$$E = \frac{400}{4^2} = \frac{400}{16} = 25 \; [\text{lx}]$$

③ 책상 위의 중심 바로 위 3[m]의 곳에 200[cd]의 광원이 있다. 책상위의 중심면의 조도는 얼마인가.

$$E = \frac{I}{l^2} = \frac{200}{3^2} = \frac{200}{9} = 22.2 \; [\text{lx}]$$

④ 200[cd]의 광원에서, 50[lx]의 조도가 얻어지는 거리는 얼마인가.

$$l^2 = \frac{I}{E} \quad \therefore \quad l = \sqrt{\frac{I}{E}} = \sqrt{\frac{200}{50}} = \sqrt{4} = 2 \; [\text{m}]$$

52. 법선(法線)·수평면 및 연직면 조도

$$E_n = \frac{I}{l^2} \quad \text{[lx]}$$
$$E_h = \frac{I}{l^2}\cos\theta = E_n\cos\theta \quad \text{[lx]}$$
$$E_v = \frac{I}{l^2}\sin\theta = E_n\sin\theta \quad \text{[lx]}$$

E_n : 법선 조도[lx]
I : 광도[cd]
l : 광원에서 피조면까지의 거리
E_h : 수평면 조도[lx]
E_v : 연직면 조도[lx]

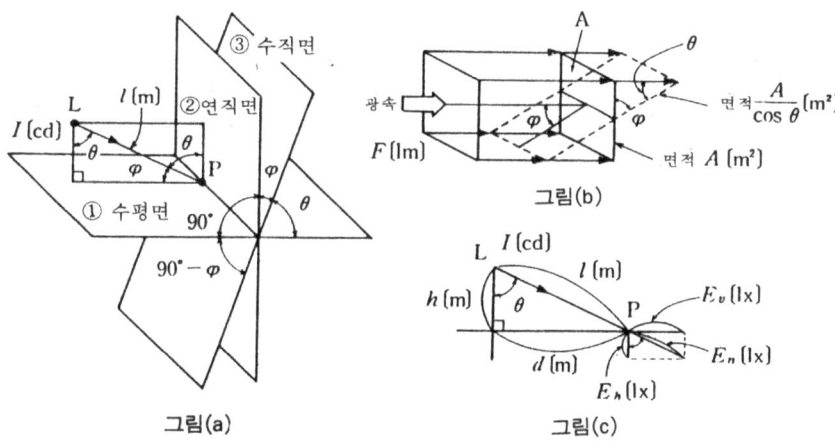

그림(a) 그림(b) 그림(c)

그림에서, 입사광속에 대해서 수직한 면 ③에 대한 조도를 법선조도라 한다. 또, 수평면 ①에 대한 조도 및 연직면 ②에 대한 조도를 수평면 조도 및 연직면 조도라 한다. 또, 그림(c)에서의 l은 다음과 같이 해서 구한다.

$$l = \sqrt{h^2 + d^2} \quad \text{[m]}$$

활용예

① 그림(c)에서, $h=6$[m], $d=8$[m], $I=50$[cd]일 때, 법선, 수평면 및 연직면 조도는 각각 얼마인가.

$$l = \sqrt{h^2 + d^2} = \sqrt{6^2 + 8^2} = 10 \text{ [m]}$$

$$\cos\theta = \frac{h}{l} = \frac{6}{10} = 0.6, \quad \sin\theta = \frac{d}{l} = \frac{8}{10} = 0.8$$

$$E_n = \frac{I}{l^2} = \frac{50}{10^2} = 0.5 \text{ [}lx\text{]} \quad E_h = E_n\cos\theta = 0.5 \times 0.6 = 0.3 \text{ [lx]}$$

$$E_v = E_n\sin\theta = 0.5 \times 0.8 = 0.4 \text{ [lx]}$$

53. 반사율·투과율·흡수율

$$\rho + \tau + \sigma = 1$$

ρ : 반사율
τ : 투과율
σ : 흡수율

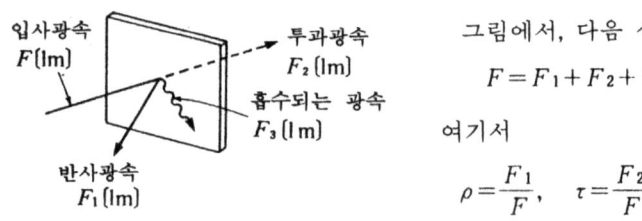

그림에서, 다음 식이 성립한다.

$$F = F_1 + F_2 + F_3$$

여기서

$$\rho = \frac{F_1}{F}, \quad \tau = \frac{F_2}{F}, \quad \sigma = \frac{F_3}{F} \text{ 이다.}$$

활용예

① 어떤 유리판에서, 반사율이 25[%], 투과율이 60[%]였다고 한다. 흡수율은 얼마인가.

$$\sigma = 100 - (\rho + \tau) = 100 - (25 + 60) = 15 \ [\%]$$

② 유리판에 600[lm]의 광속이 입사하고, 반사광속이 125[lm], 투과광속이 420[lm]였다. 이 경우의 반사율, 투과율, 흡수율 및 흡수된 광속은 얼마인가.

$$\rho = \frac{F_1}{F} = \frac{125}{600} = 0.21 \qquad \tau = \frac{F_2}{F} = \frac{420}{600} = 0.7$$

$$\sigma = \frac{F - F_1 - F_2}{F} = \frac{600 - 125 - 420}{600} = 0.09$$

$$F_3 = 600 - 125 - 420 = 55 \ [\text{lm}]$$

③ 투과율 80[%]의 유리를 3장 밀착시켰을 때 전체의 투과율은 대략 얼마인가.

1장째 $\quad F_{21} = \frac{80}{100} F = 0.8F \qquad$ 2장째 $\quad F_{22} = \frac{80}{100} F_{21} = 0.8 \times (0.8F)$
$$= 0.64F$$

3장째 $\quad F_{23} = \frac{80}{100} F_{22} = 0.8 \times (0.64F) = 0.512F$

$\therefore \ \tau = F_{23}/F = 0.512F/F = 0.512 \qquad \therefore$ 투과율은 약 51%

54. 광속발산도(光束發散度)

$$M = \frac{F}{A} \quad [\text{lm}/\text{m}^2]$$

M : 광속발산도$[\text{lm}/\text{m}^2]$
F : 광속$[\text{lm}]$
A : 광원의 면적$[\text{m}^2]$

광원이 어떤 크기를 가지고 있을 경우, 어떤 면에서 발산되는 광속의 단위 면적당의 광속을 말한다. 이것은 2차 광원에 대해서도 말할 수 있다.

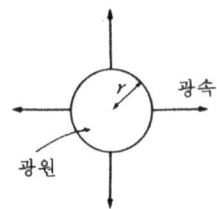

지금, 조도 $E[\text{lx}]$인 면의 반사율이 ρ이면, 반사광속은 $\rho E[\text{lm}/\text{m}^2]$이고, 또 투과율이 τ이면 투과광속은 $\tau E[\text{lm}/\text{m}^2]$이므로, 반사면 및 투과면에서의 광속발산도를 M_ρ 및 M_τ로 하면 다음과 같이 된다.

$$M_\rho = \rho E \quad [\text{lm}/\text{m}^2]$$
$$M_\tau = \tau E \quad [\text{lm}/\text{m}^2]$$

활용예

① 그림에서, 반지름이 2[m], 광속이 300[lm]이라고 하면, 이 광원의 광속발산도는 얼마인가.

$$M = \frac{300}{4\pi \times 2^2} = 5.97 \quad [\text{lm}/\text{m}^2]$$

② 150[W]의 가스들이 전구를 반지름 14[cm], 빛의 투과율 0.8인 글러브 내에서 불을 켠 경우에서의 광속 발산도는 얼마인가. 단, 150[W] 전구의 광속은 2,300[lm]로 한다. 글러브 내의 반사는 무시한다.

$$M = \frac{F}{A} = \frac{2300 \times 0.8}{4\pi \times (14 \times 10^{-2})^2} = 7471 \quad [\text{lm}/\text{m}^2]$$

③ 투과율 80[%]의 유리에 50[lx]의 조도로 비추었다. 유리의 광속발산도는 얼마인가. 또, 반사율 50[%]인 유리의 경우는 얼마인가

$$M_\tau = \tau E = 0.8 \times 50 = 40 \quad [\text{lm}/\text{m}^2]$$
$$M_\rho = \rho E = 0.5 \times 50 = 25 \quad [\text{lm}/\text{m}^2]$$

55. 휘도(輝度)

$$L = \frac{I}{A} \quad [cd/m^2]$$

L : 휘도[cd/m²]
I : 광도[cd]
A : 겉보기 면적[m²]

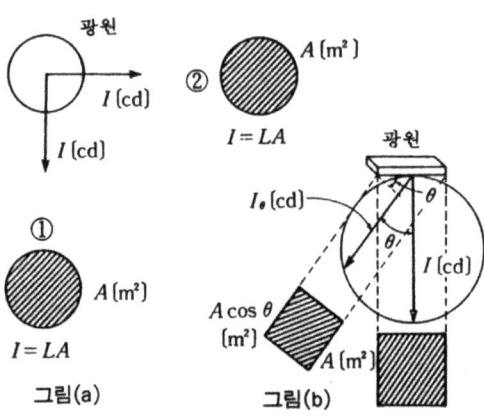

그림(a) 그림(b)

그림(a)의 구형광원의 경우에는 ①, ②의 어느 방향에 대해서도 I[cd]의 광도가 있다.

그러나 그림(b)와 같은 판 모양 광원에서 겉보기 면적은 각도 θ에 따라 다르며, $A\cos\theta$로 표시된다. 또한, 완전 확산면에서는 휘도 L[cd/m²]과 광속발산도 M[lm/m²]은 다음의 관계에 있다.

$$M = \pi L$$

활용예

① 반지름 10[cm]의 구형 광원의 표면적 전체에서 광도가 300[cd]이다. 이 경우의 휘도는 얼마인가.

$$L = \frac{I}{A} = \frac{I}{4\pi r^2} = \frac{300}{4\pi(10\times 10^{-2})^2} = 2387 \ [cd/m^2]$$

② 150[W]의 가스 들이 전구를 반지름 20[cm], 빛의 투과율 0.8의 글러브 안에서 점등한 경우, 글러브의 휘도는 얼마인가. 단, 글러브 내면의 반사는 무시하고, 전구의 광속은 2300[lm]로 한다.

$$F_2 = F\tau = 2300 \times 0.8 = 1840 \ [lm] \quad (투과광속)$$
$$A = 4\pi r^2 = 4\pi \times 0.2^2 = 0.5 \quad (글러브의 표면적)$$
$$M = \frac{F_2}{A} = \frac{1840}{0.5} = 3680 \ [lm/m^2]$$
$$L = \frac{M}{\pi} = \frac{3680}{\pi} = 1171 \ [cd/m^2]$$

56. 광도의 측정

$$I = I_s \left(\frac{r}{r_s}\right)^2 \text{ (cd)}$$

I : 공시(供試) 전구의 광도[cd]
I_s : 표준 전구의 광도[cd]
r : 측광기와 피측정 전구의 거리[m]
r_s : 측광기와 표준 전구의 거리[m]

광도의 측정에는, 그림과 같은 장형 광도계가 사용된다. 이 그림에서 표준 전구 L_s로부터의 빛과, 광도를 알 수 없는 전구 L로부터의 빛이 측광기 P의 a, b의 양쪽에 도달하는데, 그것들의 조도가 같아지도록, r_s[m] 또는 r[m]를 조정한다. 이것으로부터, 다음의 식이 성립한다.

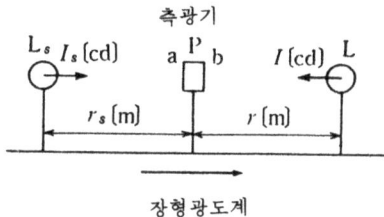

장형광도계

$$\frac{I_s}{r_s^2} = \frac{I}{r^2}$$

이 식에서, I_s의 값을 알고 있으므로, r_s, r의 값을 측정하면, I의 값을 알 수 있다.

활용예

① 그림에서, $I_s = 50$[cd], $r_s = 1.45$[m], $r = 1.55$[m]였다고 한다. 전구 L의 광도는 얼마인가.

$$I = 50 \times \left(\frac{1.55}{1.45}\right)^2 = 57.1 \text{ (cd)}$$

② 그림과 같은 길이 2[m]의 장형 광도계의 양 끝에 L_s, L 두 전구를 켜고 측정했더니 중앙에서 평형했다. 다음에, L_s전구 쪽에 1장의 유리판 T를 삽입했더니 중앙에서 10[m] L_s전구 쪽으로 옮긴 점에서 평형했다고 한다. 이 유리판의 투과율은 얼마인가.

$\dfrac{I_s}{r_s^2} = \dfrac{I}{r^2}$ 에서 $\dfrac{\tau I}{(1-0.1)^2} = \dfrac{I}{(1+0.1)^2}$ ∴ $\tau = \dfrac{(1-0.1)^2}{(1+0.1)^2} = 0.67$

유리의 투과율은 67[%]이다

57. 광속의 측정

$$F = F_s \left(\frac{r_s}{r}\right)^2 \ \text{[lm]}$$

F : 공시 전구의 광속[lm]
F_s : 표준 전구의 광속[lm]
r_s : 측광기에서 비교등의 거리[m](표준)
r : 측광기에서 비교등의 거리[m](공시)

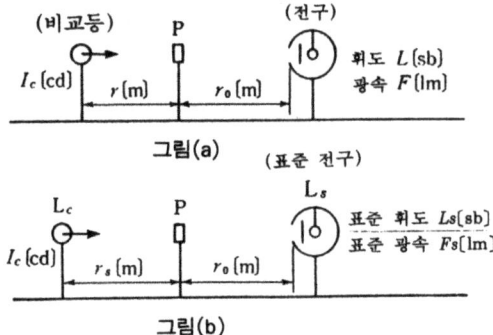

그림은, 광속계에 의한 광속 측정법이다. 우선, L_c를 조절하고, 광속을 알 수 없는 전구 L로부터의 빛과 L_c로부터의 빛을 P에서 비교해서 일치시킨다. 이때, L_c와 P의 거리를 r[m]로 한다.

다음에, 전구 L을 표준 전구 L_s로 교환하고, 다시 L_c의 위치를 조절해서 P의 좌우의 조도가 일치하도록 한다. 이때, 다음 식이 성립한다.

$$\frac{F}{F_s} = \frac{L}{L_s} = \frac{I_c/r^2}{I_c/r_s^2} = \left(\frac{r_s}{r}\right)^2 \quad \therefore \ F = \left(\frac{r_s}{r}\right)^2 F_s$$

활용예

① 그림에서, 표준 광속이 2300[lm], $r=1.5$[m], $r_s=2$[m]이다. 공시 전구의 전광속은 얼마인가.

$$F = \left(\frac{2}{1.5}\right)^2 \times 2300 = 4089 \ \text{[lm]}$$

② 구형(球形) 광속계를 사용해서 전구의 전광속을 측정하려고 할 경우, 처음에 표준전구를 점등했을 때, 비교등과 광도계의 거리가 1.40[m]에서 평형하고, 다음에 공시전구를 점등했을 때, 80[cm]에서 평형했다. 표준 전구의 전광속을 2000[lm]로 하면, 공시전구의 전광속은 얼마인가.

$r_s=1.4$[m], $r=0.8$[m] $F_s=2000$ 이므로,

$$F = \left(\frac{1.4}{0.8}\right)^2 \times 2000 = 6125 \ \text{[lm]}$$

58. 조명 설계

$$NF = \frac{EA}{MU}$$

F : 소요 광속[lm] A : 피조(被照)면적[m²]
N : 전등수 M : 보수율
E : 조도[lx] U : 조명률

총 광속 및 전등의 크기를 구하는 계산 방법에 광속법이 있다.

우선, 작업면에 필요한 광속 EA를 구한다. 그러나 광원의 방사하는 광속이 전부 유효하게 작업면에 도달하지 않으므로 조명률을 고려한다. 또 전등의 보수 상태를 생각해서 전광속을 구하고, 전등수를 정한다. 위의 식은, 소요 총 광속을 나타내는 식이다.

|활용예|

① 구면광도(球面光度) 50[cd]의 전구 10개를 설치한 방이 있다. 조명률 50[%]일 때 이용할 수 있는 광속은 얼마인가.

$NF = 4\pi IN = 4\pi \times 50 \times 10 = 6283$ [lm]

$F = 6283 \times 0.5 = 3141$ [lm]

② 150[m²]의 방의 조도를 500[lx]로 하려 한다. 조명률 30[%], 보수율을 70[%]로 하면, 필요한 총 광속은 얼마인가. 또, 1개의 전광속이 2000[lm]인 형광등을 사용한다고 하면, 램프는 몇개 필요한가.

$$NF = \frac{500 \times 150}{0.3 \times 0.7} = 357143 \text{ [lm]}$$

$$N = \frac{357143}{F} = \frac{357143}{2000} = 178.6 \fallingdotseq 179 \text{ [개]}$$

③ 가로 10[m], 세로 20[m], 천정 높이 5[m]이고 조명률이 0.5인 방의 탁상의 평균 수평면 조도를 100[lx]로 하기 위해서는, 형광등 40W 2등용을 몇개 사용하면 좋은가. 단, 형광등 40W의 전광속을 2000[lm], 보수율 0.56으로 한다.

$$NF = \frac{100 \times (10 \times 20)}{0.5 \times 0.56} = 71428 \qquad N = \frac{71428}{2 \times 2000} = 17.9 \fallingdotseq 18 \text{ [기]}$$

59. 전열의 발생

$$Q = I^2 Rt \quad (J)$$

Q : 열량[J]
I : 전류[A]
R : 전기저항[Ω]
t : 전류를 흘린 시간[s]

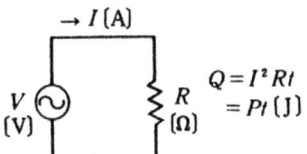

그림의 경우의 발생열량은 위에 표시한 식으로 나타낸다. 따라서 1[kWh]의 전기량은, 3600[kJ]의 발열량과 같고, 860[kg]의 물을 1[℃] 상승시키는 열량이다.

또, 질량 m[kg], 비열 c[J/kg·℃]인 물체를 t_1에서 t_2로 상승시키는데 필요한 전력 P[W]는 다음의 식으로 표시된다.

$$P = \frac{mc(t_2 - t_1)}{\eta t}$$

단, η은 열효율이다.

활용예

① 5[Ω]의 니크롬선을 100[V]로 10분간 사용했을 때의 발생열량은 얼마인가.

$$Q = I^2 Rt = VIt = \frac{V^2}{R}t = \frac{(100)^2}{5} \times 10 \times 60 = 1200 \ (kJ)$$

② 5[l]의 물의 온도를 10[℃] 상승시키는데 필요한 열량은 몇 줄인가. 단, 물의 비열은 4.2[J/kg·℃]이다.

$$Q = mc\,\theta = 5 \times 10^3 \times 4.2 \times 10 = 210 \ (kJ)$$

③ 1[kW]의 투입 탕비기로 10[l]의 물을 20[℃]에서 80[℃]로 상승시키는데 몇분 걸리는가. 단, 물의 비열은 4.2[J/kg·℃], 열효율은 90[%]로 한다.

$$t = \frac{mc(t_2 - t_1)}{P\eta} = \frac{10 \times 10^3 \times 4.2(80-20)}{1000 \times 0.9} = 2800(s) = 46.7 \ [분]$$
$$= 46분 \ 42초$$

60. 열회로의 옴의 법칙

$$\Phi = \frac{\theta}{R} \quad [W]$$

Φ : 열류(熱流)[W]
θ : 온도차[℃]
R : 열저항[℃/W]

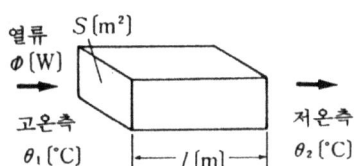

그림에서, 다음의 식이 성립한다.

$$\Phi = \frac{\theta_1 - \theta_2}{R}$$

또, 열저항 R[℃/W]는 다음과 같이 표시된다.

$$R = \frac{1}{\lambda} \cdot \frac{l}{S}$$

단, λ는 [W/m·℃]로 열전도율이다.

|활용예|

① 열저항 0.5[℃/W]의 물체에 20[℃]의 온도차를 주었을 때에 생기는 열류는 얼마인가.

$$\Phi = \frac{20}{0.5} = 40 \; [W]$$

② 단면적 15[cm²], 길이 20[cm]의 목재에 10[℃]의 온도차를 주었을 때에 생기는 열류는 얼마인가. 단, 열전도율은 0.1163[W/m·℃]로 한다.

$$R = \frac{1}{0.1163} \cdot \frac{20 \times 10^{-2}}{15 \times 10^{-4}} = 1146.5 \; [℃/W]$$

$$\Phi = \frac{\theta}{R} = \frac{10}{1146.5} = 8.7 \times 10^{-3} \; [W]$$

③ 단면적 0.1[m²], 길이 2[m]의 둥근 철봉이 있다. 열저항은 0.32[℃/W]라고 한다. 이 철봉의 열전도율은 얼마인가.

$$R = \frac{1}{\lambda} \cdot \frac{l}{S}$$

$$\lambda = \frac{1}{R} \cdot \frac{l}{S} = \frac{1}{0.32} \cdot \frac{2}{0.1} = 62.5 \; [W/m·℃]$$

5. 전자공학

61. 전자의 질량

$$m' = \frac{m}{\sqrt{1-\left(\frac{u}{c}\right)^2}} \text{ [kg]}$$

m' : 고속으로 운전중인 전자의 질량[kg]
m : 전자의 정지 상태의 질량[kg]
u : 전자의 속도[m/s]
c : 광속($\fallingdotseq 3\times 10^8$[m/s])

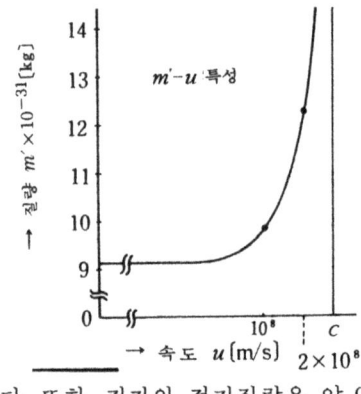

$m'-u$ 특성

아인슈타인의 상대성 이론에 의하면, 일반적으로 물질의 질량은 정지하고 있을 때와 운동하고 있을 때에는 다르며, 그 관계는 위의 식으로 표시된다. 위의 식에서, 속도가 10^7[m/s] 이하에서는 $m' \fallingdotseq m$ 이지만, 광속에 가까워지는데 따라 분모는 0에 가까워져, m'는 한없이 증대한다. 그림은 광속 부근의 상태를 표시한 것이다. 또한, 전자의 정지질량은 약 9.109×10^{-31}[kg]이다.

활용예

① 전자가 3×10^6[m/s]로 운동하고 있을 때의 질량 m'은 얼마인가.

$$m' = \frac{m}{\sqrt{1-\left(\frac{u}{c}\right)^2}} = \frac{9.109\times 10^{-31}}{\sqrt{1-\left(\frac{3\times 10^6}{3\times 10^8}\right)^2}} \fallingdotseq 9.110\times 10^{-31} \text{ [kg]} \ (\fallingdotseq m)$$

② 전자속도 $u=2\times 10^8$[m/s]일 때의 질량 m'는 얼마인가. 또, 질량비 m'/m은 얼마인가.

$$m' = \frac{m}{\sqrt{1-\left(\frac{u}{c}\right)^2}} = \frac{9.109\times 10^{-31}}{\sqrt{1-\left(\frac{2\times 10^8}{3\times 10^8}\right)^2}} \fallingdotseq 12.220\times 10^{-31} \text{ [kg]} \quad \frac{m'}{m}=1.342$$

③ 고속 운동하고 있는 전자의 질량이 9.662×10^{-31}[kg]일 때, 속도 u를 구하여라.

$$u = c\sqrt{1-\left(\frac{m}{m'}\right)^2} = 3\times 10^8 \sqrt{1-\left(\frac{9.109\times 10^{-31}}{9.662\times 10^{-31}}\right)^2} = 10^8 \text{ [m/s]}$$

62. 광전자 방출 한계 파장

$$\lambda_c = \frac{hc}{e\phi} = \frac{1.24 \times 10^{-6}}{\phi} \quad [m]$$

h : 프랭크의 상수(6.626×10^{-34}[J·S])
c : 광속(3×10^8[m/s])
e : 전자의 전하(1.602×10^{-19}[C])
ϕ : 일함수[eV]
m : 전자의 질량(9.109×10^{-31}[kg])
u : 방출 전자의 처음 속도[m/s]

광자 $h \cdot f$[J], u[m/s] 광전자, $\frac{1}{2}mu^2$[J], $e\phi$[J], 금속면

금속에 빛 등을 쪼였을 때 표면에서 방출되는 전자를 광전자라 한다. 또, 빛은 전자파임과 동시에, 어떤 에너지를 가진 입자라고도 생각할 수 있으므로, 이것을 광전자 또는 광자라고 한다. 빛의 전자파로서의 주파수를 f라 하면, 광자가 가진 에너지의 크기는 $h \cdot f$[J]로 표시된다.

광전자가 금속 밖으로 튀어 나가는데 필요한 에너지(일함수)를 ϕ[eV]($e\phi$[J])로 하면, $h \cdot f$[J] $> e\phi$[J]일 때 광전자는 튀어나간다. 즉, 광자의 f가 높을수록(파장이 짧을수록) 광전자는 방출된다. 이때 광전자는 u[m/s]의 속도로 튀어나오므로, 광전자는 $1/2mu^2$[J]의 운동 에너지를 가지고 있다. 따라서, $h \cdot f - e\phi = 1/2mu^2$이 성립한다. 따라서, 광전자가 튀어나오느냐 않느냐의 경계에서는 $u=0$로 놓으면 $h \cdot f - e\phi = 0$에서 $f = e\phi/h$, 이 f를 한계주파수 f_c라 하며, c를 광속이라 하면 f_c의 파장 즉 한계파장 λ_c는 위의 공식이 된다.

|활용예|

① 일함수가 2[eV]의 한계파장은 얼마인가.

$$\lambda_c = \frac{1.24 \times 10^{-6}}{\phi} = 0.62 \times 10^{-6} \text{ [m]}$$

② 나트륨의 한계파장은 약 542[mμ]이다. 일함수를 구하여라.

$$\phi = \frac{1.24 \times 10^{-6}}{\lambda_c} = \frac{1.24 \times 10^{-6}}{542 \times 10^{-9}} \fallingdotseq 2.3 \text{ [eV]}$$

③ 1000[Å]의 광자 1개가 가지고 있는 에너지는 얼마인가.

$\lambda = 1000$[Å] 이므로 $f = \frac{c}{\lambda} = \frac{3 \times 10^8}{10^{-7}} = 3 \times 10^{15}$ [Hz]

$h \cdot f = 6.626 \times 10^{-34} \times 3 \times 10^{15} \fallingdotseq 2 \times 10^{-18}$ [J]

63. 전자파의 파장

$$\lambda = \frac{c}{f} \; (m)$$

c : 광속 $3 \times 10^8 [m/s]$
f : 주파수$[Hz]$

전자파에는, 라디오 전파에서부터 적외선, X선, γ선 등 여러 종류가 존재한다. 전자파는 그림(a)와 같이, 전계 E와 자계 H가 교대로 「오른손 엄지

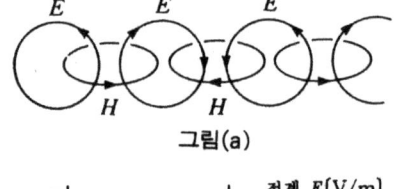

그림(a)

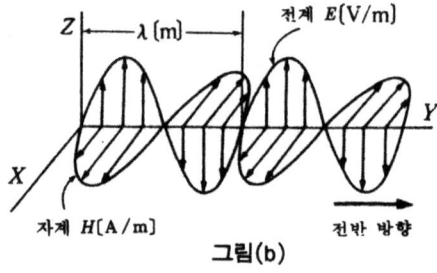

그림(b)

방향」에 생기고, 사슬처럼 서로 얽혀 공간을 전해 간다. 이 관계는 또 그림(b)와 같이 전계와 자계를 사인파로 표시할 수도 있다. 그림(b)에서, 전기력선이 존재하는 면을 전계면이라 하며, E면과 H면은 전반 방향에 대해서 서로 직각이다. 또, 전계면이 땅에 대해서 수직으로 되어 있는 것을 수직편파, 수평으로 되어 있는 것을 수평편파라 한다.

전자파는 빛과 똑같이 1초간에 $3 \times 10^8 [m]$ 나아가므로, $1[Hz]$에 요하는 거리, 즉 파장 λ는 위의 공식으로 구할 수 있다.

활용예

① $f = 300[kHz]$인 전파의 파장은 얼마인가.
$$\lambda = \frac{c}{f} = \frac{3 \times 10^8}{300 \times 10^3} = 1000 \; (m)$$

② 파장이 $2[m]$인 주파수는 얼마인가.
$$f = \frac{c}{\lambda} = \frac{3 \times 10^8}{2} = 1.5 \times 10^8 = 150 \times 10^6 = 150 \; (MHz)$$

③ 주파수가 $3 \times 10^{18} [Hz]$인 X선의 파장을 Å(옹스트롬), nm(나노미터), μm(마이크로미터)의 보조단위로 표시하여라.
$$\lambda = \frac{c}{f} = \frac{3 \times 10^8}{3 \times 10^{18}} = 1 \times 10^{-10} \; (m) \quad \text{따라서}$$

$1 \; (\text{Å}) = 10^{-10} (m)$ 이므로 $1 \times 10^{-10} (m) = 1 \; (\text{Å})$
$1 \; (nm) = 10^{-9} \; (m)$ 〃   〃 $= 0.1 \times 10^{-9} = 0.1 \; (nm)$
$1 \; (\mu m) = 10^{-6} \; (m)$ 〃   〃 $= 0.0001 \times 10^{-6} = 10^{-4} \; (\mu m)$

64. 열전자 전류

$$I_s = AT^2 \varepsilon^{-\frac{e\phi}{kT}} \quad [A/m^2]$$

$b_0 = \frac{e}{k}\phi = \frac{1.602 \times 10^{-19}\phi}{1.38062 \times 10^{-23}} = 11600\phi \quad [K]$

로 놓으면

$$I_s = AT^2 \varepsilon^{-\frac{b_0}{T}} \quad [A/m^2]$$

A : 열전자방출상수 $[A/m^2 \cdot K^2]$
T : 절대온도 $[K]$
ε : 자연 로그의 밑 (2.71828)
ϕ : 각 금속 재료의 일함수 $[eV]$
k : 볼쯔만 상수
$\quad (1.38062 \times 10^{-23} [J/K])$
e : 전자의 전하 $(1.602 \times 10^{-19} [C])$

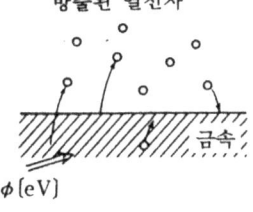

일반적으로 금속의 내부에서는 자유전자가 특정한 원자핵에 소속하는 일 없이 자유로 운동하고 있다고 생각된다. 이들의 전자는 다른 것에서 열과 전계, 자계 등의 강한 에너지를 받으면, 전위 장벽을 넘어서 외부로 튀어 나간다고 생각되고 있다. $\phi [eV]$를 주었을 때, 금속 표면의 단위면적에서 흐르는 전류를 $I_s [A/m^2]$라 하면, 위의 공식(리차드슨의 식)이 성립한다.

활용예

① 2,500 $[K]$로 가열된 어떤 금속에서 방출되는 전류밀도는 얼마인가. 단, $A = 60 \times 10^4 [A/m^2 \cdot K^2]$, $b_0 = 5.24 \times 10^4 [K]$로 한다.

$I_s = AT^2 \varepsilon^{-\frac{b_0}{T}} = 60 \times 10^4 \times 2500^2 \times 2.71828^{-\frac{5.24 \times 10^4}{2500}} \fallingdotseq 3000 \quad [A/m^2]$

② ①에서, 금속의 지름이 $0.01 \times 10^{-2} [m]$, 길이가 $5 \times 10^{-2} [m]$인 경우의 방출되는 전류는 얼마인가.

금속의 표면적은 약 $0.157 \times 10^{-4} [m^2]$

따라서 구하는 전류는 $0.157 \times 10^{-4} \times 3 \times 10^3 = 47.1 [mA]$

③ ①에서, 온도 강하가 10[%]였을 경우, 전류밀도의 변화는 얼마인가.

$I_s = AT^2 \varepsilon^{-\frac{b_0}{T}} = 60 \times 10^4 \times 2250^2 \times 2.71828^{-\frac{5.24 \times 10^4}{2250}} \fallingdotseq 230 \quad [A/m^2]$

따라서, $3000 - 230 = 2770 [A/m^2]$ 감소한다.

65. 전계에서의 전자 운동

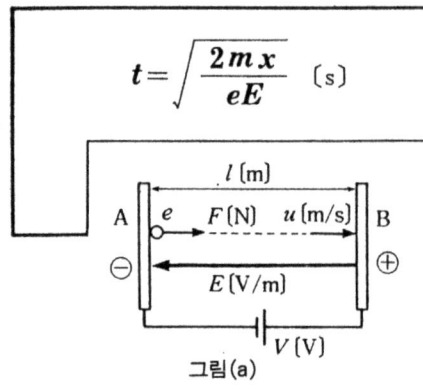

$$t = \sqrt{\frac{2mx}{eE}} \ \text{[s]}$$

m : 전자의 질량 (9.109×10^{-31})[kg]
x : 전계중, 전자의 나아간 거리[m]
e : 전자의 전하 (1.602×10^{-19})[C]
E : 전계의 세기[V/m]

그림(a)에서, 극판 A에서 정지하고 있던 전자는 전계 E에서 점차로 가속되어 극판 B에 속도 u[m/s]로 도달한다.

전계내에 놓인 1개의 전자에는 $F=eE$[N]의 힘이 작용한다. 또, 힘의 크기는 질량과 가속도의 곱에 비례하므로, 전자의 질량을 m[kg], 가속도를 a[m/s²]라고 하면 다음식이 성립한다.

$$F = eE = ma \quad \therefore \quad a = \frac{eE}{m}$$

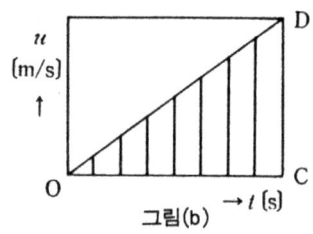

a는 전계중의 어떤 부분에서도 일정하고, 전자의 속도 u는 시간 t[s]의 경과와 함께 증가한다.

$$\therefore \quad u = at$$

이 식의 관계를 표시하면 그림(b)와 같이 되고, t초 후의 전자의 나아간 거리를 x[m]라 하면, x는 △OCD의 면적으로 표시되며, 다음 식으로 나타난다.

$$x = \frac{1}{2}at^2 = \frac{eEt^2}{2m} \quad \therefore \quad t = \sqrt{\frac{2mx}{eE}}$$

활용예

① $x = 5 \times 10^{-3}$[m], $E = 500$[V/m]일 때의 전자의 운동시간은 얼마인가.

$$t = \sqrt{\frac{2mx}{eE}} = \sqrt{\frac{2 \times 9.109 \times 10^{-31} \times 5 \times 10^{-3}}{1.602 \times 10^{-19} \times 500}} = 1.07 \times 10^{-8} \ \text{[s]}$$

② $t = 2 \times 10^{-8}$[s], $E = 1000$[V/m]에서는, 전자는 몇 [m] 나아가는가.

$$x = \frac{eEt^2}{2m} = \frac{1.602 \times 10^{-19} \times 1000 \times (2 \times 10^{-8})^2}{2 \times 9.109 \times 10^{-31}} \fallingdotseq 35 \times 10^{-3} \ \text{[m]}$$

66. 전자의 속도

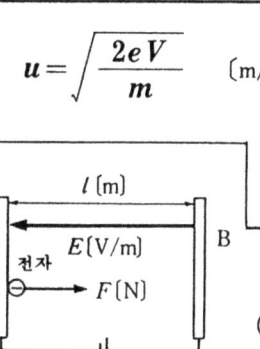

$$u = \sqrt{\frac{2eV}{m}} \quad [m/s]$$

u : 전자의 속도[m/s]
e : 전자의 전하(1.602×10^{-19}[C])
V : 전극간 전압[V]
m : 전자의 질량(9.109×10^{-31}[kg])

그림과 같은 전계중에 놓인 전자에는, 정전력(靜電力)이 작용하여, 운동은 가속된다. 전계의 세기를 $E=V/l$[V/m]라 하면, 전자에 작용하는 힘은 $F=e \cdot V/l$ [N], 따라서, 이 힘으로 l [m] 전자를 운동시켰을 경우, 전자에 이루어진 일은 eV[J]이다. 또, 처음 극판 A에 있던 질량 m[kg]의 전자(처음 속도 0)가 극판 B에 도달했을 때의 속도가 u[m/s]였다고 하면, B에 도달했을 때의 전자가 가진 운동 에너지는 $1/2 mu^2$[J]로 되고, 다음 식이 성립한다.

$$\frac{1}{2}mu^2 = eV \quad \therefore \quad u = \sqrt{\frac{2eV}{m}}$$

위의 공식에서 알 수 있듯이, 전자가 가진 운동에너지는 가한 전압 V[V]에 비례하고 있다. 여기서 전압이 1[V]일 때 전자가 얻는 운동에너지를 1전자 볼트 [eV]라 한다. 즉, $1eV = 1.602 \times 10^{-19}$[J]이다.

[활용예]

① 100[eV]의 에너지를 가진 전자의 속도를 구하고, 광속 c와 비교하여라.

$$u = \sqrt{\frac{2eV}{m}} = \sqrt{\frac{2 \times 1.602 \times 10^{-19} \times 10^2}{9.109 \times 10^{-31}}} = 5.93 \times 10^6 \ [m/s]$$

$$\frac{u}{c} = \frac{5.93 \times 10^6}{3 \times 10^8} = 1.98 \times 10^{-2} \fallingdotseq \frac{1}{50} \quad (배)$$

② 전자의 속도가 8×10^6[m/s]일 때의 전극간 전압은 얼마인가.

$$V = \frac{mu^2}{2e} = \frac{9.109 \times 10^{-31} \times (8 \times 10^6)^2}{2 \times 1.602 \times 10^{-19}} = 182 \ [V]$$

67. 자계 중의 전자의 운동주기

$$T = \frac{2\pi m}{eB} \quad [s]$$

m : 전자의 질량(9.109×10^{-31}[kg])
e : 전자의 전하(1.602×10^{-19}[C])
B : 자속밀도[Wb/m²]

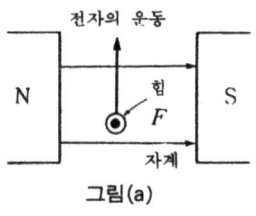

그림(a)

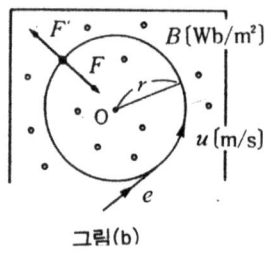

그림(b)

그림(a)에서, 평등 자계 중을 전자가 자계와 직각으로 이동했다고 한다. 전류는 전자의 이동 방향과는 반대 방향으로 흐른 것이 되고, 플레밍의 왼손 법칙에 의해, 전자에는 앞쪽 방향의 힘 F [N]가 생긴다. 이 힘은 전자속도를 u[m/s]라 하면, $F = Beu$[N]로 된다.

따라서 그림(b)와 같이 평등 자계 중에 자계의 방향과 직각으로 전자가 진입하면 전자에는 일정한 Beu[N]의 힘이 작용하여, 전자는 원궤도를 그리며 회전한다. 이 때의 원반지름을 r[m], 전자에 작용하는 원심력을 F'라 하면, $F' = \dfrac{mu^2}{r}$[N]로 구하여지며, F와 F'는 평형을 이루고 있으므로,

$$Beu = \frac{mu^2}{r} \qquad \therefore \quad r = \frac{mu}{eB}$$

또, 이 원운동의 주기를 T[s]라 하면,

$$T = \frac{2\pi r}{u} = \frac{2\pi}{u} \cdot \frac{mu}{eB} = \frac{2\pi m}{eB} \quad [s]$$

활용예

① 자속밀도가 1[Wb/m²]일 때의 주기는 얼마인가.

$$T = \frac{2\pi m}{eB} = \frac{2\pi \times 9.109 \times 10^{-31}}{1.602 \times 10^{-19} \times 1} = 3.57 \times 10^{-11} \ [s]$$

② $B = 0.02$[Wb/m²], $u = 10^6$[m/s]일 때, r와 전자의 회전수 n[rps]은 얼마인가.

$$r = \frac{mu}{eB} = \frac{9.109 \times 10^{-31} \times 10^6}{1.602 \times 10^{-19} \times 2 \times 10^{-2}} = 2.84 \times 10^{-4} \ [m]$$

$$n = \frac{1}{T} = \frac{eB}{2\pi m} = \frac{1.602 \times 10^{-19} \times 2 \times 10^{-2}}{2\pi \times 9.109 \times 10^{-31}} = 5.6 \times 10^8 \ [rps]$$

68. 전계에 의한 편향거리

$$D = D_1 + D_2 = \frac{eEl}{mu^2}\left(L + \frac{l}{2}\right) \text{ (m)}$$

e : 전자의 전하(1.602×10^{-19}[C])
E : 전계의 세기[V/m]
m : 전자의 질량(9.109×10^{-31}[kg])

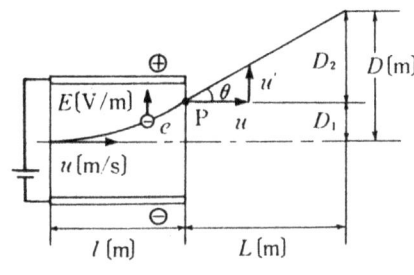

그림과 같이, 1개의 전자가 속도 u[m/s]로 전계 E[V/m]에 직각으로 진입한 경우, 전자는 +전극 쪽으로 가속도 a[m/s]가 주어져 편향하고, 극판 l[m]을 나온 후는 직진한다.

이 경우, 전자의 편향은 물체의 낙하가 포물선을 그리는 것과 비슷하고, 그 편향거리는 $1/2 at^2$[m]로 표시된다. $a = eE/m$, $t = l/u$이므로,

$$D_1 = \frac{1}{2} \cdot \frac{eE}{m}\left(\frac{l}{u}\right)^2 = \frac{eEl^2}{2mu^2}$$

또, P점에서의 y축 방향에의 속도 u'[m/s]는(가속도와 시간의 곱이므로)

$$u' = at = \frac{eE}{m}t = \frac{eEl}{mu}$$

따라서 편각 θ는

$$\tan\theta = \frac{u'}{u} = \frac{\frac{eEl}{mu}}{u} = \frac{eEl}{mu^2} \quad \therefore \quad D_2 = L\tan\theta = \frac{eEl}{mu^2}L$$

따라서, $D = D_1 + D_2$는 위의 공식으로 된다.

[활용예]

① $u = 10^6$[m/s], $E = 100$[V/m], $l = 5$[m], $L = 10$[cm]로 했을 때, D_1, $\tan\theta$, D_2 및 D는 각각 얼마인가.

$$D_1 = \frac{eEl^2}{2mu^2} = \frac{1.602 \times 10^{-19} \times 10^2 \times 0.05^2}{2 \times 9.109 \times 10^{-31} \times (10^6)^2} = 2.2 \times 10^{-2} = 2.2 \text{ (cm)}$$

$$\tan\theta = \frac{eEl}{mu^2} = \frac{D_1 \times 2}{l} = \frac{2.2 \times 10^{-2} \times 2}{0.05} = 0.88$$

$$D_2 = L\tan\theta = 0.1 \times 0.88 = 0.088 = 8.8 \text{(cm)} \quad \therefore \quad D = D_1 + D_2 = 11 \text{ (cm)}$$

69. 트랜지스터 상수

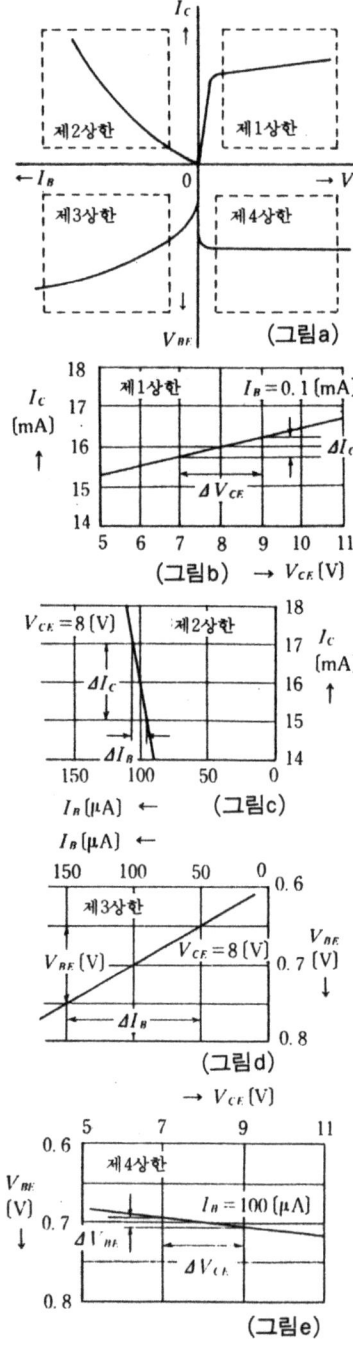

(그림a)
(그림b)
(그림c)
(그림d)
(그림e)

그림(a)는 트랜지스터의 특성곡선인데, 각 상한의 파선으로 둘러싸인 부분은, 곡선의 기울기가 대략 일정하다.

따라서, 각 상한의 측정점의 기울기와 이 점의 전압·전류의 값에서 h상수를 구할 수 있다.

다음에, $V_{CE}=8[V]$, $I_C=8[mA]$의 점을 확대하고, 미소 구간 내에서 h상수를 구해 본다.

[활용예]

그림(b)에서, 출력 애드미턴스 $h_{oe}=\left|\dfrac{\Delta I_C}{\Delta V_{CE}}\right|$

$\Delta V_{CE}=2[V]$, $\Delta I_C=0.5[mA]$

∴ $h_{oe}=\dfrac{0.5\times 10^{-3}}{2}=2.5\times 10^{-4}[S]$

그림(c)에서, 전류증폭률 $h_{fe}=\left|\dfrac{\Delta I_C}{\Delta I_B}\right|$

$\Delta I_B=10[\mu A]$, $\Delta I_C=2[mA]$

∴ $h_{fe}=\dfrac{2\times 10^{-3}}{10\times 10^{-6}}=200$

그림(d)에서, 입력저항 $h_{ie}=\left|\dfrac{\Delta V_{BE}}{\Delta I_B}\right|$

$\Delta I_B=100[\mu A]$, $\Delta V_{BE}=0.1[V]$

∴ $h_{ie}=\dfrac{0.1}{100\times 10^{-6}}=1000[\Omega]$

그림(e)에서, 전압 귀환율 $h_{re}=\left|\dfrac{\Delta V_{BE}}{\Delta V_{CE}}\right|$

$\Delta V_{CE}=2[V]$, $\Delta V_{BE}=10[mV]$

∴ $h_{re}=\dfrac{10\times 10^{-3}}{2}=5\times 10^{-3}$

70. 트랜지스터의 등가회로

$$\begin{cases} v_{be} = h_{ie}\, i_b + h_{re}\, v_{ce} \\ i_c = h_{fe}\, i_b + h_{oe}\, v_{ce} \end{cases}$$

이 식은 트랜지스터를 4단자망으로 하고 h상수를 사용해서 표시한 것으로서, 등가회로는 다음과 같이 된다.

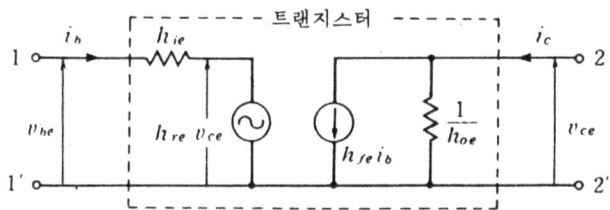

(h상수의 구하는 법)

그림의 1-1′에 전압 v_{be}를 가하고, 단자 2-2′를 단락하면,

$$h_{ie} = \left(\frac{v_{be}}{i_b}\right)_{(v_{ce}=0)} [\Omega] \quad : \text{출력 단락시의 입력저항}$$

$$h_{fe} = \left(\frac{i_c}{i_b}\right)_{(v_{ce}=0)} \quad : \text{출력 단락시의 전류 증폭률}$$

또, 2-2′에 전압 v_{ce}를 가하고, 단자 1-1′를 개방하면

$$h_{re} = \left(\frac{v_{be}}{v_{ce}}\right)_{(i_b=0)} \quad : \text{입력 개방시의 전압 귀환율}$$

$$h_{oe} = \left(\frac{i_c}{v_{ce}}\right)_{(i_b=0)} [S] \quad : \text{입력 개방시의 출력 애드미턴스}$$

|활용예|

① 등가회로가 간단화되는 것은 어떤 경우인가. 이유를 설명하고 도시하여라.

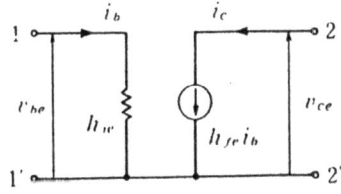

일반적으로 h_{re}는 극히 작다. 또, 출력 임피던스 $1/h_{oe}$가 부하 저항에 비하여 극히 클 때, 2개를 생략할 수 있다.

71. FET의 상호 콘덕턴스

$$g_m = \left|\frac{\Delta I_D}{\Delta V_{GS}}\right| \text{ (S)} \quad (V_{DS} \text{ 일정})$$

ΔI_D : 드레인 전류의 미소 변화분[A]
ΔV_{GS} : 게이트, 소스간 전압의 미소 변화분[V]

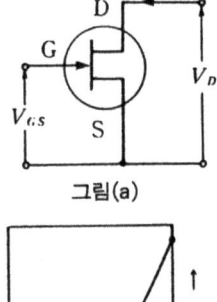

그림(a)

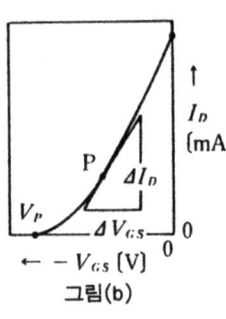

그림(b)

그림(a)는 N채널형 FET의 소스 접지 회로이다. 그림에서 V_{DS}를 일정하게 해놓고, V_{GS}를 변화시키면 V_{GS}-I_D특성(전달특성)은 그림(b)와 같이 된다. 그림 (b)에서, $V_{GS}=0$일 때의 I_D를 포화 드레인 전류라 하며, $I_D=0$일 때의 V_{GS}를 핀치 오프 (커트 오프) 전압이라 한다.

그림(b)의 동작점 P에 있어서, 미소한 V_{GS}의 변화분에 대한 미소한 I_D의 변화분의 비율을 FET의 상호 콘덕턴스 g_m이라 한다. g_m은 게이트-소스간의 전압 변화가 얼마만큼 드레인 전류를 제어할 수 있는가의 능력을 표시하는 값이다.

또한, 그림(a)에 있어서 D-S 사이에 부하저항 R_L을 넣었을 때의 전압증폭도 A는, $A = g_m \cdot R_L$로 구해진다.

[활용예]

① 그림(b)에서, ΔV_{GS}가 -1.5[V]에서 -1[V]로 변했을 때 I_D가 -1.5[mA]에서 3[mA]로 증가했다. g_m은 얼마인가.

$$g_m = \left|\frac{\Delta I_D}{\Delta V_{GS}}\right| = \left|\frac{(1.5-3)\times 10^{-3}}{-1.5-(-1)}\right| = \frac{1.5\times 10^{-3}}{0.5} = 3\times 10^{-3} = 3 \text{ (mS)}$$

② g_m이 10[mS]의 FET는 ΔV_{GS}가 0.5[V]일 때, 얼마만큼 드레인 전류를 제어할 수 있는가.

$$\Delta I_D = g_m \cdot |\Delta V_{GS}| = 10\times 10^{-3} \times 0.5 = 5 \text{ (mA)}$$

③ 그림(a)의 회로에서, $g_m=3$[mS], D-S 사이에 부하저항 $R_L=15$[kΩ]을 넣을 때, 전압증폭도는 얼마인가. 또, 전압이득[dB]은 얼마로 되는가.

전압 증폭도 $= g_m \cdot R_L = 3\times 10^{-3} \times 15\times 10^3 = 45$

전압 이득 $= 20\log_{10}45 = 33$ [dB]

72. 전류 증폭도

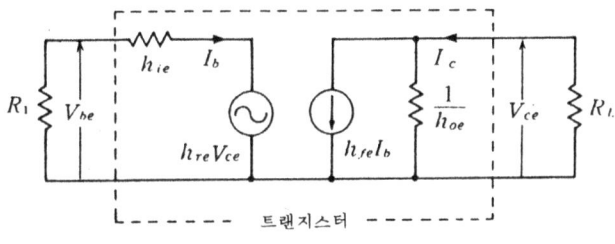

$$A_i = \frac{I_c}{I_b} = \frac{h_{fe}}{1 + h_{oe} \cdot R_L}$$

A_i : 전류 증폭도
h_{fe} : 전류 증폭률
h_{oe} : 출력 애드미턴스[S]
R_L : 부하저항[Ω]
R_I : 입력회로의 저항(I_b, V_{bc}, I_c, V_{ce}는 실효치)

위의 공식은, 그림과 같은 에미터 접지의 트랜지스터 등가회로에 있어서, h상수를 사용해서 전류 증폭도(전류 증폭의 배율)를 구하는 식이다.

또한, h_{oe}가 작고, R_L도 크지 않을 때는 근사적으로 다음과 같이 표시된다.

$$A_i = \frac{h_{fe}}{1 + h_{oe} \cdot R_L} \fallingdotseq h_{fe}$$

활용예

① $h_{fe} = 180$, $h_{oe} = 78 (\mu S)$, $R_L = 5 (k\Omega)$의 전류증폭도 A_i는 얼마인가.

$$A_i = \frac{h_{fe}}{1 + h_{oe} \cdot R_L} = \frac{180}{1 + 78 \times 10^{-6} \times 5 \times 10^3} \fallingdotseq 129$$

② $A_i = 100$, $h_{fe} = 180$, $h_{oe} = 78 (\mu S)$ 일 때의 R_L은 얼마인가.

$$R_L = \left(\frac{h_{fe}}{A_i} - 1\right) \cdot \frac{1}{h_{oe}} = \left(\frac{180}{100} - 1\right) \times \frac{1}{78 \times 10^{-6}} \fallingdotseq 10 \ (k\Omega)$$

③ $h_{fe} = 60$, $h_{oe} = 12 (\mu S)$, $R_L = 3 (k\Omega)$의 전류 증폭도를 정밀한 계산과 근사치 계산의 양쪽으로 해 보아라.

(정밀) $A_i = \dfrac{h_{fe}}{1 + h_{oe} \cdot R_L} = \dfrac{60}{1 + 12 \times 10^{-6} \times 3 \times 10^3} = \dfrac{60}{1 + 0.036} = 58$

(근사치) $A_i \fallingdotseq h_{fe} = 60$

73. 전압 증폭도

$$A_v = -\frac{h_{fe}}{h_{ie}} R_L$$

A_v : 전압 증폭도
h_{ie} : 전류 증폭률
h_{fe} : 트랜지스터의 입력 임피던스[Ω]
R_L : 부하저항[Ω]

앞페이지의 등가회로에서, 전압증폭도(전압 증폭의 배율)를 h상수를 사용해서 나타내면,

$$A_v = \frac{V_{ce}}{V_{be}} = \frac{-R_L I_c}{h_{ie} I_b} = -\frac{h_{fe}}{h_{ie}\left(h_{oe} + \dfrac{1}{R_L}\right) - h_{re}h_{fe}}$$

로 된다. 여기서 $h_{re} \doteqdot 0$, $h_{oe} \ll 1/R_L$로 하면, 에미터 접지회로에서는 근사적으로 위의 공식이 구해진다. 또 그 등가회로는 왼쪽 그림과 같이 된다. 또, -부호가 붙는 것은 V_{be}와 V_{ce}의 위상이 180° 다른 것을 표시하고 있다. 따라서 크기만을 생각할 때는, -부호는 붙이지 않고 계산한다.

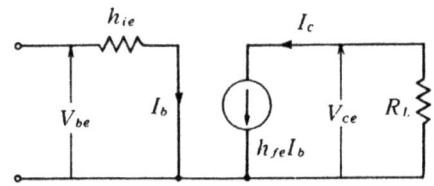

|활용예|

① $h_{fe} = 140$, $h_{ie} = 5200[\Omega]$, $h_{re} = 0.8 \times 10^{-4}$, $h_{oe} = 60[\mu S]$, $R_L = 5[k\Omega]$이라 했을 때, 전압증폭도를 정확한 계산과 근사식으로 구해 보아라. 또, 각각의 전압이득[dB]은 얼마인가.

$$A_v = \frac{h_{fe}}{h_{ie}\left(h_{oe} + \dfrac{1}{R_L}\right) - h_{re}h_{fe}} = \frac{140}{5.2 \times 10^3\left(60 \times 10^{-6} + \dfrac{1}{5 \times 10^3}\right) - 0.8 \times 10^{-4} \times 140}$$

$= 104$, 또, 전압 이득 $= 20\log_{10} A_v = 20\log_{10} 104 = 40$ [dB]

(근사치 계산) $A_v = \dfrac{h_{fe}}{h_{ie}} \cdot R_L = \dfrac{140}{5200} \times 5 \times 10^3 = 135$

전압 이득 $= 20\log_{10} 135 = 43$ [dB]

② $A_v = 100$, $h_{fe} = 180$, $h_{ie} = 5.2[k\Omega]$일 때의 R_L은 얼마인가.

$$R_L = \frac{A_v \cdot h_{ie}}{h_{fe}} = \frac{100 \times 5200}{180} \doteqdot 2.9 \text{ [k}\Omega\text{]}$$

74. 증폭회로의 이득

전압 이득 $20 \log_{10} \dfrac{V_2}{V_1}$ [dB] V_1, I_1, P_1 : 입력측의 전압, 전류, 전력

전류 이득 $20 \log_{10} \dfrac{I_2}{I_1}$ [dB] V_2, I_2, P_2 : 출력측의, 전압, 전류, 전력

전력 이득 $10 \log_{10} \dfrac{P_2}{P_1}$ [dB]

그림과 같은 증폭회로의 증폭도는 배율로 표시하면 수치가 커져 실용성이 없으므로, 보통은 위의 공식과 같은 [dB]표시로 사용된다. 개략계산을 할 경우는 아래표가 편리하다.

배율 A	1	2	3	4	5	6	7	8	9	10
$20 \log_{10} A$ [dB]	0	6	9.5	12	14	15.5	17	18	19	20

|활용예|

① $V_1=18$ [mA], $V_2=1.08$ [V], $I_1=5$ [μA], $I_2=1$ [mA]로 했을 때의 전압, 전류, 전력의 각 이득[dB]은 각각 얼마인가.

전압 이득 $= 20 \log_{10} \dfrac{V_2}{V_1} = 20 \log_{10} \dfrac{1.08}{18 \times 10^{-3}} = 20 \log_{10} 60 = 35.5$ [dB]

전류 이득 $= 20 \log_{10} \dfrac{I_2}{I_1} = 20 \log_{10} \dfrac{1 \times 10^{-3}}{5 \times 10^{-6}} = 20 \log_{10} 200 = 46$ [dB]

전력 이득 $= 10 \log_{10} \dfrac{P_2}{P_1} = 10 \log_{10} \dfrac{V_2 I_2}{V_1 I_1} = 10 \log_{10} \dfrac{1.08 \times 10^{-3}}{90 \times 10^{-9}} = 40.8$ [dB]

(전압과 전류의 각 이득을 알고 있는 경우에는, 전력 이득은 다음과 같이 계산해도 좋다.   전력이득 $= \dfrac{\text{전압이득} + \text{전류이득}}{2} = \dfrac{35.5 + 46}{2} = 40.8$ [dB])

② 그림에서, 전류증폭도가 $T_{r1}=100$, $T_{r2}=40$, $T_{r3}=120$, $T_{r4}=60$일 때, a-b 사이의 전류이득은 얼마인가.

a —[T_{r1}]—[T_{r2}]—[T_{r3}]—[T_{r4}]— b

전류 이득 $= 20 \log_{10}(100 \times 40 \times 120 \times 60) = 20 \log_{10} 28.8 \times 10^6 = 149.2$ [dB]

75. 부귀환 증폭의 이득

$$A' = \frac{A}{1+A\beta}$$

A : 부귀환을 걸지 않을 때의 증폭도
β : 귀환율
A' : 부귀환을 걸었을 때의 증폭도

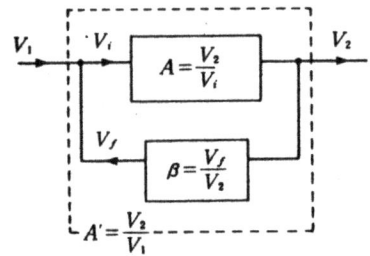

출력신호의 일부를 입력측으로 되돌리는 것을 귀환이라고 하며, 그림에서 $V_i' > V_1$을 정귀환, $V_i' < V_1$을 부귀환이라 한다. 증폭회로에서는 왜곡이나 잡음을 적게 하거나 양호한 주파수 특성을 얻기 위해서 다소의 증폭도는 희생을 해도 부귀환을 걸어서 동작을 안정화시킨다.

여기서, $\beta = \frac{V_f}{V_2}$, $A = \frac{V_2}{V_i}$ 로 하면,

$V_1 = V_i + V_f = V_i + \beta V_2$, $V_2 = AV_i$ 이므로, 회로 전체의 증폭도 A'는

$$A' = \frac{V_2}{V_1} = \frac{AV_i}{V_i + \beta V_2} = \frac{A}{1 + \frac{V_2}{V_i} \cdot \beta} = \frac{A}{1+A\beta}$$

활용예

① 그림은 트랜지스터 증폭회로의 출력측의 일부를 뽑아낸 것이다. 전압의 귀환율은 얼마인가.

전압은 저항에 비례하므로

$$\beta = \frac{V_f}{V_2} = \frac{R_2}{R_1+R_2} = \frac{100}{10 \times 10^3 + 100} = 0.01$$

② $V_i = 10[mV]$, $V_2 = 1[V]$, $\beta = 0.02$일 때, A, A' 및 각 이득은 얼마인가.

$$A = \frac{V_2}{V_i} = \frac{1}{10 \times 10^{-3}} = 100$$

전압이득 $= 20\log_{10}100 = 40$ [dB]

$$A' = \frac{A}{1+A\beta} = \frac{100}{1+100 \times 0.02} = \frac{100}{3} = 33.3$$

전압이득 $= 20\log_{10}33.3 \fallingdotseq 30$ [dB]

따라서, 출력전압의 2[%]를 입력측으로 되돌리면, 10[dB] 이득이 내려간다.

76. 전력 증폭의 효율

$$\eta = \frac{P_0}{P_{DC}}$$

P_0 : 최대 출력 전력[W]
P_{DC} : 입력 직류 전력[W]

일반적으로 투입된 에너지에 대해서 유효하게 작용하는 에너지의 비율을 효율이라 하며, 백분율로 표시한다.

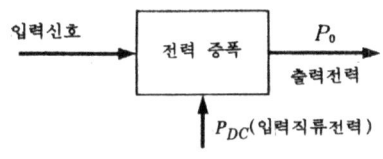

그림에서, 투입된 P_{DC}의 일부는 입력 신호에 의해 P_0로서 출력하고, 나머지는 회로내에서 열로 되어 소비된다.

$$효율\ \eta = \frac{최대\ 출력\ 전력}{입력\ 직류\ 전력} = \frac{P_0}{P_{DC}}$$

전력 증폭의 효율은 계산에 의해 구해지며, A급 전력 증폭에서는 다음의 질문으로도 알 수 있듯이 이상적 트랜지스터의 효율은 50[%], B급 푸시풀에서는 78[%]로 된다.

[활용예]

① 어떤 전력 증폭 회로에 직류전력 4[W]를 주었더니, 출력 교류 전력이 1.2[W] 얻어졌다. 효율[%]은 얼마인가

$$\eta = \frac{P_0}{P_{DC}} = \frac{1.2}{4} = 0.3 \quad \therefore\ 30\ [\%]$$

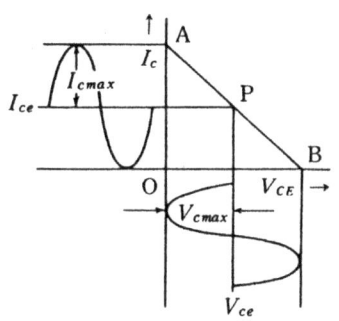

② 트랜지스터를 그림과 같이 A급 증폭으로 하여 사용한 경우, 최대 효율은 얼마인가.

$$P_{DC} = I_{ce} \cdot V_{ce} = I_{c\max} \cdot V_{c\max}$$

$$P_0 = \frac{I_{c\max}}{\sqrt{2}} \cdot \frac{V_{c\max}}{\sqrt{2}} = \frac{I_{c\max} \cdot V_{c\max}}{2}$$

$$\eta = \frac{P_0}{P_{DC}} = \frac{1}{2} = 0.5 \quad \therefore\ 50\ [\%]$$

(단, 실제로는 트랜지스터의 포화 영역과 차단 영역, 그리고 출력 변성기 등의 손실에 따라 효율은 좀더 내려간다.)

77. CR 발진 회로의 발진 주파수

$$f = \frac{1}{2\pi CR} \quad \text{[Hz]}$$

$C_1 = C_2 = C$ [F]
$R_1 = R_2 = R$ [Ω]

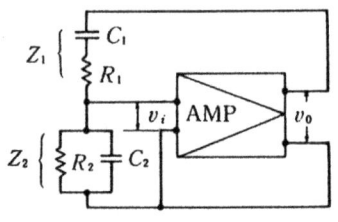

브리지형 CR 발진회로는 안정된 발진을 하여, 주파수 가변용 저주파 발진기로서 흔히 이용된다.

이 발진기는 증폭도가 작아도 발진하므로, v_i와 v_0는 같은 상(相)이지만, 증폭기에는 부귀환을 걸어, 동작을 안정화하고 있다.

그림에서, $C_1 = C_2 = C$, $R_1 = R_2 = R$일 때 발진주파수 f는 위의 공식이 된다.

활용예

① $C = 0.02$ [μF], $R = 15$ [kΩ]일 때의 발진주파수는 얼마인가.

$$f = \frac{1}{2\pi CR} = \frac{1}{2\pi \times 0.02 \times 10^{-6} \times 15 \times 10^3} = 530 \text{ [Hz]}$$

② 위의 그림에서 발진주파수와 발진하기 위해서 필요한 증폭도는 얼마인가. 그림에서, 입력 전압 v_i는 출력 전압 v_0를 Z_1과 Z_2로 분압하고 있으므로

$$\therefore 귀환율 \quad \beta = \frac{v_i}{v_0} = \frac{\dot{Z}_2}{\dot{Z}_1 + \dot{Z}_2} = \frac{1}{3 + j\left(\omega CR - \frac{1}{\omega CR}\right)} \quad ①$$

발진 상태에서는 $\omega CR - \frac{1}{\omega CR} = 0$ 이므로 $\quad \therefore \omega CR = 1$

따라서 $\omega = \frac{1}{CR}$, $f = \frac{1}{2\pi CR}$ (발진주파수)

또, 식①에서, 발진 상태에서는 $\beta = 1/3$, 즉 출력전압 v_0의 $1/3$이 입력에 정귀환되므로 증폭기는 3배 이상의 증폭도가 있으면 된다.

$$\therefore A \geq 3 \quad (증폭회로의 증폭도)$$

78. LC 발진 회로의 발진 주파수

$$f = \frac{1}{2\pi\sqrt{LC}} \quad [\text{Hz}]$$

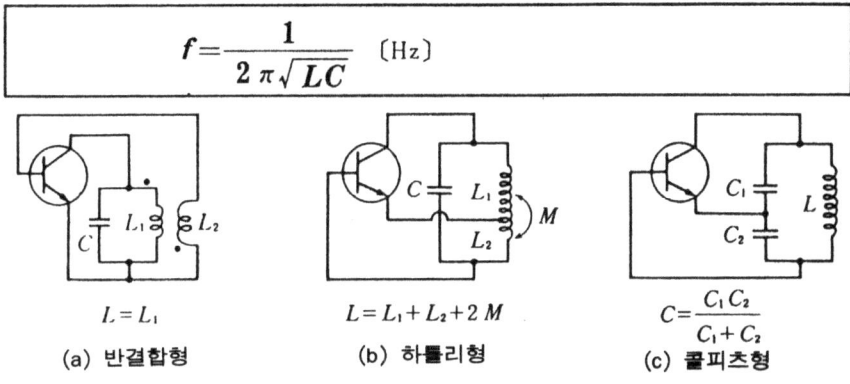

(a) 반결합형 $L = L_1$
(b) 하틀리형 $L = L_1 + L_2 + 2M$
(c) 콜피츠형 $C = \dfrac{C_1 C_2}{C_1 + C_2}$

L과 C를 사용해서, 발진 조건을 구성하는 것을 LC발진회로라 한다. LC발진은 넓은 주파수 범위에 걸쳐서 동작이 안정되어 있어, 널리 사용된다. 회로는 L, C의 구성 방법에 따라 반결합형, 하틀리형 콜피츠형이 있다.

[활용예]

① 그림(a)에서, $L_1 = 200[\mu\text{H}]$, $C = 200[\text{pF}]$일 때의 f는 얼마인가.

$$f = \frac{1}{2\pi\sqrt{L_1 C}} = \frac{1}{2\pi\sqrt{200 \times 10^{-6} \times 200 \times 10^{-12}}} = \frac{1}{4\pi \times 10^{-7}} = 796 \ [\text{kHz}]$$

② 그림(b)에서, $L_1 = 500[\mu\text{H}]$, $L_2 = 320[\mu\text{H}]$, $C = 500[\text{pF}]$, 결합계수 $k=1$로 했을 때의 발진주파수는 얼마인가.

$$M = k\sqrt{L_1 \cdot L_2} = \sqrt{500 \times 10^{-6} \times 320 \times 10^{-6}} = 400 \times 10^{-6} \ [\text{H}]$$

$$\therefore \ L = L_1 + L_2 + 2M = 500 \times 10^{-6} + 320 \times 10^{-6} + 2 \times 400 \times 10^{-6}$$
$$= 1620 \times 10^{-6} \ [\text{H}]$$

$$\therefore \ f = \frac{1}{2\pi\sqrt{LC}} = \frac{1}{2\pi\sqrt{1620 \times 10^{-6} \times 500 \times 10^{-12}}} = \frac{1}{2\pi \times 9 \times 10^{-7}}$$
$$= 177 \ [\text{kHz}]$$

③ 그림(c)에서, $C_1 = 300[\text{pF}]$, $C_2 = 100[\text{pF}]$, $L = 500[\mu\text{H}]$일 때의 발진주파수는 얼마인가.

$$C = \frac{C_1 \times C_2}{C_1 + C_2} = \frac{300 \times 10^{-12} \times 100 \times 10^{-12}}{(300 + 100) \times 10^{-12}} = 75 \times 10^{-12} \ [\text{F}]$$

$$\therefore \ f = \frac{1}{2\pi\sqrt{LC}} = \frac{1}{2\pi\sqrt{500 \times 10^{-6} \times 75 \times 10^{-12}}} = \frac{100 \times 10^6}{2\pi \times 19.4} = 821 \ [\text{kHz}]$$

79. 음파의 전반 속도

$$u = \sqrt{\frac{K}{\rho}} \quad (\text{m/s}) \quad (\text{i})$$

$$u = 331.5 + 0.61 t \quad (\text{m/s}) \quad (\text{ii})$$

$K = 1.4P[\text{N}/\text{m}^2]$ (1기압에서는 $P \fallingdotseq 1013 \times 10^2 [\text{N}/\text{m}^2]$)

ρ : 0°[C], 1기압의 건조 공기의 밀도 $\fallingdotseq 1.29 [\text{kg}/\text{m}^3]$

0°[C], 1기압일 때의 음속(음파의 전해지는 속도) u는, 식(i)로 구할 수 있다.

식(ii)는 음의 전반속도 u[m/s]와 온도 t[°C] 사이에 성립하는 관계식으로 상수이다. 즉, 온도가 1[°C] 상승할 때마다 61[cm]씩 음속은 빨라진다.

[압력의 단위]

$1 [\text{dyne/cm}^2] = 1 [\mu \text{bar}] = 0.1 [\text{N/m}^2] = 0.1 [\text{Pa}]$

$10^3 [\text{dyne/cm}^2] = 1 [\text{mbar}] = 100 [\text{N/m}^2] = 100 [\text{Pa}]$

1기압 $\fallingdotseq 1013 [\text{mbar}] = 1013 \times 10^2 [\text{N/m}^2]$

활용예

① 위의 (i)의 조건하에서의 음속은 얼마인가.

$$u = \sqrt{\frac{K}{\rho}} = \sqrt{\frac{1.4 \times 1013 \times 10^2}{1.29}} \fallingdotseq 331.5 \ (\text{m/s})$$

② 1기압, 25[°C]에서는 음의 전반 속도는 어느 정도인가. 또, 주파수를 1000[Hz]로 했을 때의 파장 λ[m]는 얼마인가.

$u = 331.5 + 0.61 \times 25 = 346.75 \ (\text{m/s})$

$$\lambda = \frac{u}{f} = \frac{346.75}{1000} = 0.347 \ (\text{m})$$

③ 20[°C]에서, 수중에서의 음파의 전반 속도는 1500[m/s]라고 한다. 1[kHz]의 파장은 얼마인가.

$$\lambda = \frac{u}{f} = \frac{1500}{10^3} = 1.5 \ (\text{m})$$

80. 음의 세기

$$I = \frac{P^2}{\rho u} \ [\text{W/m}^2]$$

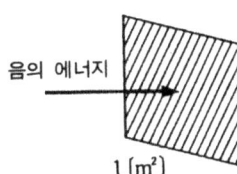

음의 에너지 → 1 [m²]

P : 음압(音壓)[N/m²]

ρ : 공기의 밀도[kg/m³](0[℃]의 건조한 공기에서는 1.293[kg/m³], 15[℃]에서는 1.226[kg/m³]

u : 음파의 전해지는 속도 [m/s] (0[℃]에서는 331.5[m/s])

음의 세기는, 음파의 진행 방향에 수직한 단위면적을 1초간에 통과하는 음의 에너지양(음의 파워)을 표시한 것으로, 단위는 [W/m²]로 표시된다. 식에서 알 수 있듯이 음의 세기는 음압의 제곱에 비례한다.

활용예

① 0[℃], 1기압에서, 음압 $P = 0.1$[N/m²] ($= 1[\mu\text{bar}]$…보통의 대화 정도의 음압)일 때의 음의 세기 I는 얼마인가.

$\rho = 1.293$[kg/m³], $u = 331.5$[m/s]이므로

$$I = \frac{P^2}{\rho u} = \frac{0.1^2}{1.293 \times 331.5} = 23.3 \times 10^{-6} \ [\text{W/m}^2]$$

② 15[℃], 1기압에서, $P = 0.1$[N/m²]일 때의 음의 세기는 얼마로 되는가.

15[℃]에서의 음파의 속도 u는

$u = 331.5 + 0.61 t = 331.5 + 0.61 \times 15 = 340.65$ [m/s]

$$\therefore \ I = \frac{P^2}{\rho u} = \frac{0.1^2}{1.226 \times 340.65} = 23.9 \times 10^{-6} \ [\text{W/m}^2]$$

③ 0[℃], 1기압에서, 음의 세기가 0.3×10^{-4}[W/m²]일 때의 음압[μbar]은 얼마인가.

$$P = \sqrt{I \cdot \rho \cdot u} = \sqrt{0.3 \times 10^{-4} \times 1.293 \times 331.5} = 11.34 \times 10^{-2} \ [\text{N/m}^2]$$

1 [N/m²] = 10 [μbar] 이므로,

구하는 음압은 1.134 [μbar]

81. 음의 세기 레벨

$$\text{SIL} = 10 \log_{10} \frac{I}{I_0} \text{ (dB)}$$

I : 음의 세기 [W/m²]
I_0 : 음의 세기의 기준치 : 10^{-12} [W/m²]

음의 세기 I_0(1000[Hz])에서의 최저가청치는 약 0.0002[μbar]로 $I_0 = 10^{-12}$ [W/m²]을 기준(0[dB])으로 정하고, 측정된 음의 세기 I와의 비를 로그 표시한다.

이것을 음의 세기 레벨(SIL : Sound Intensity Level)이라고 한다. 0.0002 [μbar]는 건전한 귀를 가진 사람의 최저 가청치이므로, 보통 SIL의 값은 −로 되지 않는다.

활용예

① 음의 세기 $I = 50 \times 10^{-6}$ [W/m²]일 때의 SIL은 얼마로 되는가.

$$\text{SIL} = 10 \log_{10} \frac{I}{I_0} = 10 \log_{10} \frac{50 \times 10^{-6}}{10^{-12}} \fallingdotseq 77 \text{ (dB)}$$

② 표준 상태(0[℃], 1기압)에 있어서, 음압이 1[μbar]에서의 음의 세기의 레벨은 얼마인가.

$$1 \text{ (μbar)} = 0.1 \text{ [N/m²]} = P \text{ (N/m²)}$$

$\rho = 1.293$ [kg/m²], $u = 331.5$ [m/s] 이므로

$$I = \frac{P^2}{\rho \cdot u} = \frac{0.1^2}{1.293 \times 331.5} = 23.3 \times 10^{-6} \text{ (W/m²)}$$

$$\therefore \text{ SIL} = 10 \log_{10} \frac{I}{I_0} = 10 \log_{10} \frac{23.3 \times 10^{-6}}{10^{-12}} \fallingdotseq 74 \text{ (dB)}$$

③ 표준 상태에서, 약간 조용한 대화에서의 음의 세기의 레벨은 약 70[dB]이다. 음압[μbar]은 얼마인가.

$$70 = 10 \log_{10} \frac{I}{I_0} \text{에서 } \frac{I}{I_0} = 10^7 \quad \therefore \quad I = 10^7 I_0 = 10^7 \times 10^{-12} = 10^{-5} \text{ (W/m²)}$$

또, $I = \dfrac{P^2}{\rho \cdot u}$ 에서, $P = \sqrt{I \cdot \rho \cdot u} = \sqrt{10^{-5} \times 1.293 \times 331.5}$

$$= 65.5 \times 10^{-3} \text{ (N/m²)}$$

따라서, 구하는 유압은 0.655[μbar]

82. 음압 레벨

$$\text{SPL} = 20 \log_{10} \frac{Pm}{2 \times 10^{-4}} \quad \text{(dB)} \qquad P_m : \text{측정된 음압}[\mu\text{bar}]$$

건전한 귀를 가진 사람의 최저 가청치는 1000[Hz]에서 약 0.0002[μbar]이다. 그래서 이 0.0002[μbar]를 기준음압 0[dB]로 하고, 피측정 음압의 배수를 로그 표시한 것을 음압 레벨(SPL : Sound Pressure Level)이라 한다. 또, SIL과 이 SPL의 관계는, 활용예 ②, ③에서 같은 것을 이해할 수 있다.

활용예

① $P_m = 0.5[\mu\text{bar}]$의 음압 레벨[dB]을 구하여라.

$$\text{SPL} = 20 \log_{10} \frac{Pm}{2 \times 10^{-4}} = 20 \log_{10} \frac{5 \times 10^{-1}}{2 \times 10^{-4}} \fallingdotseq 68 \text{ (dB)}$$

③ 표준 상태(0[℃], 1기압)에서, 음의 세기 $I = 50 \times 10^{-6} [\text{W}/\text{m}^2]$의 SPL [dB]을 구하여라. 또, SIL과 SPL의 관계는 어떤가.

$$\text{SPL} = 20 \log_{10} \frac{Pm}{2 \times 10^{-4}} = 20 \log_{10} \frac{1}{2 \times 10^{-4}} \fallingdotseq 74 \text{ (dB)}$$

81의 ②와 비교하면 같은 [dB]값이다.

② $P_m = 1[\mu\text{bar}]$의 음압 레벨은 얼마인가. 또, 81의 활용예 ②와 비교해 보아라.

$$I = \frac{P^2}{\rho \cdot u} \text{ 에서 } P^2 = I\rho u, \quad P = \sqrt{50 \times 10^{-6} \times 1.293 \times 331.5} = 0.146 \text{ (N/m}^2\text{)}$$

$P[\text{N}/\text{m}^2]$과 $P_m = [\mu\text{bar}]$의 관계는 $0.1[\text{N}/\text{m}^2] = 1[\mu\text{bar}]$이므로
$Pm = 1.46[\mu\text{bar}]$

$$\therefore \text{ SPL} = 20 \log_{10} \frac{Pm}{2 \times 10^{-4}} = 20 \log_{10} \frac{1.46}{2 \times 10^{-4}} \fallingdotseq 77 \text{ (dB)}$$

따라서, 81의 활용예 ①, ②와 82의 ②, ③에서

$$10 \log_{10} \frac{I}{I_0} = 20 \log_{10} \frac{Pm}{2 \times 10^{-4}} \text{(dB)}$$ 로 되어 있는 것을 알 수 있다.

83. 마이크로폰의 전압 감도

$$S = \frac{V}{P} \quad [V/\mu bar]$$

P : 마이크로폰의 입력 음압 $[\mu bar]$
V : 출력단자(개방시)의 전압 $[V]$

마이크로폰에 $1[\mu bar]$의 음압을 가했을 때에 개방된(무부하) 출력단자에 얼마만큼의 전압이 나타나 있는가로 마이크로폰의 감도를 표시한다.

보통은, 주파수 $1[kHz]$에서 $P=1[\mu bar]$을 가했을 때 $V=1[V]$가 출력되었을 때를 기준($0[dB]$)으로 하여, 로그 표시한다.

$$S' = 20 \log_{10} \frac{V}{P} \; [dB]$$

$[dB]$표시는 일반적으로 같은 단위의 것의 배율을 취하고, S'와 같이 다른 단위의 것은 드물다. 그러나, 다른 마이크로폰과의 감도의 비교라는 것에서 충분히 의미를 이룬다.

활용예

① 마이크로폰에 $1[\mu bar]$의 음압을 주었을 때, 출력전압이 $1[mV]$였다고 하면, 감도 S, S'는 각각 얼마인가.

$$S = \frac{V[V]}{P[\mu bar]} = 10^{-3} [V/\mu bar], \quad S' = 20 \log_{10} \frac{V}{P} = 20 \log_{10} 10^{-3} = -60 [dB]$$

[주] $-60[dB]$이라는 수치는, 출력전압이 기준의 $1[V]$로 될 때까지 $60[dB]$의 증폭이 필요한 것을 의미한다.

② $-70[dB]$의 감도를 가진 마이크로폰에 $1[\mu bar]$의 음압을 주었을 때, 출력전압은 몇 $[mV]$인가.

$$S' = 20 \log_{10} \frac{V}{P} = -70 \text{에서}, \quad \log_{10} \frac{V}{P} = -3.5 \quad \therefore \quad V = P \times 10^{-3.5}$$

$P = 1 [\mu bar]$ (기준 입력)이므로

$$V = 1 \times 10^{-3.5} = 10^{(0.5+(-4))} = \sqrt{10} \times 10^{-4} = 0.316 \; [mV]$$

③ 그림에서, 마이크로폰 감도는 $-65[dB]$라 한다. AMP출력을 $15[V]$로 하려면, AMP의 증폭이득은 몇 $[dB]$로 하면 좋은가. 단, 입력음압은 $1[\mu bar]$로 한다.

$1[\mu bar]$ → 마이크로폰 → AMP → $15[V]$

AMP로 $65[dB]$ 증폭하면, 출력전압은 $1[V]$로 된다. 따라서 나중에 15배 AMP로 증폭할 필요가 있다.

$$65[dB] + 20 \log_{10} 15 = 88.5 \; [dB]$$

84. 스피커의 감도

$$\text{전압감도} = \frac{P}{V} \quad \text{또는} \quad 20\log_{10}\frac{P}{V} \text{ (dB)} \qquad P : \text{음압}[\mu\text{bar}]$$
$$V : \text{스피커 입력 전압}[V]$$
$$\text{전류감도} = \frac{P}{I} \quad \text{또는} \quad 20\log_{10}\frac{P}{I} \text{ (dB)} \qquad I : \text{스피커 입력 전류}[A]$$

스피커 감도의 표현법에는, 스피커의 입력단자에서 무엇을 기준으로 잡는가에 따라 위의 2종류가 있고, 각각이 [dB]로도 표시된다. 또 전력감도에 대해서는, 스피커 입력의 피상전력을 W[W], 스피커의 임피던스를 $Z[\Omega]$라 하면, $W = \dfrac{V^2}{Z}$ 이므로

$$\sqrt{W} = \frac{V}{\sqrt{Z}} \quad \therefore \text{전력 감도} = \frac{P}{\sqrt{W}} = \frac{P\sqrt{Z}}{V} \quad \text{또는} \quad 20\log_{10}\frac{P}{\sqrt{W}} \text{ (dB)}$$

[활용예]

① $Z = 6[\Omega]$의 스피커에 1[W]를 주었을 때, 표준 마이크로폰이 받은 음압은 4[μbar]였다. 스피커의 전력감도, 전압감도, 전류감도를 구하여라. 또, 이때의 출력 음압 레벨은 얼마인가.

$$\text{전력감도} = \frac{P}{\sqrt{W}} = \frac{4}{1} = 4 \quad \text{또는} \quad 20\log_{10}\frac{4}{\sqrt{W}} = 20\log_{10}4 = 12 \text{ (dB)}$$

또 W[W] $= \dfrac{V^2}{Z}$ 에서 $V = \sqrt{W \cdot Z} = \sqrt{6} \fallingdotseq 2.45$ [V] 따라서

$$\text{전압감도} = \frac{P}{V} = \frac{4}{2.45} \fallingdotseq 1.63 \quad \text{또는} \quad 20\log_{10}\frac{P}{V} = 20\log_{10}1.63 \fallingdotseq 4.3 \text{ (dB)}$$

또, W[W] $= I^2 Z$ 에서 $I = \sqrt{\dfrac{W}{Z}} = \dfrac{1}{\sqrt{6}} \fallingdotseq 0.41$ [A] 따라서

$$\text{전류감도} = \frac{P}{I} = \frac{4}{0.41} = 9.76 \quad \text{또는} \quad 20\log_{10}\frac{P}{I} = 20\log_{10}9.76 = 19.8 \text{ (dB)}$$

출력 음압 레벨은 입력 1[W]의 스피커에서 1[m] 떨어진 점에서의 마이크로폰이 0.0002[μbar]의 음압을 받았을 때를 0[dB] 기준으로 하므로

$$\text{SPL} = 20\log_{10}\frac{4}{0.0002} = 20\log_{10}2 \times 10^4 = 86 \text{ (dB)}$$

85. 진폭 변조의 변조도

변조도 $m = \dfrac{I_s}{I_0} = \dfrac{A-B}{A+B}$ I_s : 신호파의 최대치
I_0 : 반송파의 최대치

피변조파 $i = I_0(1 + m\sin 2\pi f_s t)\sin 2\pi f_0 t$

$\quad = I_0 \sin 2\pi f_0 t + \dfrac{mI_0}{2}\cos 2\pi(f_0 - f_s)t - \dfrac{mI_0}{2}\cos 2\pi(f_0 + f_s)t$ 〔A〕

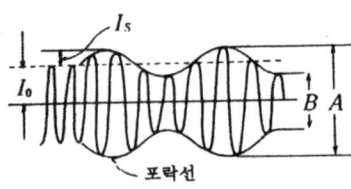

신호파 $i_s = I_s \sin \omega_s t$, 반송파 $i_0 = I_0 \sin \omega_0 t$ 로 하면, 피변조파의 진폭은 반송파가 갖고 있는 진폭에 가해서 신호파의 진폭에서도 변화하므로, $I_0 + I_s \sin \omega_s t$로 되고, 그림과 같이 표시된다. 따라서 $i = (I_0 + I_s \sin \omega_s t)\sin \omega_0 t$, 이 식에 $I_s = m \cdot I_0$,

$\sin \omega_0 t \sin \omega_s t = -\dfrac{1}{2}\{\cos(\omega_0 + \omega_s)t - \cos(\omega_0 - \omega_s)t\}$, $\omega_0 = 2\pi f_0$, $\omega_s = 2\pi f_s$

를 대입하면 위의 피변조파 i가 구해진다. 이 식에서, 제1항은 반송파, 제2항은 하측파, 제3항은 상측파를 나타낸다. 또, 신호파에 주파수폭이 있을 경우, 이 최고 주파수의 2배가 피변조파의 점유주파수 대역폭 B로 된다.

|활용예|

① 그림에서, $A=10$〔mA〕, $B=5$〔mA〕였다. 변조도〔%〕는 얼마인가.

$m = \dfrac{A-B}{A+B} = \dfrac{(10-5)\times 10^{-3}}{(10+5)\times 10^{-3}} = 0.333$ ∴ 33.3 〔%〕

② 변조도가 0.6일 때, 반송파의 최대치가 4〔A〕였다. I_s는 얼마인가.

$I_s = mI_0 = 0.6 \times 4 = 2.4$ 〔A〕

③ f_s가 10〔Hz〕~15〔kHz〕이고 500〔kHz〕의 반송파를 진폭 변조했을 때, 피변조파의 점유 대역폭 B는 얼마인가.

신호파의 최고 주파수는 15〔kHz〕이므로, $B = 2 \times 15 \times 10^3 = 30$〔kHz〕

④ $I_0 = 5$〔A〕의 반송파를 $m=60$〔%〕로 변조하면 피변조파는 어떤 식으로 표시되는가.

공식에 $I_0 = 5$〔A〕, $m=0.6$을 대입하면

$i = 5\sin 2\pi f_0 t + 1.5\cos 2\pi(f_0 - f_s)t - 1.5\cos 2\pi(f_0 + f_s)t$ 〔A〕

부 록

부록1　　대 수 공 식

◆ 승법 공식·인수분해

(1) $(a+b)^2 = a^2 + 2ab + b^2$
(2) $(a-b)^2 = a^2 - 2ab + b^2$
(3) $(a+b)(a-b) = a^2 - b^2$
(4) $(a+b+c)^2 = a^2 + b^2 + c^2 + 2ab + 2bc + 2ca$
(5) $(a+b)^3 = a^3 + 3a^2b + 3ab^2 + b^3$
(6) $(a-b)^3 = a^3 - 3a^2b + 3ab^2 - b^3$
(7) $(a+b)(a^2 - ab + b^2) = a^3 + b^3$
(8) $(a-b)(a^2 + ab + b^2) = a^3 - b^3$

◆ 분수식

(1) $\dfrac{1}{a} \pm \dfrac{1}{b} = \dfrac{b \pm a}{ab}$
(2) $\dfrac{b}{\frac{1}{a}} = ab$
(3) $\dfrac{1}{\frac{1}{a} \pm \frac{1}{b}} = \dfrac{ab}{b \pm a}$

◆ $ax^2 + bx + c = 0$ 의 풀이

$$x = \dfrac{-b \pm \sqrt{b^2 - 4ac}}{2a}$$

◆ 지수 ($a>0$, $b>0$)

(1) $x^0 = 1$ ($x \neq 0$)
(2) $a^{\frac{1}{p}} = \sqrt[p]{a}$
(3) $a^{\frac{q}{p}} = (\sqrt[p]{a})^q = \sqrt[p]{a^q}$
(4) $a^{-m} = \dfrac{1}{a^m}$
(5) $a^m a^n = a^{m+n}$
(6) $(a^m)^n = a^{mn}$
(7) $(ab)^m = a^m b^m$

◆ 로그 ($a>0$, $a \neq 1$, $x>0$, $y>0$)

(1) $\log_a 1 = 0$
(2) $\log_a a = 1$
(3) $\log_a x^m = m \log_a x$
(4) $\log_a xy = \log_a x + \log_a y$
(5) $\log_a \dfrac{x}{y} = \log_a x - \log_a y$
(6) $\log_a x = \dfrac{\log_b x}{\log_b a}$　　($b>0$, $b \neq 1$)

◆ 상용 로그($\log_{10} x$)와 자연 로그($\log x$)

(1) $\log_{10} e = \dfrac{1}{\log 10} = 0.434294$
(2) $\log 10 = \dfrac{1}{\log_{10} e} = 2.30259$

부록 2

전기·자기의 단위

양	양기호	단위를 정의하는 식	명 칭	단위기호
전류	I	기 본	암페어(ampere)	A
전압	V	$P=VI$	볼트(volt)	V
전기저항	R	$R=V/I$	옴(ohm)	Ω
전기량(전하)	Q	$Q=It$	쿨롱(coulomb)	C
정전용량	C	$C=Q/V$	패러드(farad)	F
전계의 세기	E	$E=V/l$	볼트/미터	V/m
전속밀도	D	$D=Q/A$	쿨롱/평방미터	C/m²
유전율	ε	$\varepsilon=D/E$	패러드/미터	F/m
자계의 세기	H	$H=I/l$	암페어/미터	A/m
자속	Φ	$V=\Delta\Phi/\Delta t$	웨버(weber)	Wb
자속밀도	B	$B=\Phi/A$	테슬러(tesla)	T
자기(상호)인덕턴스	$L, (M)$	$M=\Phi/I$	헨리(genry)	H
투자율	μ	$\mu=B/H$	헨리/미터	H/m

l은 길이[m], A는 면적[m²], P는 전력[W]

단위의 배수

명 칭	기호	크 기	명 칭	기호	크 기
테라(tera)	T	10^{12}	데시(deci)	d	10^{-1}
기가(giga)	G	10^9	센티(centi)	c	10^{-2}
메가(mega)	M	10^6	밀리(milli)	m	10^{-3}
킬로(kilo)	k	10^3	마이크로미터(micrometer)	μm	10^{-6}
헥토(hecto)	h	10^2	나노(nano)	n	10^{-9}
데카(deca)	D	10	피코(pico)	p	10^{-12}

부록 3 　삼각함수의 공식

◆ 특별한 각의 삼각함수

θ	라디안	0	$\frac{\pi}{6}$	$\frac{\pi}{4}$	$\frac{2\pi}{6}$	$\frac{2\pi}{4}$	$\frac{4\pi}{6}$	$\frac{3\pi}{4}$	$\frac{5\pi}{6}$	π
	도	0	30	45	60	90	120	135	150	180
$\sin\theta$		0	$\frac{1}{2}$	$\frac{1}{\sqrt{2}}$	$\frac{\sqrt{3}}{2}$	1	$\frac{\sqrt{3}}{2}$	$\frac{1}{\sqrt{2}}$	$\frac{1}{2}$	0
$\cos\theta$		1	$\frac{\sqrt{3}}{2}$	$\frac{1}{\sqrt{2}}$	$\frac{1}{2}$	0	$-\frac{1}{2}$	$-\frac{1}{\sqrt{2}}$	$-\frac{\sqrt{3}}{2}$	-1
$\tan\theta$		0	$\frac{1}{\sqrt{3}}$	1	$\sqrt{3}$	/	$-\sqrt{3}$	-1	$-\frac{1}{\sqrt{3}}$	0

◆ 삼각함수의 공식

(1) $\sin^2\theta + \cos^2\theta = 1$

(2) $\tan\theta = \dfrac{\sin\theta}{\cos\theta}$

(3) $\begin{cases} \sin(-\theta) = -\sin\theta \\ \cos(-\theta) = \cos\theta \\ \tan(-\theta) = -\tan\theta \end{cases}$

(4) $\begin{cases} \sin\left(\dfrac{\pi}{2}-\theta\right) = \cos\theta \\ \cos\left(\dfrac{\pi}{2}-\theta\right) = \sin\theta \end{cases}$

(5) $\begin{cases} \sin(\pi-\theta) = \sin\theta \\ \cos(\pi-\theta) = -\cos\theta \end{cases}$

(6) $\begin{cases} \sin\left(\theta+\dfrac{\pi}{2}\right) = \cos\theta \\ \cos\left(\theta+\dfrac{\pi}{2}\right) = -\sin\theta \end{cases}$

(7) $\begin{cases} \sin(\theta+\pi) = -\sin\theta \\ \cos(\theta+\pi) = -\cos\theta \end{cases}$

(8) $\begin{cases} \sin(\alpha\pm\beta) = \sin\alpha\cos\beta \pm \cos\alpha\sin\beta \\ \cos(\alpha\pm\beta) = \cos\alpha\cos\beta \mp \sin\alpha\sin\beta \end{cases}$ （複号同順）

(9) $\begin{cases} \sin 2\alpha = 2\sin\alpha\cos\alpha \\ \cos 2\alpha = \cos^2\alpha - \sin^2\alpha = 1 - 2\sin^2\alpha = 2\cos^2\alpha - 1 \end{cases}$

(10) $\begin{cases} 2\sin\alpha\cos\beta = \sin(\alpha+\beta) + \sin(\alpha-\beta) \\ 2\cos\alpha\sin\beta = \sin(\alpha+\beta) - \sin(\alpha-\beta) \end{cases}$ $\begin{cases} 2\cos\alpha\cos\beta = \cos(\alpha+\beta) + \cos(\alpha-\beta) \\ -2\sin\alpha\sin\beta = \cos(\alpha+\beta) - \cos(\alpha-\beta) \end{cases}$

사용하기 쉬운
전기공식활용집

2021년 6월 15일 제1판제1발행
2025년 2월 14일 제1판제2인쇄
2025년 2월 20일 제1판제2발행

저 자 편 집 부
발행인 나 영 찬

발행처 **기전연구사**

경기도 하남시 하남대로 947 테크노밸리U1센터 B동 1406-1호
전 화 : 2235-0791/2238-7744/2234-9703
FAX : 2252-4559
등 록 : 1974. 5. 13. 제5-12호

정가 13,000원

◆ 이 책은 기전연구사와 저작권자의 계약에 따라 발행한 것이므로, 본사의 서면 허락 없이 무단으로 복제, 복사, 전재를 하는 것은 저작권법에 위배됩니다.
　ISBN 978-89-336-1009-1
　www.kijeonpb.co.kr

불법복사는 지적재산을 훔치는 범죄행위입니다.
저작권법 제97조의 5(권리의 침해죄)에 따라 위반자는 5년 이하의 징역 또는 5천만원 이하의 벌금에 처하거나 이를 병과할 수 있습니다.